Scherzhaft hat Max Planck einmal gesagt,
dass der Jahrgang 1879 für die Physik besonders prädestiniert sei:
1879 seien Einstein, Laue und Hahn geboren –
und auch Lise Meitner müsse man dazu rechnen, nur sei sie
als vorwitziges kleines Mädchen
schon im November 1878 zur Welt gekommen – sie habe ihre Zeit
nicht abwarten können

ARMIN HERMANN

DIE NEUE PHYSIK

DER WEG IN DAS ATOMZEITALTER

ZUM GEDENKEN AN
ALBERT EINSTEIN MAX VON LAUE OTTO HAHN
LISE MEITNER

Mit 147 Abbildungen, Dokumenten und Autographen
im Text und auf Tafeln

HEINZ MOOS VERLAG MÜNCHEN

CIP-Kurztitelaufnahme der Deutschen Bibliothek

Hermann, Armin:
Die neue Physik : d. Weg in d. Atomzeitalter / Armin Hermann. –
[Gräfelfing vor München]: Moos, 1979.
In d. Vorlage als Erscheinungsort: München.
ISBN 3-7879-0131-0

Max von Laue (rechts) mit Wolfgang Pauli beim Treffen der Nobelpreisträger in Lindau 1956. Zehn Jahre zuvor hatte Einstein symbolisch als „König der Physik" abgedankt und Pauli als seinen Nachfolger bezeichnet.

ZUM AUTOR

Professor Dr. Armin Hermann, geboren 1933 in Vernon, Kanada, ist Inhaber des Lehrstuhls für Geschichte der Naturwissenschaften und Technik und Direktor am Historischen Institut der Universität Stuttgart.
Er studierte theoretische Physik an der Universität München, schloß sein Studium mit Diplom und Promotion ab und war drei Jahre am Deutschen Elektronen-Synchrotron (DESY) in Hamburg tätig. Anschließend arbeitete er auf dem Gebiet der Physikgeschichte und habilitierte sich an der Universität München für Geschichte der Naturwissenschaften. 1968 wurde er als Ordinarius nach Stuttgart berufen.
Hermann ist Verfasser und Herausgeber einer Reihe von Büchern. Dazu gehören: „Max Planck", rowohlts monographien, Hamburg, 1973 (auch in französischer und japanischer Sprache erschienen), „Werner Heisenberg", rowohlts monographien, Hamburg, 1976 (liegt auch in englischer und japanischer Übersetzung vor), „Deutsche Nobelpreisträger", Heinz Moos Verlag, München, 2. Auflage 1978 (auch in Englisch, Spanisch und Französisch erschienen), „Die Jahrhundertwissenschaft", Deutsche Verlagsanstalt, Stuttgart, 1977, und „Lexikon Geschichte der Physik A–Z", Aulis-Verlag, Köln, 1972.

Zum Bild auf Umschlagseite 1:
Albert Einstein (1879 bis 1955) während eines Seminars im „Institute for Advanced Study", Princeton, New Jersey, USA.

Zum Bild gegenüber der Titelseite:
Otto Hahn und Lise Meitner im Kaiser-Wilhelm-Institut für Chemie, Berlin 1913.

ISBN 3-7879-0131-0

In Zusammenarbeit mit Inter Nationes, Bonn
Satzarbeiten: Tutte Druckerei GmbH, Salzweg-Passau
Reproduktionen: Oestreicher & Wagner, München
Druck: WS Druckerei Werner Schaubruch, Mainz

Printed in the Federal Republic of Germany

INHALT

Albert Einstein in seiner Bibliothek in Princeton, New Jersey, USA, um 1950.

Einführung | Vor einhundert Jahren
Die Physik um 1879

Als nach bestandenem Abitur im Jahre 1874 der sechzehnjährige Max Planck sich nach den Aussichten eines Physikstudiums erkundigte, riet der Fachvertreter an der Universität München dringend ab: In der Physik sei schon alles Wesentliche erforscht und nur noch unbedeutende Lücken gäbe es auszufüllen. Mit seiner Ansicht stand Philipp von Jolly keineswegs allein. Wie viele andere betrachtete auch der Berliner Physiker und Physiologe Emil Du Bois-Reymond das *Gesetz von der Erhaltung der Energie* als den Höhepunkt und endgültigen Schlußstein der Physik.
Vor einhundert Jahren, als Max Planck im Juni 1879 an der Universität München promovierte, etwa zur gleichen Zeit also, als Lise Meitner, Otto Hahn, Albert Einstein und Max von Laue geboren wurden, war das Weltbild der Physik – gemessen an heutigen Vorstellungen – allzu simpel und oberflächlich: Als Grundgegebenheit in der anorganischen Natur betrachtete man die Materie, die man sich als in sogenannten „Massenpunkten" konzentriert denken konnte oder auch kontinuierlich verteilt über einen abgegrenzten Raum. Die Aufgabe der Physik sah man nur darin, die Bewegungsgesetze der Materie aufzufinden.
Für die ponderable Materie hatte das schon zweihundert Jahre zuvor Isaac Newton getan, und es ging jetzt darum, auch die Bewegungsgesetze der elektrischen Materie aufzustellen. Wilhelm Weber hatte eine Form gefunden, die ganz dem alten *Newtonschen Gravitationsgesetz* nachgebildet war. Sein Ansatz aber wurde von der neuen *Elektrodynamik* von James Clerk Maxwell weit übertroffen.
Hermann von Helmholtz, der eine so große Autorität besaß, daß man ihn den „Reichskanzler der deutschen Physik" nannte, regte seine Mitarbeiter und Schüler zur Prüfung der *Maxwellschen Theorie* an. Heinrich Hertz erzielte einen vollen Erfolg.
Wenn das Licht, wie von Maxwell behauptet, ein elektromagnetisches Wellenphänomen darstellt, dann sollte es möglich sein, solche Wellen auch experimentell auf elektromagnetischem Wege zu erzeugen. Hertz benutzte eine Versuchsanordnung, die wir heute einen „Schwingkreis" nennen. Er bemerkte, daß die erzeugten schnellen elektromagnetischen Schwingungen sich vom Schwingkreis lösen. Am 13. November 1886 gelang ihm die Übertragung seiner Wellen über einen Abstand von eineinhalb Metern von einem primären auf einen sekundären „Schwingkreis". Damit hatte er erstmalig Sender und Empfänger elektrischer Wellen konstruiert.
Die Hertz*schen* Versuche bewiesen, daß die von Maxwell aus seinen Gleichungen mathematisch abgeleiteten, sich mit Lichtgeschwindigkeit ausbreitenden elektromagnetischen Wellen keine Fiktion, sondern physikalische Realität sind. Rasch konnte Hertz nachweisen, daß seine Wellen reflektiert und gebrochen werden können, daß Interferenz und Polarisation auftreten, kurz, daß alle grundlegenden Eigenschaften des Lichtes vorhanden sind. Damit war die „physikalische Natur" des Lichtes erfaßt: Das Licht ist, wie man sagte, eine elektromagnetische Schwingung im Äther.
Eine Anwendung der von ihm entdeckten Wellen hielt Heinrich Hertz für unmöglich. Aber kurze Zeit später, noch vor der Jahrhundertwende, setzte mit drahtloser Telegraphie und Rundfunk eine neue technische Entwicklung ein. Die Zeitgenossen nannten ihr 19. Jahrhundert die „Epoche der Elektrizität".
Die *Maxwellschen Gleichungen* wurden eingeordnet in das mechanische Weltbild. Man faßte die magnetischen und elektrischen Phänomene als Spannungszustände und Wirbel des „Lichtäthers" auf. So stellte sich Maxwell das magnetische Feld als Wirbel vor, die in Richtung der Kraftlinien als Achse, einsinnig drehend, aufeinanderfolgen. Zwischen benachbarten Wirbeln sind entgegengesetzt rotierende Hilfswirbel zur Übertragung der Drehung eingeschaltet.
Im Jahre 1891, als Ludwig Boltzmann an der Universität München wirkte, ließ er ein mechanisches Modell bauen für die induzierende Wirkung zweier Stromkreise aufeinander. „Es scheint uns heute komplizierter als die *Maxwellsche Theorie* selbst", sagte dazu Arnold Sommerfeld, der Amtsnachfolger Boltzmanns, „wird uns also nicht zu deren Erläuterung, wohl aber bei einer Übungsaufgabe über das Differentialgetriebe des Automobils gute Dienste leisten, mit dem es in wesentlichen Zügen übereinstimmt."
Die mechanische Erklärung der *Elektrodynamik* blieb letztlich unbefriedigend. Gegen Ende des Jahrhunderts gewöhnten sich die Physiker daran, in der elektrischen Ladung und als Konsequenz davon auch im elektrischen und magnetischen „Feld" eine neue Wesenheit zu sehen: Die *klassische Mechanik* galt nur mehr als ein Teilgebiet der Physik. Daneben stand nun, als nicht minder stolzes Gedankengebäude, die *Elektrodynamik.*
Fasziniert davon, daß die Fülle der Phänomene sich in so wunderbar symmetrische Gesetze zusammenfassen läßt, zitierte Ludwig Boltzmann in seinen Vorlesungen über die *Maxwellsche Theorie* aus

Goethe, Faust, Zweiter Teil:

„War es ein Gott, der diese Zeichen schrieb,
die mit geheimnisvoll verborgnem Trieb
die Kräfte der Natur um mich enthüllen
und mir das Herz mit stiller Freude füllen.“

Seine Begeisterung sprang auf die Studenten über. So wurde Lise Meitner für die theoretische Physik gewonnen.

„Der faszinierendste Gegenstand zur Zeit meines Studiums war die *Maxwellsche Theorie*“, berichtete auch Albert Einstein. Er blieb aber nicht bei der emotionalen Zustimmung, sondern blickte tiefer. So befaßte er sich mit physikalischen Vorgängen, bei denen die Gesetze der *Elektrodynamik* und zugleich die der *Mechanik* eine Rolle spielen.

In der *Newtonschen Mechanik* hat man es mit Teilchen zu tun, in der *Maxwellschen Theorie* mit Feldern, weswegen man von einer *Feldtheorie* spricht: Den Bereich, in dem eine elektrische oder magnetische Kraft wirkt, nennt man ein elektrisches oder magnetisches Feld. Dabei ist, anders als in der *Newtonschen Physik,* die Energie kontinuierlich über alle Punkte des Feldes verteilt. Das wesentliche Neue in der *Maxwellschen Theorie* ist nun, daß sich ein Feld, etwa ein magnetisches beim Einschalten eines Stromes, nicht instantan aufbaut, sondern mit einer bestimmten Geschwindigkeit, kleiner oder höchstens gleich der Lichtgeschwindigkeit.

Da die *Newtonsche Theorie* der *Mechanik* auf die Vorstellung einer Fernwirkung, die *Maxwellsche Theorie* der *Elektrodynamik* auf die Vorstellung der Feld- oder Nahewirkung gegründet war, standen beide in einem prinzipiellen Widerspruch zueinander, der sich um die Wende zum 20. Jahrhundert auch physikalisch bemerkbar machte.

„Es ist bekannt“, so leitete Einstein seine berühmte Abhandlung von 1905 über die „Elektrodynamik bewegter Körper“ ein, „daß die *Elektrodynamik* Maxwells ... in ihrer Anwendung auf bewegte Körper zu Asymmetrien führt, welche den Phänomenen nicht anzuhaften scheinen.“ Durch einfache Gedankenexperimente zeigte Einstein, daß es nicht die neue *Elektrodynamik* ist, die reformiert werden muß, sondern die auf Newton zurückgehende *klassische Mechanik.* So begründete er 1905 seine *Spezielle Relativitätstheorie.*

Die *Allgemeine Relativitätstheorie* war dann der zweite und letzte Schritt in der Revision der *Mechanik.* Nun war auch die *Gravitation* in die Form einer *Feldtheorie* gebracht und damit erkenntnistheoretisch auf die gleiche Stufe gehoben wie die *Maxwellsche Elektrodynamik.*

Einstein hatte die *klassische Mechanik* Newtons mit der *Maxwellschen Theorie* verglichen und zu leicht befunden. Aber für ihn war auch die *Maxwellsche Theorie* nicht das Maß aller Dinge: Obwohl sie ihm als Ansatz und Vorbild diente, galt sie ihm keineswegs als geheiligt und unantastbar.

Planck berief sich noch 1910 auf die Errungenschaften der Wellentheorie des Lichtes, auf diese „stolzesten Erfolge der Physik, ja der Naturforschung überhaupt“ und wollte unbedingt festhalten an den *„Maxwellschen Gleichungen* für das Vakuum“. Einstein aber hatte längst erkannt und schon 1905 in seiner ersten Quantenarbeit ausgesprochen, daß jede Theorie, und damit auch die Maxwell*sche,* nur in einem bestimmten Anwendungsbereich gültig ist. Mag die Bestätigung durch gewisse Phänomene auch noch so eindrucksvoll sein: Jede Theorie hat ihre Grenzen.

Was die Interferenzerscheinungen betreffe, sagte Einstein, werde man wohl immer bei der *Maxwellschen Wellentheorie* bleiben, aber „bei den die Erzeugung und Verwandlung des Lichtes betreffenden Erscheinungsgruppen“ ist die korpuskulare Struktur des Lichtes in Rechnung zu stellen.

Nach einem Wort Einsteins von 1909 ist auch das Elektron „ein Fremdling in der *Elektrodynamik*“, denn es bleibt unverständlich, wie die endliche Elektronenladung auf einen kleinen Raum konzentriert stabil zusammenhält, obwohl die *Coulombschen Abstoßungskräfte* zwischen den einzelnen Ladungselementen sehr groß sind.

Anfang 1909 gelangte Einstein zu der Auffassung, daß die beiden Unvollkommenheiten der *Maxwellschen Theorie* miteinander zusammenhängen müssen. Er wollte zugleich die Quantenstruktur der Strahlung und das Elektron erklären, wollte also, wie wir heute sagen würden, eine einheitliche Theorie von Elektron und Lichtquant aufstellen.

Als Schlüssel zur Lösung des Problems erschien ihm eine auffällige Tatsache, die das *Plancksche Wirkungsquantum h* betraf. Diese von Planck 1899 entdeckte Naturkonstante besitzt, wie man sagt, die „Dimension“ einer Wirkung, wird also ausgedrückt in „erg. sec“. Aber auch die Größe e^2/c, das Quadrat des elektrischen Elementarquantums, geteilt durch die Lichtgeschwindigkeit, ist physikalisch eine Wirkung. Nur im Zahlenwert stimmen die beiden Konstanten nicht überein; Einstein war aber der Meinung, daß dieser sich irgendwie erklären lassen müsse. „Es scheint mir nun aus der Beziehung ... hervorzugehen,“ schrieb er, „daß die gleiche Modifikation der Theorie, welche das Elementarquantum e als Konsequenz enthält, auch die Quantenstruktur der Strahlung enthalten wird.“

Heute sehen wir das *elektrische Elementarquantum e* und das *Plancksche Wirkungsquantum h* als unabhängige Naturkonstanten an und verlangen von einer zukünftigen Theorie der Elementarteilchen, daß man aus ihr das Verhältnis, eine reine Zahl, berechnen kann.

Der in der Physikalischen Zeitschrift im März 1909 erschienene Aufsatz Einsteins hat Wilhelm Wien zu einer Stellungnahme angeregt. Wien verfaßte um diese Zeit gerade seine Abhandlung über *Strahlungstheorie* für die *Mathematische Enzyklopädie;* hier schrieb er: „Der von Einstein ausgesprochenen Meinung ..., daß die Größe des Energieelementes in Beziehung stehe zu der des Elementarquantums der Elektrizität, kann ich mich vorläufig nicht anschließen ... Das Energieelement, wenn es überhaupt eine physikalische Bedeutung besitzt, kann wohl nur aus einer universellen Eigenschaft der Atome abgeleitet werden.“

Auf dem 1. *Solvay-Kongreß* in Brüssel 1911 stellte sich dann SOMMERFELD auf den umgekehrten Standpunkt, „das h nicht aus den Moleküldimensionen zu erklären, sondern die Existenz der Moleküle als eine Funktion und Folge der Existenz eines elementaren Wirkungsquantums anzusehen.“

Zwei Jahre später verwirklichte NIELS BOHR dieses Programm: Das *Plancksche Wirkungsquantum h* ist der Schlüssel zum Verständnis des Atoms.

Nach dem Modell von BOHR besteht jedes Atom aus einem „Kern“ und einer „Hülle“ aus Elektronen. Obwohl man in Experimenten, insbesondere mit Kathoden- und Kanalstrahlen, schon zahlreiche wichtige Fakten über das Atom kennengelernt hatte, konnte man erst jetzt an eine systematische Ordnung des Erfahrungsmaterials denken.

„1890 muß eine wunderbare Zeit gewesen sein“, so resümierte VICTOR F. WEISSKOPF, „denn damals hat sich alles Große vorbereitet, und man hatte wirklich keine Ahnung vom Wesentlichen der *Atomphysik* ... Trotzdem hat sich da eine der größten geistigen Umwälzungen vorbereitet.“

„Als ich jung war“, erinnerte sich MAX VON LAUE, „wollte ich Physik treiben und Weltgeschichte erleben.“ Tatsächlich gelangen ihm Entdeckungen, die, wie sich EINSTEIN ausdrückte, „zum Schönsten in der Physik gehören.“

Seine gleichaltrigen Freunde LISE MEITNER, OTTO HAHN und ALBERT EINSTEIN standen gewiß nicht hinter ihm zurück. Die Physik sprengte ihren bisherigen Rahmen. Aufregende Experimente erweiterten in ungeahnter Weise den Gesichtskreis. Gleichzeitig erhielt das Gebäude der Wissenschaft tragfähigere Fundamente für die vielen hinzukommenden Stockwerke.

Im April 1918, in den letzten Monaten des Ersten Weltkrieges, hatte ALBERT EINSTEIN in seiner Festrede zum 60. Geburtstag von MAX PLANCK von der Wissenschaft als einem „stillen Tempel“ gesprochen. Am Ende des Zweiten Weltkrieges wäre ein solcher Vergleich ganz und gar unzutreffend gewesen.

Die Physiker konnten nun nicht nur Weltgeschichte miterleben, sondern sie gestalteten Weltgeschichte. Nach der Explosion der ersten Atombomben, als die Menschheit die Schwelle überschritten hatte, die in das Atomzeitalter führte, sagte JACOB ROBERT OPPENHEIMER: „Noch nie hatten die Physiker so viel Bedeutung und noch nie waren sie so ohnmächtig wie heute.“

Albert Einsteins Reise in die USA im Jahre 1921: „Ankunft in New York. War ärger als die phantastischste Erwartung. Scharen von Reportern ... Dazu ein Heer von Photographen, die sich wie ausgehungerte Wölfe auf mich stürzten.“

New York 1930: Albert Einstein von Reportern umlagert. Seine spontan witzigen Antworten machten ihn zu einem gesuchten Objekt für Journalisten.

Von der Tagung der Deutschen Naturforscher und Ärzte 1909 im österreichischen Salzburg gibt es keine Photographie. Unser Bild zeigt die Sektion für Mathematik und Physik bei einer Tagung 1913 in Wien. Durch ein Preisausschreiben der Physikalischen Blätter (Jahrgang 17/1961 und Jahrgang 18/1962) wurde etwa ein Drittel der Abgebildeten identifiziert. Max von Laue steht am Fenster links vorne, Otto Hahn sitzt in der fünften Reihe zwischen seiner Frau Edith und einer Dame mit großem Hut. Max Born steht im Mittelgang.

Kapitel I Salzburg 1909
Revolution in der Physik

Etwa 1300 Personen – Wissenschaftler und die Damen in ihrer Begleitung – waren es, die Mitte September 1909 nach Salzburg kamen. Die traditionsreiche *Gesellschaft deutscher Naturforscher und Ärzte*, schon 1822 gegründet, wählte sich zur Zusammenkunft jedes Jahr eine andere Stadt als Tagungsort. Wieder einmal empfanden es die jungen Physiker als einen alten Zopf, noch immer, wie im vorigen Jahrhundert, mit Ärzten und Biologen gemeinsam zu tagen. Was kümmerte sie, ob der Mediziner Ludwig Aschoff, einer der berühmtesten Pathologen seiner Zeit, über Gallensteinkrankheiten oder Appendizitis vortrug?
Die Jungen mußten sich von den Altmeistern der Physik, zu denen Max Planck gehörte, Wilhelm Wien und nun auch schon Arnold Sommerfeld, sagen lassen, daß der gemeinsame Kongreß aller deutschen Naturwissenschaftler und Mediziner eine ehrwürdige, nun fast neunzigjährige Tradition habe und die gemeinsame Überzeugung zum Ausdruck bringe: Das kommende naturwissenschaftliche Zeitalter werde dem Menschen nicht nur Wohlstand schaffen, sondern ihn innerlich glücklicher und zufriedener machen. Wenn alle deutschen Gelehrten, aus dem Reich und aus Deutsch-Österreich, jedes Jahr erneut ihre Zusammengehörigkeit unter Beweis stellten, so komme darin die Überzeugung zum Ausdruck, daß die deutschen Wissenschaftler dazu berufen seien, dem Fortschritt der Menschheit zu dienen.
Die Atmosphäre in Salzburg gab dem Kongreß eine gemütliche Note. So nahm man es auch mit dem Besuch der Vorträge nicht ganz so genau wie im Jahr zuvor in Köln. Wilhelm Wien interessierte sich lebhaft für den Bericht des Physikers Julius Elster über Radioaktivität, doch die anschließende Nachmittagssitzung der Hauptgruppe Physik und Mathematik schenkte er sich. Statt dessen suchte er das persönliche Gespräch. Gerade der wissenschaftliche Dialog ist es ja, der den besonderen Wert einer Tagung ausmacht: Da waren Max Planck mit seiner Tochter, der Chemiker Carl Duisberg und der Physiologe Johannes Müller, bedeutende Männer, mit denen ein Gedankenaustausch innere Bereicherung brachte.
Als weniger umgänglich erwies sich der Kollege Johannes Stark. Wieder war er mit einigen Versuchsergebnissen nicht einverstanden, und erneut kündigte sich eine lästige Polemik an: „Das ist bei ihm nicht anders", suchte sich Wilhelm Wien zu beruhigen: „Es wird wohl auch nicht das letzte Mal sein."
Überall bildeten sich Gesprächsgruppen, in denen es meist um das Fach ging, von dem sie alle fasziniert waren. Die Physiker waren stolz, zu ihrer Wissenschaft beitragen zu können, und stolz, daß Deutschland eine Spitzenstellung erreicht hatte. Sie waren davon überzeugt, daß nichts einem Volk mehr Ansehen in der Welt bringe, als die Erweiterung des menschlichen Wissens, und deshalb die Führung auf dem Gebiete der Naturwissenschaften nicht nur einen ideellen, sondern auch einen eminent politischen und wirtschaftlichen Wert habe.
National gesinnt waren sie alle, dem Geist der Zeit entsprechend, sowohl die anerkannten Fachvertreter wie auch die jungen Kollegen. Born, Laue und Hahn dachten ganz ähnlich wie Wien, Planck und Sommerfeld. Nur der junge Albert Einstein machte da eine Ausnahme. Er wollte nichts hören von der „elenden Vaterländerei" und glaubte sogar, daß die Jugend von der Kirche und dem Staate mit Vorbedacht belogen werde.
Dabei war Einstein sehr zurückhaltend und kleidete alles, was er sagte, in scherzhafte Form. Meist beschränkte er sich darauf, nach sokratischer Art Fragen zu stellen. So nahmen die Kollegen seine „Schrullen", wie sie sagten, nicht weiter übel. Schließlich war ja auch die Physik so viel interessanter als die ganze Politik. „Gestern habe ich lange mit Einstein gefachsimpelt", schrieb Wilhelm Wien aus Salzburg: „Einstein ist ein sehr interessanter und bescheidener Mann. Ich habe mich sehr gern mit ihm unterhalten."
Auch Max Planck nutzte die Gelegenheit zum Gespräch. Nachdem er schon vier Jahre lang mit Einstein korrespondiert hatte, freute er sich über den persönlichen Kontakt, bei dem man sich besser verständigen konnte.
Einstein besuchte zum ersten Mal eine Tagung. Schon im letzten Jahr, bei der Versammlung in Köln, war er erwartet worden. In einem hervorragenden Vortrag hatte der Mathematiker Hermann Minkowski der *Relativitätstheorie* eine neue und besonders elegante mathematische Form gegeben, und in diesem Zusammenhang war viel von Einstein die Rede gewesen.
So bildete in Salzburg für die wirklichen Kenner der Vortrag Einsteins „Über die Entwicklung unserer Anschauungen über das Wesen und die Konstitution der Strahlung" das herausragende wissenschaftliche Ereignis.

Max Planck

Albert Einstein

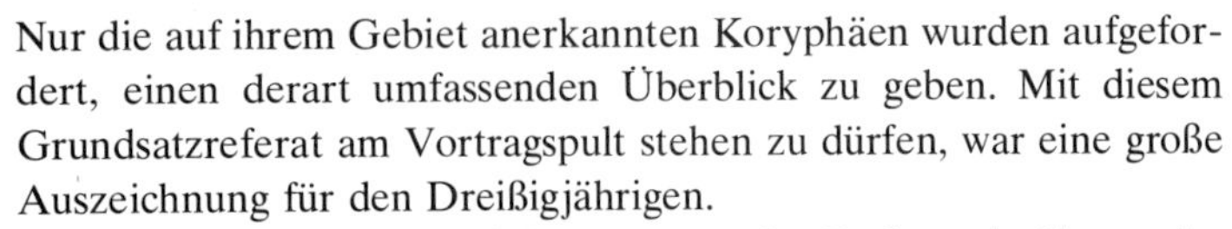

Nur die auf ihrem Gebiet anerkannten Koryphäen wurden aufgefordert, einen derart umfassenden Überblick zu geben. Mit diesem Grundsatzreferat am Vortragspult stehen zu dürfen, war eine große Auszeichnung für den Dreißigjährigen.

Planck führte, mit den üblichen Worten, den Redner ein. Es war der 21. September 1909. Einstein sprach kurz über die *Spezielle Relativitätstheorie* und dann ausführlich über das *Quantenproblem*. Es lohnte sich Einsteins Meinung nach nicht, über die *Spezielle Relativitätstheorie* viele Worte zu machen – auch wenn ihre Konsequenzen für die Raum- und Zeitvorstellungen noch so ungewohnt sein mochten –, da sie von den wirklich sachverständigen Kollegen bereits anerkannt war. Mit der *Quantentheorie* war dies jedoch anders. Es gab bisher nur einen einzigen Physiker, einen Außenseiter, der hier bereit war, Einstein zu folgen: Johannes Stark.

Für Lise Meitner und Max Laue, die mit etwa hundert anderen im Saale saßen, blieb Einsteins Vortrag unvergeßlich. Einstein sprach schlicht und klar. Nichts ist anschaulicher für den Physiker als der Gedankenversuch. Einstein betrachtete eine leichtbewegliche Platte in einem Hohlraum mit elektromagnetischer Strahlung. Ähnlich wie in der Luft kleine Staubpartikel winzige Zitterbewegungen ausführen durch die fortdauernden Stöße der Luftmoleküle, schwankt die leichtbewegliche Platte durch die statischen Änderungen des „Strahlungsdruckes". Wenn für die Strahlung das *Plancksche Gesetz* gilt (und daß es gilt, hatten ganze Versuchsserien in der Physikalisch-Technischen Reichsanstalt bestätigt), dann folgt für die Schwankungen eine Formel, die aus zwei Summanden zusammengesetzt ist. Der erste Summand folgt aus der *Undulationstheorie* des Lichtes, der zweite aus der Annahme, daß das Licht aus Korpuskeln zusammengesetzt ist. In dem einen Grenzfall ist also das Licht wie gewohnt als Welle aufzufassen, in dem anderen Grenzfall hat man es (dieser Schluß scheint unvermeidbar) mit „Lichtkorpuskeln" zu tun.

Wellen- oder Korpuskulartheorie des Lichtes? Was Einstein auch sagte: Bis auf einen einzigen Kollegen blieben die Physiker nach wie vor von der Wellennatur überzeugt. Nur Johannes Stark glaubte an die Einsteinschen Lichtkorpuskeln. Für alle aber, Johannes Stark eingeschlossen, gab es nur ein Entweder-Oder. Einstein jedoch hatte erkannt, daß es sich um ein Sowohl-als-auch handeln müsse. Es war eben ein Vorteil, daß eine physikalische Wesenheit entweder eine Welle oder eine Korpuskel sein müsse, ein fest etabliertes Vorurteil, weil man mit der Mechanik einerseits und der Elektrodynamik andererseits Korpuskelnatur und Wellennatur sozusagen mathematisch festgeschrieben hatte, für das Sowohl-als-auch aber die mathematische Ausdrucksmöglichkeit fehlte.

Damit war EINSTEIN allen Kollegen weit voraus. Das Wort, dem Philosophen HEGEL in den Mund gelegt, hätte EINSTEIN 1909 mit vollem Recht auf sich anwenden können: „Nur ein einziger meiner Hörer hat mich verstanden, und der hat mich falsch verstanden."

„Ich muß sagen", berichtete FRITZ REICHE, der Assistent PLANCKS, „daß ich sehr beeindruckt war, als da in der Formel für die Schwankungen dieses zweite Glied auftauchte. Aber das war natürlich nur ein sehr indirekter Beweis für die Existenz von Photonen. Ich erinnere mich, daß die Leute sehr dagegen waren und versucht haben, eine andere Begründung zu finden."

Als Diskussionsleiter ergriff PLANCK selbst unmittelbar nach EINSTEIN das Wort. Gleichsam offiziell, als die große Autorität in der Physik, versagte er der *Lichtquantenhypothese* die Zustimmung. Trotzdem war die große Hochachtung unverkennbar, die PLANCK dem jungen EINSTEIN entgegenbrachte. So stellten das Referat EINSTEINS vor dem Forum der Naturforscherversammlung und PLANCKS Erwiderung gleichsam einen Ritterschlag dar. EINSTEIN war nun – allen Kollegen sichtbar – aufgenommen in den führenden Kreis der Physiker und einem SOMMERFELD und einem WILHELM WIEN an die Seite gestellt.

Mit dreißig Jahren hat ein Physiker seine Lehr- und Wanderjahre hinter sich. So war MAX LAUE einige Jahre Assistent PLANCKS gewesen und ging nun als Privatdozent nach München. LISE MEITNER war aus Wien gekommen. Seit zwei Jahren arbeitete sie mit dem gleichaltrigen

Brief von Max Planck an Albert Einstein vom 6. Juli 1907, letzte Seite. Behandelt werden die Quantentheorie und die Relativitätstheorie.

Salzburger Vortrag Einsteins (1909). Abdruck des Textes in der Physikalischen Zeitschrift, 10. Jahrgang, Nummer 22, Seite 817ff.

Physikalische Zeitschrift. 10. Jahrgang. No. 22. 817

$$\frac{dm}{dt} = \frac{1}{c^2} e E_x w_x .$$

Durch Superposition von Lorentz-Transformationen läßt sich die Theorie leicht derart verallgemeinern, daß sie alle in praxi vorkommenden Fälle umfaßt.

(Eingegangen 14. Oktober 1909.)

Diskussion.

Sommerfeld: Die große Vereinfachung und Verschönerung der Theorie, welche durch die neue Starrheitsdefinition und die glücklichen Gedanken von Born gegeben wird, kann niemand besser würdigen als ich, weil ich mich auch früher mit der gleichförmig beschleunigten Bewegung beschäftigt habe und auf Grund der alten Starrheitsdefinition zu äußerst undurchsichtigen Ausdrücken gelangt bin. Aber hervorheben möchte ich doch das eine: das Relativitätsprinzip kann nur etwas über die gleichmäßige Bewegung aussagen; in Fällen beschleunigter Bewegung kann es Ansätze wohl nahe legen, aber nie zwingende Schlüsse liefern, z. B. bezüglich der Form der ponderomotorischen Kräfte; so könnte man bei Ihren Ansätzen zu den Kräften Glieder hinzusetzen, die nicht mehr die Geschwindigkeit enthalten. Ich bin sehr dafür, daß man solche Glieder wegläßt (und die Ansätze von Born scheinen jedenfalls die einfachsten unter vielen anderen möglichen). Aber einen zwingenden Grund dafür kann das Relativitätsprinzip nicht liefern.

Vortragender: Aber nicht jede Annahme, die man über die Beschleunigungen macht, genügt dem Relativitätsprinzip (Sommerfeld: Natürlich nicht!) Ich habe die einfachste Annahme genommen und mich überall im wesentlichen an Minkowski angeschlossen. Das einzig Neue ist vielleicht die Zusammensetzung der Kräfte am starren Körper zu Resultierenden.

A. Einstein (Zürich), Über die Entwicklung unserer Anschauungen über das Wesen und die Konstitution der Strahlung.

Als man erkannt hatte, daß das Licht die Erscheinungen der Interferenz und Beugung zeige, da erschien es kaum mehr bezweifelbar, daß das Licht als eine Wellenbewegung aufzufassen sei. Da das Licht sich auch durch das Vakuum fortzupflanzen vermag, so mußte man sich vorstellen, daß auch in diesem eine Art besonderer Materie vorhanden sei, welche die Fortpflanzung der Lichtwellen vermittelt. Für die Auffassung der Gesetze der Ausbreitung des Lichtes in ponderabeln Körpern war es nötig, anzunehmen, daß jene Materie, welche man Lichtäther nannte, auch in diesen vorhanden sei, und daß es auch im Innern der ponderabeln Körper im wesentlichen der Lichtäther sei, welcher die Ausbreitung des Lichtes vermittelt. Die Existenz jenes Lichtäthers schien unbezweifelbar. In dem 1902 erschienenen ersten Bande des vortrefflichen Lehrbuches der Physik von Chwolson findet sich in der Einleitung über den Äther der Satz: „Die Wahrscheinlichkeit der Hypothese von der Existenz dieses einen Agens grenzt außerordentlich nahe an Gewißheit".

Heute aber müssen wir wohl die Ätherhypothese als einen überwundenen Standpunkt ansehen. Es ist sogar unleugbar, daß es eine ausgedehnte Gruppe von die Strahlung betreffenden Tatsachen gibt, welche zeigen, daß dem Lichte gewisse fundamentale Eigenschaften zukommen, die sich weit eher vom Standpunkte der Newtonschen Emissionstheorie des Lichtes als vom Standpunkte der Undulationstheorie begreifen lassen. Deshalb ist es meine Meinung, daß die nächste Phase der Entwicklung der theoretischen Physik uns eine Theorie des Lichtes bringen wird, welche sich als eine Art Verschmelzung von Undulations- und Emissionstheorie des Lichtes auffassen läßt. Diese Meinung zu begründen, und zu zeigen, daß eine tiefgehende Änderung unserer Anschauungen vom Wesen und von der Konstitution des Lichtes unerläßlich ist, das ist der Zweck der folgenden Ausführungen.

Der größte Fortschritt, welchen die theoretische Optik seit der Einführung der Undulationstheorie gemacht hat, besteht wohl in Maxwells genialer Entdeckung von der Möglichkeit, das Licht als einen elektromagnetischen Vorgang aufzufassen. Diese Theorie führt statt der mechanischen Größen, nämlich Deformation und Geschwindigkeit der Teile des Äthers, die elektromagnetischen Zustände des Äthers und der Materie in die Betrachtung ein und reduziert dadurch die optischen Probleme auf elektromagnetische. Je mehr sich die elektromagnetische Theorie entwickelte, desto mehr trat die Frage, ob sich die elektromagnetischen Vorgänge auf mechanische zurückführen lassen, in den Hintergrund; man gewöhnte sich daran, die Begriffe elektrische und magnetische Feldstärke, elektrische Raumdichte usw. als elementare Begriffe zu behandeln, die einer mechanischen Interpretation nicht bedürfen.

Durch die Einführung der elektromagnetischen Theorie wurden die Grundlagen der theoretischen Optik vereinfacht, die Anzahl der willkürlichen Hypothesen vermindert. Die alte Frage nach der Schwingungsrichtung des polarisierten Lichtes wurde gegenstandslos. Die Schwierigkeiten, betreffend die Grenzbedingungen an der Grenze zweier Media ergaben sich aus dem Fundament der Theorie. Es bedurfte keiner willkürlichen

ANNALEN

DER

PHYSIK.

BEGRÜNDET UND FORTGEFÜHRT DURCH

F. A. C. GREN, L. W. GILBERT, J. C. POGGENDORFF, G. UND E. WIEDEMANN.

VIERTE FOLGE.

BAND 17.

DER GANZEN REIHE 322. BAND.

KURATORIUM:

F. KOHLRAUSCH, M. PLANCK, G. QUINCKE, W. C. RÖNTGEN, E. WARBURG.

UNTER MITWIRKUNG

DER DEUTSCHEN PHYSIKALISCHEN GESELLSCHAFT

UND INSBESONDERE VON

M. PLANCK

HERAUSGEGEBEN VON

PAUL DRUDE.

MIT FÜNF FIGURENTAFELN.

LEIPZIG, 1905.

VERLAG VON JOHANN AMBROSIUS BARTH.

3. *Zur Elektrodynamik bewegter Körper;*
von A. Einstein.

Daß die Elektrodynamik Maxwells — wie dieselbe gegenwärtig aufgefaßt zu werden pflegt — in ihrer Anwendung auf bewegte Körper zu Asymmetrien führt, welche den Phänomenen nicht anzuhaften scheinen, ist bekannt. Man denke z. B. an die elektrodynamische Wechselwirkung zwischen einem Magneten und einem Leiter. Das beobachtbare Phänomen hängt hier nur ab von der Relativbewegung von Leiter und Magnet, während nach der üblichen Auffassung die beiden Fälle, daß der eine oder der andere dieser Körper der bewegte sei, streng voneinander zu trennen sind. Bewegt sich nämlich der Magnet und ruht der Leiter, so entsteht in der Umgebung des Magneten ein elektrisches Feld von gewissem Energiewerte, welches an den Orten, wo sich Teile des Leiters befinden, einen Strom erzeugt. Ruht aber der Magnet und bewegt sich der Leiter, so entsteht in der Umgebung des Magneten kein elektrisches Feld, dagegen im Leiter eine elektromotorische Kraft, welcher an sich keine Energie entspricht, die aber — Gleichheit der Relativbewegung bei den beiden ins Auge gefaßten Fällen vorausgesetzt — zu elektrischen Strömen von derselben Größe und demselben Verlaufe Veranlassung gibt, wie im ersten Falle die elektrischen Kräfte.

Beispiele ähnlicher Art, sowie die mißlungenen Versuche, eine Bewegung der Erde relativ zum „Lichtmedium" zu konstatieren, führen zu der Vermutung, daß dem Begriffe der absoluten Ruhe nicht nur in der Mechanik, sondern auch in der Elektrodynamik keine Eigenschaften der Erscheinungen entsprechen, sondern daß vielmehr für alle Koordinatensysteme, für welche die mechanischen Gleichungen gelten, auch die gleichen elektrodynamischen und optischen Gesetze gelten, wie dies für die Größen erster Ordnung bereits erwiesen ist. Wir wollen diese Vermutung (deren Inhalt im folgenden „Prinzip der Relativität" genannt werden wird) zur Voraussetzung erheben und außerdem die mit ihm nur scheinbar unverträgliche

Titelseite von Band 17 der Annalen der Physik von 1905 und erste Seite der berühmten Abhandlung Einsteins, mit der er die Spezielle Relativitätstheorie begründete.

Privatdozenten Otto Hahn zusammen im Chemischen Institut Berlin auf dem neuen und aussichtsreichen Gebiet der *Radioaktivität*. Laue, Meitner und Hahn hatten schon eine Reihe von Arbeiten veröffentlicht und waren das, was man „vielversprechende junge Talente" nennt.

Einstein aber ließ sich nicht messen mit den normalen Maßstäben. Er hatte – schon vier Jahre zuvor – den Umsturz im Weltbild der Physik ins Werk gesetzt. Anders als politische Revolutionen, die sehr geräuschvoll verlaufen, kommen wissenschaftliche Umwälzungen auf leisen Sohlen. So ahnten unter den Physikern nur wenige, daß Einstein vom Vortragspult in Salzburg eine neue Physik proklamiert hatte, so wie neun Jahre später, am 9. November 1918, der Sozialdemokrat Philipp Scheidemann das Ende des Deutschen Kaiserreiches und den Beginn der freien Republik verkünden sollte.

Einstein im „Eidgenössischen Amt für geistiges Eigentum" in der schweizerischen Bundeshauptstadt Bern.

KAPITEL II Die Spezielle Relativitätstheorie
Transformation von Raum und Zeit

„Wahre Bewegung", hatte schon der niederländische Physiker und Mathematiker CHRISTIAAN HUYGENS im 17. Jahrhundert gesagt, „ist relative Bewegung". Man kann nicht unterscheiden zwischen Ruhe und gleichförmiger Geschwindigkeit: Wenn für einen Beobachter die Gesetze der Mechanik gelten, dann müssen diese auch für einen zweiten Beobachter erfüllt sein, der sich dem ersten gegenüber mit gleichförmiger Geschwindigkeit bewegt. Dieses „klassische" Relativitätsprinzip hielt man im 19. Jahrhundert nur für die Mechanik gültig, nicht für die Elektrodynamik. Die elektromagnetischen Vorgänge – meinte man – fänden im absolut ruhenden „Lichtäther" statt.

EINSTEIN bemerkte 1905, „daß für alle Koordinatensysteme, für welche die mechanischen Gleichungen gelten, auch die gleichen elektrodynamischen und optischen Gesetze gelten." In diesem und in einem zweiten Satz („Das Licht breitet sich im leeren Raum stets mit ein- und derselben Geschwindigkeit aus") ist bereits die gesamte Theorie enthalten.

Beide Voraussetzungen waren als miteinander unverträglich angesehen worden. EINSTEIN aber konstatierte, „daß man durch systematisches Festhalten an diesen beiden Gesetzen zu einer logisch einwandfreien Theorie gelange." Revidiert werden mußten allerdings gewohnte Vorstellungen über Raum und Zeit.

Was heißt „zwei Ereignisse sind gleichzeitig"? EINSTEIN berief sich auf die *Positivismus* genannte Erkenntnistheorie des französischen Philosophen AUGUSTE COMTE und des Physikers ERNST MACH: Sinn hat ein Begriff nur, wenn (wenigstens im Prinzip) eine Meßvorschrift angegeben werden kann: Zwei Ereignisse an getrennten Orten sollen „gleichzeitig" genannt werden, wenn von ihnen ausgehende Licht- oder Radiosignale einen in der Mitte befindlichen Beobachter zugleich erreichen.

Sein berühmter Gedankenversuch mit einem fahrenden Zug, einem Beobachter im Zug und einem zweiten am Bahndamm, zeigte EINSTEIN folgendes: „Ereignisse, welche in bezug auf den Bahndamm gleichzeitig sind, sind in bezug auf den Zug nicht gleichzeitig und umgekehrt (Relativität der Gleichzeitigkeit). Jeder Bezugskörper (Koordinatensystem) hat seine besondere Zeit." Damit revidierte EINSTEIN die seit ISAAC NEWTON fixierten Begriffe von Raum und Zeit. Weder die Länge eines starren Stabes noch die Schwingungsdauer einer Uhr bleibt konstant, wenn man vom „ruhenden" Koordinatensystem zu einem mit gleichförmiger (geradliniger) Geschwindigkeit bewegten übergeht. Ein bewegter Stab erscheint dem ruhenden Beobachter verkürzt (sogenannte *Lorentz-Kontraktion*), eine bewegte Uhr scheint langsamer zu gehen (sogenannte *Einstein-Dilatation*).

Die Transformation von Raum und Zeit (*Lorentz-Transformation* genannt) hat eine analoge Transformation von Impuls und Energie zur Folge. Damit tritt an die Stelle der alten *klassischen Mechanik* (der Mechanik NEWTONS) eine neue *Relativitätsmechanik* (die Mechanik EINSTEINS). Praktisch erkennbar wird diese Modifikation allerdings erst bei sehr hohen Geschwindigkeiten.

Wenige Monate später zog EINSTEIN mit der berühmten Formel $E = mc^2$ den Schluß auf die allgemeine Äquivalenz von Masse und Energie. Die *Spezielle Relativitätstheorie* hob die Geltung des bisherigen Satzes von der Erhaltung der Masse und des bisherigen Satzes von der Erhaltung der Energie auf; an ihre Stelle trat nun ein verallgemeinerter Erhaltungssatz der Energie, bei dem die Ruhemasse der Energie hinzugerechnet wird.

Jahrzehntelang blieb unentschieden, ob die Verwandlung von Masse in Energie eine technische Anwendung finden würde. Als dann am 6. August 1945 die erste *Atombombe* gegen Menschen eingesetzt wurde, waren die Physiker überrascht und entsetzt. Zuvor hatten Generationen von Gelehrten seit dem 18. Jahrhundert immer wieder betont, daß jede wissenschaftliche Erkenntnis auch praktische Konsequenzen habe. Doch wie stark tatsächlich die Wissenschaft einmal in das Schicksal der Menschen eingreifen würde, übertraf weit alle Erwartungen, auch die des Utopisten JULES VERNE.

Daß Physik auch Weltgeschichte ist, ahnten die jungen Menschen im Jahre 1905 noch nicht. LISE MEITNER hörte in Wien mit innerer Anteilnahme die Vorlesungen von LUDWIG BOLTZMANN; seine Begeisterung über die Schönheit und Symmetrie der Naturgesetze sprang über auf seine fleißigste und zugleich schüchternste Hörerin. MAX LAUE besprach in Berlin mit PLANCK die Übungsaufgaben für die Studenten; OTTO HAHN meldete sich in Montreal bei RUTHERFORD als neuer „Research Fellow".

ALBERT EINSTEIN war 1905 ein kleiner Angestellter beim Schweizer Patentamt in Bern, dem sogenannten „Eidgenössischen Amt für geistiges Eigentum"; seine offizielle Bezeichnung dort war „technischer Experte III. Klasse". Sobald der Chef des Amtes, der gefürchtete FRIEDRICH HALLER, durch die Büroräume ging, ließ EINSTEIN regelmäßig eine Gruppe von Papieren in der Schublade verschwinden und holte rasch andere hervor.

Veröffentlicht hat EINSTEIN seine *Relativitätstheorie* in den „Annalen der Physik" unter dem harmlos klingenden Titel „Zur Elektrodynamik bewegter Körper". Anfang des Jahrhunderts galten die (klassische) Mechanik und die Elektrodynamik als die beiden großen Gedankengebäude der Physik. EINSTEIN hatte nun ihre Unverträglichkeit

Bern 14. XII. 08

Hoch geehrter Herr Professor!

Leider ist es mir ganz unmöglich, jenes Buch zu verfassen, weil es mir unmöglich ist, die Zeit dazu zu finden. Jeden Tag 8 Stunden anstrengende Arbeit auf dem Patentamt, dazu viele Korrespondenzen u. Studien. Sie kennen ja das aus eigener Erfahrung. Mehrere Arbeiten sind unvollendet, weil ich die Zeit für deren Abfassung nicht finden kann. Dazu kommt noch ein kleines Laboratorium für elektrostatische Versuche, das ich mir mit primitiven Mitteln zusammengeschustert habe, um jene elektrostatische Methode auszuarbeiten, welche ich vor einiger Zeit in der physikalischen Zeitschr. publiziert habe.

Zu meinem grossen Bedauern war es mir auch nicht möglich nach Köln zu kommen. Es war dringend notwendig, dass ich meine kurzen Amtsferien zur Erholung benutzte.

Mit aller Hochachtung

Ihr ergebener A. Einstein.

Brief Einsteins an Johannes Stark vom 14. Dezember 1908: Keine Zeit zur Abfassung eines Buches über die Relativitätstheorie und keine Zeit zum Besuch der Naturforscherversammlung 1908 in Köln.

aufgedeckt und hatte damit auch die Ursache der bisher unerklärlichen Schwierigkeiten gefunden, die bei der Behandlung der elektromagnetischen Phänomene bei schnellbewegten Körpern auftraten.
„Zwischen der Konzeption der Idee der *Speziellen Relativitätstheorie* und der Beendigung der betreffenden Publikation sind fünf oder sechs Wochen vergangen“, berichtete EINSTEIN später seinem Biographen CARL SEELIG: „Es würde aber kaum berechtigt sein, dies als Geburtstag zu bezeichnen, nachdem doch vorher die Argumente und Bausteine jahrelang vorbereitet worden waren.“
Kein Physiker kannte damals den Namen ‚EINSTEIN‘. Fast erstaunlich darum, daß die „Annalen der Physik“ ohne Zögern die Arbeit veröffentlichten. Vielleicht hat PAUL DRUDE das Manuskript seinem Berliner Kollegen MAX PLANCK vorgelegt, denn PLANCK wirkte bei der Redaktion als „theoretischer Beirat“ mit. Sicher ist das jedoch nicht. Oft hat DRUDE als verantwortlicher Redakteur allein entschieden. Wie dem auch sei: MAX PLANCK hat die Arbeit EINSTEINS (entweder kurz vor oder kurz nach der Veröffentlichung) gelesen – sehr genau gelesen. Es faszinierte ihn, daß die von ihm 1899 entdeckte Naturkonstante h, *das Plancksche Wirkungsquantum*, „auch dann invariant bleibt, wenn man gemäß dem Relativitätsprinzip von einem vorhandenen Koordinatensystem auf ein bewegtes übergeht, wobei doch fast alle übrigen Größen wie Raum, Zeit, Energie sich ändern.“
PLANCK referierte über das Thema beim physikalischen Mittwochs-Kolloquium, bei der Deutschen Physikalischen Gesellschaft und bei der Naturforscherversammlung in Stuttgart 1906.
Als WALTER KAUFMANN durch Versuche über die Ablenkung von Kathodenstrahlen in magnetischen und elektrischen Feldern die Spezielle Relativitätstheorie vermeintlich widerlegt hatte, nahm Planck die Mühe auf sich, die in die Experimente eingehenden Voraussetzungen zu analysieren. Lange Zeit später, als die Theorie längst anerkannt war, galt dann, nachdem auch die experimentelle Technik wesentlich verbessert werden konnte, der Kaufmannsche Versuch – sozusagen gar nicht im Sinne des Erfinders – als einer der vielen empirischen Beweise.

Max Laue: „Als ich 1905 nach Berlin zurückkehrte, hörte ich in einem der ersten physikalischen Kolloquien des Wintersemesters Plancks Referat über die im September erschienene Arbeit ‚Zur Elektrodynamik bewegter Körper‘. Fremdartig mutete mich die Transformation von Raum und Zeit an, welche die darin verkündete Relativitätstheorie vornahm, und die Skrupel, welche andere später laut geäußert haben, sind mir keineswegs erspart geblieben.“

DAS

RELATIVITÄTSPRINZIP

VON

DR. M. LAUE

PRIVATDOZENT FÜR THEORETISCHE PHYSIK
AN DER UNIVERSITÄT MÜNCHEN

MIT 14 IN DEN TEXT EINGEDRUCKTEN ABBILDUNGEN

BRAUNSCHWEIG

DRUCK UND VERLAG VON FRIEDR. VIEWEG & SOHN

1911

Titelseite von Laues Buch: „Das Relativitätsprinzip", Braunschweig (erste Auflage 1911). „Ich wurde", schrieb Laue, „der Autor der ersten zusammenfassenden Darstellung über die Relativitätstheorie. Ich schrieb sie in einem kleinen Bootshaus, das am Ufer des herzoglichen Parks in Feldafing auf Pfählen im Wasser des Starnberger Sees [Oberbayern] stand und einen herrlichen Blick auf Herzogstand, Heimgarten, Benediktenwand und die Berge des Karwendels gewährte. So gut habe ich es nie wieder getroffen."

Das starke Interesse des Professors stimulierte seinen Assistenten MAX LAUE. „Fremdartig mutete mich die Transformation von Raum und Zeit an", berichtete dieser, „und die Skrupel, welche andere später laut geäußert hatten, sind mir keineswegs erspart geblieben." Im Sommer 1906, in den Semesterferien, fuhr LAUE von Berlin in die Schweiz, um einige Viertausender zu besteigen und um EINSTEIN kennenzulernen. „Gemäß brieflicher Verabredung", berichtete LAUE auf Anfrage von CARL SEELIG, „suchte ich ihn im Amt für geistiges Eigentum auf. Im allgemeinen Empfangsraum sagte mir ein Beamter, ich solle wieder auf den Korridor gehen, EINSTEIN würde mir dort entgegenkommen. Ich tat das auch, aber der junge Mann, der mir entgegenkam, machte mir einen so unerwarteten Eindruck, daß ich nicht glaubte, er könne der Vater der *Relativitätstheorie* sein. So ließ ich ihn an mir vorübergehen, und erst als er aus dem Empfangszimmer zurückkam, machten wir Bekanntschaft miteinander. Was wir besprochen haben, weiß ich nur noch in Einzelheiten. Aber ich erinnere mich, daß der Stumpen, den er mir anbot, mir so wenig schmeckte, daß ich ihn ‚versehentlich' von der Aarebrücke in die Aare hinunterfallen ließ." Zusammen gingen die beiden Männer durch die Stadt. Von der Terrasse vor dem Bundeshaus, diesem berühmten Aussichtspunkt, sahen sie das Berner Oberland. LAUE sprach begeistert von seinen Gebirgstouren, doch EINSTEIN hatte keinen Sinn dafür: „Wie man da oben herumlaufen kann, verstehe ich nicht."

Das nächste Zusammentreffen der beiden Männer, die später, in den zwanziger Jahren, zu engen Freunden werden sollten, ergab sich dann wieder auf der Naturforscherversammlung in Salzburg. In der Zwischenzeit aber arbeiteten die Ideen bei LAUE weiter und im Juli 1907 trat er mit einem empirischen Beweis der *Speziellen Relativitätstheorie* hervor, der, für ihn bezeichnend, seinem Lieblingsgebiet, der Optik, entnommen war. Für die Lichtgeschwindigkeit in strömendem Wasser hatte ARMAND HIPPOLYTE FIZEAU 1851 in zahlreichen Versuchen eine nach der klassischen Physik unverständliche Formel gefunden. Wenn man sich das Licht als Wellenerscheinung im Äther vorstellt, so kann man annehmen, daß der Äther die Bewegung des strömenden Wassers nicht mitmacht, und für die Lichtgeschwindigkeit müßte dann $u = c/n$ gelten. Setzt man statt dessen voraus, daß der Lichtäther durch die Bewegung des Wassers mitgenommen wird, dann ist $u = c/n \pm v$ die zutreffende Lichtgeschwindigkeit. Die Experimente zeigen aber weder das eine noch das andere, sondern merkwürdigerweise eine teilweise „Mitführung" des Äthers mit einem Bruchteil der Wassergeschwindigkeit v, dem sogenannten *Fresnelschen Mitführungskoeffizienten* $(1-1/n^2)$.

Das Bootshaus, in dem Max Laue im Sommer 1910 sein Buch über „Das Relativitätsprinzip" schrieb.

Erste Gruppe der naturwissenschaftlichen Abteilungen.

1. Sitzung.

Montag, den 21. September, nachmittags 3 Uhr.

Vorsitzender: Herr K. SCHWERING-Cöln.

Zahl der Teilnehmer: 71.

Herr K. SCHWERING-Cöln begrüßte die Versammlung namens der Geschäftsführung, Herr F. KLEIN-Göttingen namens der Deutschen Mathematiker-Vereinigung. Letzterer drückte seine lebhafte Freude über das Zusammenwirken der Deutschen Mathematiker-Vereinigung mit der Naturforscher-Versammlung aus und machte auf die wichtige Debatte aufmerksam, die **am Mittwoch, den 23. September**, in Gemeinschaft mit verschiedenen anderen Abteilungen über die Dresdener Vorschläge betreffs des Hochschulunterrichts in den Naturwissenschaften stattfinden soll. Sodann legte er drei neu erschienene Bücher vor.

Es folgten Vorträge.

1. Herr H. MINKOWSKI-Göttingen: **Raum und Zeit.**

M. H.! Die Anschauungen über Raum und Zeit, die ich Ihnen entwickeln möchte, sind auf experimentell-physikalischem Boden erwachsen. Darin liegt ihre Stärke. Ihre Tendenz ist eine radikale. Von Stund an sollen Raum für sich und Zeit für sich völlig zu Schatten herabsinken und nur noch eine Art Union der beiden soll Selbständigkeit bewahren.

Ich möchte zunächst ausführen, wie man von der gegenwärtig angenommenen Mechanik wohl durch eine rein mathematische Überlegung zu veränderten Ideen über Raum und Zeit kommen könnte. Die Gleichungen der NEWTONschen Mechanik zeigen eine zweifache Invarianz. Einmal bleibt ihre Form erhalten, wenn man das zugrunde gelegte räumliche Koordinatensystem einer beliebigen Lagenveränderung unterwirft, zweitens, wenn man es in seinem Bewegungszustande verändert, nämlich ihm irgend eine gleichförmige Translation aufprägt; auch spielt der Nullpunkt der Zeit keine Rolle. Man ist gewohnt, die Axiome der Geometrie als erledigt anzusehen, wenn man sich reif für die Axiome der Mechanik fühlt, und deshalb werden jene zwei Invarianzen wohl selten in einem Atemzuge genannt. Jede von ihnen bedeutet eine gewisse Gruppe von Transformationen in sich für die Differentialgleichungen der Mechanik. Die Existenz der ersteren Gruppe sieht man als einen fundamentalen Charakter des Raumes an. Die zweite Gruppe straft man am liebsten mit Verachtung, um leichten Sinnes darüber hinwegzukommen, daß man von den physikalischen Erscheinungen her niemals entscheiden kann, ob der als ruhend vorausgesetzte Raum sich nicht am Ende in einer gleichförmigen Translation befindet. So führen jene zwei Gruppen ein völlig getrenntes Dasein nebeneinander. Ihr gänzlich heterogener Charakter mag davon abgeschreckt haben, sie zu komponieren. Aber gerade die komponierte volle Gruppe als Ganzes gibt uns zu denken auf.

Wir wollen uns die Verhältnisse graphisch zu veranschaulichen suchen. Es seien x, y, z rechtwinklige Koordinaten für den Raum, und t bezeichne die Zeit. Gegenstand unserer Wahrnehmung sind immer nur Orte und Zeiten verbunden. Es hat noch Niemand einen Ort anders bemerkt als zu einer Zeit, eine Zeit anders als an einem Orte. Ich respektiere aber noch das Dogma, daß Raum und Zeit je eine selbständige Bedeutung haben. Ich will einen Raumpunkt zu einem Zeitpunkt, d. i. ein Wertsystem x, y, z, t einen Weltpunkt nennen. Die Mannigfaltigkeit aller denkbaren Wertsysteme x, y, z, t

Der berühmte Vortrag von Hermann Minkowski über „Raum und Zeit" am 21. September 1908 auf der Versammlung der deutschen Naturforscher und Ärzte in Köln, erste Seite.

Die *Spezielle Relativitätstheorie* EINSTEINS kennt nun nicht mehr die bisher als selbstverständlich vorausgesetzte Addition oder Subtraktion der Geschwindigkeiten, sondern wendet ein besonderes „*Additionstheorem*" an. LAUE zeigte 1907, daß das *Einsteinsche Additionstheorem* zwangslos die Formel von FIZEAU mit dem bisher unverständlichen *Fresnelschen Mitführungskoeffizienten* ergibt. Damit hatte er einen schönen experimentellen Beweis für die EINSTEINsche Theorie beigebracht.

Wichtiger für die Anerkennung aber war die gruppentheoretische Struktur der Theorie. Für die Göttinger Mathematiker FELIX KLEIN und HERMANN MINKOWSKI war das *Einsteinsche Relativitätsprinzip* eine Offenbarung. FELIX KLEIN hatte in seinem „*Erlanger Programm*" von 1872 die verschiedenen Geometrien nach den zugrundeliegenden Transformationsgruppen charakterisiert und bemerkte nun, daß die Betrachtung auf die Physik ausgedehnt werden konnte. Die klassische Mechanik und die Elektrodynamik stehen gruppentheoretisch betrachtet im Widerspruch. EINSTEINS *Relativitätstheorie* läuft gerade darauf hinaus, auch für die Mechanik die höher-symmetrische Gruppe der *Lorentz-Transformationen* einzuführen.

HERMANN MINKOWSKI stellte die Gesetze besonders elegant dar durch Einführung der Zeit als vierte (imaginäre) Koordinate $x_4 = ict$. Die *Lorentz-Transformationen* sind dann einfach die Drehungen und Translationen dieser vierdimensionalen „MINKOWSKIschen Welt". Das Referat MINKOWSKIS bei der Versammlung der Deutschen Naturforscher und Ärzte am 21. September 1908 in Köln (genau ein Jahr vor EINSTEINS Salzburger Vortrag) besiegelte den endgültigen Erfolg der *Relativitätstheorie*. Die ersten Worte sind seither von Mathematikern und Physikern unzählige Male wiederholt worden: „Die Anschauungen über Raum und Zeit, die ich Ihnen entwickeln möchte, sind auf experimentell-physikalischem Boden erwachsen. Darin liegt ihre Stärke. Ihre Tendenz ist eine radikale. Von Stund an sollen Raum für sich und Zeit für sich völlig zu Schatten herabsinken und nur noch eine Art Union der beiden soll Selbständigkeit bewahren."

Zahlreiche Aufforderungen ergingen nun an EINSTEIN, er möge doch eine zusammenfassende Darstellung schreiben. „Leider ist es mir ganz unmöglich jenes Buch zu verfassen", antwortete er auf eine solche Anfrage, „weil es mir unmöglich ist, die Zeit dazu zu finden. Jeden Tag anstrengende Arbeit auf dem Patentamt, dazu viele Korrespondenz und Studien . . . Mehrere Arbeiten sind unvollendet, weil ich die Zeit für deren Abfassung nicht finden kann."

Da EINSTEIN nicht zu gewinnen war, trat der Verlag Friedrich Vieweg & Sohn in Braunschweig an MAX LAUE heran. So wurde LAUE der Autor der ersten zusammenfassenden Darstellung über die *Relativitätstheorie*. „Ich schrieb sie", berichtete LAUE, „in einem kleinen Bootshaus, das am Ufer des Starnberger Sees stand und einen herrlichen Blick auf Herzogstand, Heimgarten, Benediktenwand und die Berge des Karwendel gewährte. So gut habe ich es nie wieder getroffen."

Bald folgten ähnliche Darstellungen anderer Autoren; nach dem Ersten Weltkrieg schwoll die Literatur über die *Relativitätstheorie* zu einer unübersehbaren Flut an. Eine 1924 erschienene Bibliographie zählte 3775 Arbeiten auf, davon 1435 in deutscher, 1150 in englischer und 690 in französischer Sprache.

Durch den Erfolg der *Relativitätstheorie* hatte ihr Schöpfer bei den Fachkollegen hohes Ansehen gewonnen. Damit war verbunden, daß man nun seinen anderen Arbeiten ebenfalls Aufmerksamkeit schenkte. So wurde mancher Physiker veranlaßt, sich nun auch mit dem *Quantenproblem* zu beschäftigen, das EINSTEIN die fundamentalste Schwierigkeit der Physik nannte.

Vergleichende Betrachtungen

über

neuere geometrische Forschungen

von

Dr. Felix Klein,

o. ö. Professor der Mathematik an der Universität Erlangen.

Programm

zum Eintritt in die philosophische Facultät und den Senat
der k. Friedrich-Alexanders-Universität
zu Erlangen.

Erlangen.

Verlag von Andreas Deichert.

1872.

Das berühmte „Erlanger Programm“ (1872) von Felix Klein: Die Bedeutung für die Physik erwies sich durch Einsteins Relativitätstheorie.

Albert Einstein als „Experte III. Klasse“ im Schweizer Patentamt in Bern. Der Physikhistoriker Hans Schimank hat es als psychologisches Gesetz bezeichnet, daß einem Forscher in der theoretischen Physik nur ein einziges Mal ein epochemachender Durchbruch gelingen kann. Für Einstein galt dies nicht. Zwischen 1905 und 1925 hat er durch eine ganze Reihe grundlegend neuer Gedanken maßgeblich zur Entwicklung der Physik beigetragen.

Solvay-Kongreß 1911 in Brüssel: Wie sich noch heute Staatsmänner in einer politischen oder wirtschaftlichen Krise versammeln, trafen sich 1911 die Physiker, um im kleinen Kreis die nötigen Reformen der physikalischen Grundlagen zu diskutieren. Die internationale Quantenkonferenz ist als „erste Solvay-Tagung" in die Geschichte eingegangen.
Sitzend von links nach rechts: Nernst, Brillouin, der Industrielle Ernest Solvay als Gastgeber, Lorentz, Warburg, Perrin, Wilhelm Wien, Madame Curie, Poincaré. Stehend von links nach rechts: Goldschmidt, Planck, Rubens, Sommerfeld, Lindemann (der spätere Lord Cherwell), Maurice de Broglie, Knudsen, Hasenöhrl, Hostelet, Herzen, Jeans, Rutherford, Kamerlingh-Onnes, Einstein und Langevin. Bis auf den Gastgeber und seine drei Sekretäre sind dies die international führenden Physiker des Jahres 1911.

Kapitel III Einsteins Quantenkonzept
Die Natur macht Sprünge

Der berühmte Band 17 der „Annalen der Physik" vom Jahre 1905, in dem EINSTEIN sein Relativitätsprinzip veröffentlichte, enthält noch zwei weitere wichtige Arbeiten EINSTEINS. Die Abhandlung über die *Brownsche Molekularbewegung* brachte auf rein klassischer Grundlage, das heißt ohne Benutzung neuer, noch umstrittener Hypothesen, einen Beweis für die atomare Struktur der Materie. In Flüssigkeiten suspendierte Teilchen von mikroskopisch sichtbarer Größe führen infolge der Wärmebewegung Schwankungen aus, die mit dem Mikroskop nachgewiesen werden können. Für die Verschiebungen, die diese Teilchen erleiden, leitete EINSTEIN einen Ausdruck ab, der von JEAN PERRIN experimentell bestätigt wurde. Mit abnehmender Teilchengröße wächst die Verschiebung an, die Extrapolation auf die Molekülgröße liefert die Wärmebewegung der Moleküle. Die Extrapolation zeigt, daß das unsichtbare Molekül ebenso reale Existenz hat wie das im Mikroskop beobachtbare suspendierte Teilchen. Damit waren die Einwände der Positivisten ERNST MACH und WILHELM OSTWALD gegen die Existenz der Moleküle endgültig erledigt.

Die revolutionärste der drei Arbeiten EINSTEINS war aber der Aufsatz über die *Lichtquantenhypothese*, der unter dem Titel erschien: „Über einen die Erzeugung und Verwandlung des Lichtes betreffenden heuristischen Gesichtspunkt." MAX PLANCK hatte fünf Jahre zuvor zum ersten Mal von einem Quantenansatz Gebrauch gemacht, um zu einer Ableitung des Gesetzes der sogenannten *schwarzen Wärmestrahlung* zu gelangen. Die Annahme, daß elektromagnetische Resonatoren (eine Art idealisierter Atome) Energie nur in diskreten Portionen $\varepsilon = h \cdot \nu$ aufnehmen und abgeben, war aber unverstanden geblieben. PLANCK wußte sehr wohl, daß er noch eine Erklärung schuldete, und er wußte, daß es nicht leicht sein würde, diese Erklärung zu finden. Die ungeheuren Konsequenzen jedoch ahnte er nicht.

EINSTEIN blickte tiefer. Er formulierte klar, daß die elektromagnetische Strahlung im Grenzfall niedriger Temperaturen und kleiner Wellenlängen nicht wie üblich als Wellenerscheinung aufgefaßt werden darf, sondern daß statt dessen die Vorstellung von unabhängigen „Lichtkorpuskeln" angemessen ist. Tatsächlich hat in diesem Fall die Wärmestrahlung Eigenschaften wie ein in einem Behälter befindliches ideales Gas (zum Beispiel Luft oder Wasserstoff), das aus einer Vielzahl von schnellbewegten Molekülen besteht.

Die Hypothese der Lichtquanten war ein revolutionäres Konzept. Es setzte EINSTEIN in die Lage, den beherrschenden Einfluß der von PLANCK in den Gesetzen der Wärmestrahlung entdeckten Naturkonstanten h auch bei anderen physikalischen Phänomenen zu erkennen. Nun endlich wurde es klar, daß das Wirkungsquantum nicht nur eine auf den Strahlungshohlraum beschränkte Bedeutung besaß, sondern in weiten Bereichen der Natur eine Rolle spielt: EINSTEIN hat das Wirkungsquantum aus der Enge des Strahlungshohlraumes befreit und in das weite Feld der Physik geführt.

Erstaunlicherweise war und blieb PLANCK, der so angetan war von EINSTEINS *Relativitätstheorie*, für Jahre skeptisch gegenüber der EINSTEINschen *Lichtquantenhypothese*. „Ich suche die Bedeutung des elementaren Wirkungsquantums nicht im Vakuum", schrieb PLANCK am 6. Juli 1907 an EINSTEIN, „sondern an den Stellen der Absorption und Emission und nehme an, daß die Vorgänge im Vakuum durch die *Maxwellschen Gleichungen* genau dargestellt werden."

EINSTEIN betrachtete mit seiner später fast sprichwörtlich gewordenen Unabhängigkeit des Denkens und seiner intellektuellen Eigenwilligkeit die elektromagnetische Lichttheorie und die Mechanik nicht als ehrwürdige Bauwerke, an die man „so konservativ wie möglich" herangehen müsse. Er hielt vielmehr die *Maxwellschen Gleichungen* der Elektrodynamik von vornherein nur gültig für die zeitlichen und räumlichen Mittelwerte. Im Falle der Materie käme man ja auch manchmal, zum Beispiel in der *Elastizitätstheorie*, mit der Kontinuumsvorstellung aus und müsse erst bei feineren Effekten die körnige Struktur berücksichtigen.

So ist es nach EINSTEIN auch in der Elektrodynamik: Für die optischen Interferenzen gelten die *Maxwellschen Gleichungen*, aber „bei den die Erzeugung und Verwandlung des Lichtes betreffenden Erscheinungsgruppen" ist die korpuskulare Natur des Lichtes in Rechnung zu stellen.

„PLANCK ist auch sehr angenehm in der Korrespondenz", meinte EINSTEIN 1908, „nur hat er den Fehler, sich in fremde Gedankengänge schwer hineinzufinden. So ist es erklärlich, daß er mir auf meine letzte Strahlungsarbeit ganz verkehrte Einwände macht. Gegen meine Kritik aber hat er nichts angeführt. Ich hoffe also, daß er sie gelesen und anerkannt hat. Diese Quantenfrage ist so ungemein wichtig und schwer, daß sich alle darum bemühen sollten."

Sitzung der Deutschen Physikalischen Gesellschaft vom 14 December 1900

Vorsitzender: E. Warburg, später O. Lummer   Schriftführer: H. du Bois

Name des Vortragenden	Gegenstand des Vortrages
	Der Vors. theilt das Ableben zweier auswärtiger Mitglieder mit: Hr. Prof. A. Oberbeck (Nachruf später) Hr. Prof. E. Ketteler (" ") geb. 18-4-36 {Hauptarbeiten: Optik, Aberration, Dispersion} Die Mitglieder erheben sich von ihren Sitzen
Hr. M. Planck	1. Ueber das sog. Wien'sche Paradoxon 2. Zur Theorie des Gesetzes der Energievertheilung im Normalspektrum
Hr. H. Diesselhorst	Ueber die bisherigen Bestimmungen der Wärmeleitung

Zu Mitgliedern wurden gewählt
Herr Dr. E. Grüneisen
Dr. F. Dolezalek
Dr. F. Bidlingmaier

Ausgeschieden

Anderweitige Beschlüsse und Mittheilungen

Zu Mitgliedern wurden vorgeschlagen
Herr Prof. Dr. Miethe durch Rubens
Photochemisches Laboratorium der Techn. Hochschule in Charlottenb.
Hr. Dr. Drecker, Aachen, Lousbergstrasse 26, durch Hrn Wüllner
Hr. Prof. Dr. K. VonderMühll Basel, Universität   Hagenb.-Bischoff

Protokoll der berühmten Sitzung der Deutschen Physikalischen Gesellschaft am 14. Dezember 1900. Hier legte Planck zum ersten Mal einen Quantenansatz vor.

Einstein jedenfalls bemühte sich ungeheuer. Seine Betrachtungen demonstrierten immer aufs Neue – für uns heute überzeugend – die Doppelnatur des Lichtes als Welle und Korpuskel. Daneben leitete er handfeste physikalische Folgerungen her, die sich im Experiment prüfen ließen. Dazu gehörte schon in der ersten Arbeit von 1905 der *Photoeffekt*, die Herauslösung von Elektronen aus Metalloberflächen durch einfallendes kurzwelliges Licht, und 1907 die *Theorie* der *spezifischen Wärme*.

Von Planck, der den ersten Schritt in der Entwicklung der *Quantentheorie* getan hatte, kamen – wegen seiner grundkonservativen Einstellung – kaum neue Impulse. Wo in den folgenden Jahren ein Fortschritt zu sehen war, ging er – direkt oder indirekt – von Einstein aus. Einsteins Ansehen, das er sich vor allem durch die Begründung der *Speziellen Relativitätstheorie* verschafft hatte, veranlaßte nun manchen Kollegen doch, sich auch mit dem *Quantenproblem* ernsthaft zu beschäftigen. Heute betrachten wir *Relativitätstheorie* und *Quantentheorie* als zuständig für getrennte Erfahrungsbereiche: Die *Spezielle Relativitätstheorie* basiert auf der Endlichkeit der Lichtgeschwindigkeit c, während die *Quantentheorie* als Konsequenz der Naturkonstanten $h \neq O$ erscheint. Haben also die beiden wichtigsten physikalischen Theorien des 20. Jahrhunderts auch keinen logischen Zusammenhang, so war doch ihre Entwicklung historisch eng verknüpft. Die Erfolge des *Relativitätsprinzips* bewirkten eine schnellere Entwicklung der *Quantentheorie*.

Zu den jungen Physikern, die sich, von Einstein veranlaßt, mit dem Quantenproblem beschäftigten, gehörte auch der Sommerfeld-Schüler Peter Debye. In Salzburg hatte Einstein abermals darauf hingewiesen, daß Planck seine Strahlungsformel aus zwei Grundgleichungen abgeleitet hatte, die im Widerspruch zueinander stehen. Ganz offensichtlich war die Formel trotzdem richtig. Im März 1910 fand Debye eine andere Ableitung, die zudem den Vorzug hatte, kurz und durchsichtig zu sein.

Das brachte Arnold Sommerfeld in Zugzwang. Für alle Arbeiten seiner Mitarbeiter fühlte er sich verantwortlich. Mit der *Quantenfrage* war er aber mit sich noch nicht im reinen. Bisher hatte er es mit Planck gehalten und war den scheinbar allzu kühnen Interpretationen entgegengetreten. War dieser Standpunkt noch vernünftig?

Wie man in seinem Institut verwundert registrierte, benötigte Sommerfeld plötzlich eine Erholung und fuhr in die Schweiz. „Seine Vorstellung von Erholung war", kommentierte der Sommerfeld-Schüler Paul S. Epstein, „den ganzen Tag mit Einstein über Physik zu diskutieren." In einem Brief berichtete Einstein, daß Sommerfeld eine ganze Woche dageblieben sei, „um die Lichtfrage und einiges aus der Relativität zu verhandeln. Seine Anwesenheit war ein wahres Fest für mich. Er hat sich in weitgehendem Maße meinen Gesichtspunkten angeschlossen.“

Mit Sommerfeld war ein Mann von der Quantentheorie überzeugt worden, den man heute in der Meinungsforschung „Multiplikator“ nennen würde. Anders als Planck hatte Sommerfeld einen großen Kreis von Schülern, mit denen er in ständigem Gedankenaustausch stand und die er beeinflußte. So war man in München seit etwa Anfang 1911 auch im Kreis der Jüngeren eifrig bemüht, das Quantenrätsel zu lösen.

Noch vor Sommerfeld wurde von Einstein eine weitere wichtige Persönlichkeit für das Quantenkonzept gewonnen, die ebenso absolut und autoritativ über ein großes Institut herrschte: Walther Nernst. Nernsts Interesse galt der chemischen Thermodynamik. Er hatte 1906 den dritten Hauptsatz der Thermodynamik aufgestellt und aus diesem die Folgerung abgeleitet, daß die spezifische Wärme aller Stoffe bei Annäherung an den absoluten Nullpunkt einem konstanten Grenzwert zustreben muß. So hatte Nernst schon auf breiter Front die Messungen über die spezifische Wärme bei tiefen Temperaturen in Angriff genommen, als er auf die Einsteinsche Theorie der *spezifischen Wärme* aufmerksam wurde.

Nach Semesterende, im März 1910, eilte Nernst mit seinen Meßergebnissen nach Zürich zu Einstein. Beide Männer waren ausgesprochen optimistisch und erfreut über die Ergebnisse der Prüfung. In einem Brief konstatierte Einstein: „Die Quantentheorie steht mir fest. Meine Voraussagen in betreff der spezifischen Wärme scheinen sich glänzend zu bestätigen.“

Neben der Wärmestrahlung besaß man nun ein zweites Gebiet experimenteller Erfahrung, das mit Hilfe des Quantenkonzepts, und nur mit diesem, verstanden werden konnte. Das Quantenkonzept ruhte nun, nach einem Wort Sommerfelds, auf „zwei tragfähigen Grundpfeilern“ und Einstein stellte fest, daß Nernst das Problem aus seinem „theoretischen Schattendasein befreit“ habe.

Albert Einstein

Arnold Sommerfeld im Hörsaal bei der Darlegung des Bohr-Sommerfeldschen Atommodells (um 1916). Sommerfeld war ein hervorragender akademischer Lehrer, der Generationen von Physikern herangebildet hat.

Am 15. Oktober 1909 gab EINSTEIN seine Tätigkeit am Patentamt in Bern auf und wurde außerordentlicher Professor an der Universität Zürich. Nun endlich wurde die Wissenschaft zu seinem Beruf.
Am 28. Juli kam sein zweiter Sohn EDUARD zur Welt; der erste Sohn HANS ALBERT war inzwischen sechs Jahre alt geworden. Die Einkünfte blieben auch in Zürich bescheiden, und EINSTEIN pflegte gegenüber seiner Frau MILEVA zu scherzen: „In meiner Relativitätstheorie bringe ich an jeder Stelle des Raumes eine Uhr an; aber in meiner Wohnung fällt es mir schwer, auch nur eine einzige aufzustellen."
Im Laufe des Jahres 1910 wurde Eingeweihten klar: Nicht nur mit der *Speziellen Relativitätstheorie* hatte EINSTEIN das Richtige getroffen; auch seine – ursprünglich als zu radikal geltenden – Auffassungen auf dem Quantengebiet waren erstaunlich erfolgreich. Der Wahrheitsgehalt seines „heuristischen Prinzips" mußte beträchtlich sein.
Im Juni 1910 begann WALTHER NERNST mit den Vorbereitungen zu einer „internationalen Quantenkonferenz", die den führenden Fachkollegen die Gelegenheit geben sollte, die Grundlagen der Wissenschaft neu zu durchdenken. Nach dem Willen von NERNST sollte ein Markstein in der Entwicklung der Physik gesetzt werden, und dieses Ziel hat er vollkommen erreicht. Durch die vorhergehenden Diskussionen, durch die Brüsseler Tagung selbst, die als *Erste Solvay-Konferenz* in die Geschichte einging, und durch die offiziellen und inoffiziellen Kongreßberichte erkannten viele bisher abseits stehende Kollegen, daß man mitten in einer wissenschaftlichen Umwälzung stand und daß maßgeblichen Anteil daran ALBERT EINSTEIN hatte.
Das *Quantenkonzept* überschritt die Grenzen des deutschen Sprachgebietes. In Frankreich waren es die jungen Physiker LÉON BRILLOUIN und LOUIS DE BROGLIE, in England WILLIAM NICHOLSON und NIELS BOHR, die tief beeindruckt wurden. Niels Bohr war nach seiner Promotion in Kopenhagen mit einem Stipendium nach Cambridge und Manchester gegangen. Von Rutherford erhielt er einen lebendigen Bericht über die Brüsseler Tagung.
Die Tradition der englischen Naturwissenschaft bildete einen fruchtbaren Boden für das Quantenkonzept. Hier hatte schon seit langem, anders als in Deutschland, das Problem der Atomkonstitution im Mittelpunkt des Interesses gestanden. Es war dann BOHR, dem im Februar und März 1913 der Durchbruch mit seinem *quantentheoretischen Atommodell* gelang.
Das alles hatte EINSTEIN in Bewegung gesetzt. „Der große Mann ist ein solcher", sagte JACOB BURCKHARDT, „ohne welchen die Welt uns unvollständig schiene, weil bestimmte große Leistungen nur durch ihn innerhalb seiner Zeit und Umgebung möglich waren und sonst undenkbar sind; er ist wesentlich verflochten in den großen Hauptstrom der Ursachen und Wirkungen." Die Geschichte der *Quantentheorie*, das heißt des wichtigsten Teils in der Entwicklung des modernen physikalischen Denkens, können wir uns ohne EINSTEIN nicht mehr vorstellen.
1912 war das Ansehen EINSTEINS geradezu ins Sagenhafte gewachsen. ARNOLD SOMMERFELD drückte in einem Brief an EINSTEIN aus, daß er nun die prinzipielle Klärung des Quantenrätsels von ihm erhoffe. EINSTEIN aber hatte sich einem neuen Problem zugewandt: der Erweiterung der *Speziellen Relativitätstheorie*. „Mein Schreiben an EINSTEIN war vergeblich", berichtete SOMMERFELD bedauernd an DAVID HILBERT: „EINSTEIN steckt offenbar so tief in der Gravitation, daß er für alles andere taub ist."
Es sollte aber noch drei Jahre dauern, bis die neue Theorie vollständig durchdacht war, die dann als *Allgemeine Relativitätstheorie* in die Geschichte einging. Im Jahre 1912 war es nicht ALBERT EINSTEIN, der Aufsehen erregte in der Wissenschaft, sondern der Privatdozent MAX LAUE in München.

Niels Bohr und Max Planck: zwei Pioniere der Quantentheorie. „Für alle Zeiten wird die Theorie der Spektrallinien den Namen Bohrs tragen", so hieß es im Vorwort von Sommerfelds Buch „Atombau und Spektrallinien": „Aber noch ein anderer Name wird dauernd mit ihr verknüpft sein, der Name Plancks."

Manuskript Einsteins (2. Januar 1911) mit der Bemerkung über eine „fundamentale Schwierigkeit" in der Quantentheorie. ▷

Zürich 2. I. 11

Bemerkung über eine fundamentale Schwierigkeit in der ~~theoretischen~~ Physik.

Unser heutiges physikalisches ~~physikalisches~~ Weltbild ruht auf den Grundgleichungen der Punktmechanik und auf den Maxwell'schen Gleichungen des elektromagnetischen Feldes im Vakuum. Es zeigt sich nach und nach immer deutlicher, dass alle diejenigen Konsequenzen dieser Grundlage, die sich auf langsame, ~~Vorgä~~ d. h. nicht rasch periodische Vorgänge beziehen, mit der Erfahrung vortrefflich übereinstimmen. Es ist gelungen, mit Hilfe der Punktmechanik die Grenzen der Gültigkeit der Thermodynamik allgemein zu formulieren und die Grundgesetze der letzteren aus der Punktmechanik abzuleiten. Es ist gelungen, die absolute Grösse der Atome und Moleküle mit ungeahnter Exaktheit auf ganz verschiedenen Wegen zu ermitteln. Es hat sich das Gesetz der Wärmestrahlung für lange Wellen und hohe Temperaturen aus der statistischen Mechanik und der Elektromagnetik ableiten lassen. Aber bei allen denjenigen Erscheinungen, bei welchen ~~die~~ Verwandlung von Energie rasch periodischer Vorgänge in Frage kommt, lassen uns die Grundlagen der Theorie im Stich. Wir kennen keine einwandfreie Ableitung des Gesetzes der strahlenden Wärme für kurze Wellenlängen und tiefe Temperaturen. Wir wissen nicht, auf was es beruht, dass es hoher Molekulartemperaturen bedarf, um kurzwellige Strahlung zu erzeugen, und dass diese bei ihrer Absorption Elementarvorgänge von verhältnismässig grosser Energie hervorzurufen vermag. Wir wissen nicht warum die spezifische Wärme bei tiefen Temperaturen kleiner ist, als das Dulong-Petit'sche Gesetz angibt. Wir wissen ebensowenig, warum diejenigen mechanischen Freiheitsgrade der Materie, die wir zur Auffassung der optischen Eigenschaften durchsichtiger Körper annehmen müssen, keinen Beitrag zur spezifischen Wärme dieser Körper liefern.

Eines aber hat sich ergeben. M. Planck hat gezeigt, dass man zu einer mit der Erfahrung übereinstimmenden Strahlungsformel gelangt, indem man die aus unseren theoretischen Grundlagen resultierenden Formeln so modifiziert, wie wenn die Energie von Schwingungen von der Frequenz ν nur in ganzzahligen Vielfachen der Grösse $h\nu$ auftreten könnte. Diese Modifikation führt auch zu einer bisher als ~~stichhaltig~~ brauchbar sich erweisenden Modifikation der Konsequenzen der Mechanik, falls rasche Schwingungen in Frage kommen. Eine eigentliche Theorie ~~aber~~ ist noch nicht zustande gekommen, doch ~~Immerhin~~ kann man wohl mit Sicherheit sagen: die Punktmechanik gilt nicht für rasch periodische Prozesse, und auch die ~~unserer Anschauung~~ gewohnte ~~Energie~~ Auffassung von der Verteilung der Strahlungsenergie im Raume ist nicht aufrecht zu erhalten.

A. Einstein.

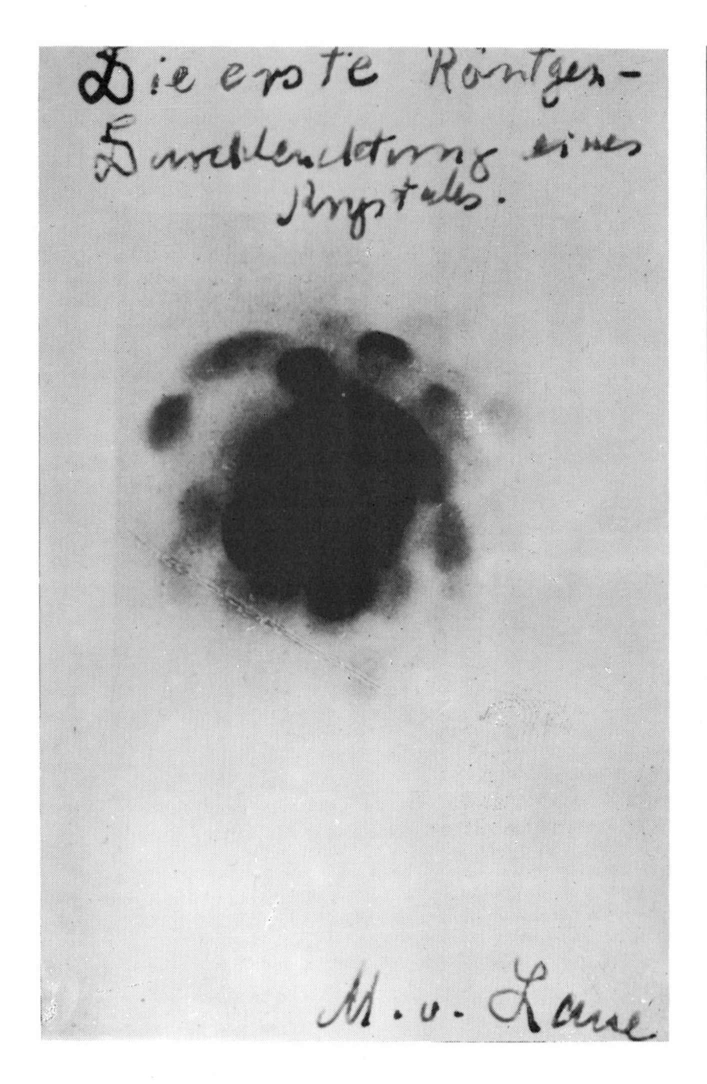

Lieber Herr Laue!

Ich gratuliere Ihnen herzlich zu Ihrem wunderbaren Erfolge. Ihr Experiment gehört zum Schönsten, was die Physik erlebt hat.

Sind Sie Ende Juli in München? Wir könnten uns dort sprechen wegen der von Ihnen angedeuteten Einwände. Wenn sich dieselben kurz mitteilen lassen, wäre ich Ihnen für schriftliche Mitteilung dankbar. Auch Herrn Kollegen Sommerfeld möchte ich gerne sprechen wegen der h-Fragen. Vielleicht nehme ich mir ein Herz und fahre bald einmal nach München.

Mit den besten Grüssen an Sie und Koll. Sommerfeld
Ihr A. Einstein.

Das erste Laue-Diagramm (links) und die Postkarte Einsteins vom 10. Juni 1912. In der Begeisterung über seine Entdeckung sandte Laue an die Kollegen die Photographie des ersten Diagrammes. Herzlich gratulierte Albert Einstein: „Ihr Experiment gehört zum Schönsten, was die Physik erlebt hat."

Kapitel IV Das Laue-Diagramm
Entdeckung der Röntgenstrahlinterferenz

Neben dem großen, von WILHELM CONRAD RÖNTGEN geleiteten Physikalischen Institut gab es an der Universität München das Institut für theoretische Physik. Hier scharte der 1906 berufene ARNOLD SOMMERFELD einen Kreis begeisterter Schüler um sich. Zum Institut gehörte eine kleine experimentelle Abteilung, in der WALTHER FRIEDRICH als Assistent tätig war. FRIEDRICH untersuchte die Intensitätsabhängigkeit der Röntgenbremsstrahlung von der Ausstrahlungsrichtung, ein Thema, für das sich sowohl RÖNTGEN wie SOMMERFELD interessierten und über das beide Professoren oft miteinander diskutierten.

Zum Kreise der SOMMERFELD-Schüler zählte auch der junge PETER PAUL EWALD, der fast zufällig in eine Vorlesung SOMMERFELDS geraten war: „Der Erfolg war, daß ich . . . so gefesselt wurde, daß ich von da ab wußte, daß meine Liebe . . . dieser wunderbaren Harmonie von anschaulichem mathemtischem Denken und physikalischem Geschehen, der theoretischen Physik, galt.“ Die Mitte 1910 in Angriff genommene Dissertation behandelte die „Dispersion und Doppelbrechung von Elektronengittern“. Bei der Niederschrift dieser Arbeit im Januar 1912 kamen EWALD einige Ergebnisse so merkwürdig vor, daß er eine kritische Aussprache suchte. Niemand schien besser geeignet als der am Institut tätige Privatdozent MAX LAUE, der sich auf optische Probleme spezialisiert hatte.

LAUE war zu einem Gespräch bereit und lud EWALD zum Abendessen in sein Haus ein. Den Weg vom Institut durch den Englischen Garten gingen sie zusammen. Zunächst orientierte EWALD den acht Jahre älteren LAUE über das Thema, und noch war man in den Räumen der Universität, in der großen Wandelhalle, als EWALD das für LAUE entscheidende Wort sprach: Gitter. Die von den elektromagnetischen Wellen durchstrahlte Materie sollte (nach der Vorstellung EWALDS) die Struktur eines Raumgitters haben.

LAUE hatte sich erst kurz zuvor mit der Theorie der Beugung am Strichgitter und Kreuzgitter beschäftigt. Wahrscheinlich vollzog sich bei LAUE in diesem Augenblick eine blitzartige Assoziation.

Fünfzig Jahre später hat EWALD seine Erinnerungen niedergeschrieben. Der historische Abstand zu jener Zeit Ende Januar 1912 war so groß geworden, daß EWALD von sich in der dritten Person sprach: „Nachdem die Ludwigstraße überquert war, begann EWALD die von ihm bearbeitete Fragestellung zu erläutern; LAUE hatte, zu seinem Erstaunen, von der Problematik keine Ahnung. EWALD erläuterte, daß er, im Gegensatz zur üblichen Dispersionstheorie, angenommen habe, daß die optischen Resonatoren gitterförmig angeordnet sind. LAUE fragte nach dem Grund für diese Annahme. EWALD antwortete, für Kristalle werde allgemein eine innere Regelmäßigkeit angenommen. Das schien LAUE neu.“

„Inzwischen war man“, wie EWALD weiter berichtete, „in den Englischen Garten gekommen. LAUE fragte: ‚Was ist denn der Abstand zwischen den Resonatoren?‘ Darauf erwiderte EWALD, daß er sehr klein sei verglichen mit der Wellenlänge des sichtbaren Lichtes, vielleicht $^1/_{500}$ oder $^1/_{1000}$, aber daß ein exakter Wert nicht gegeben werden könne wegen der unbekannten Natur der ‚molécules intégrantes‘ oder ‚Teilchen‘ der Strukturtheorie; es sei jedoch der genaue Abstand für sein Problem unwesentlich, denn es genüge zu wissen, daß er nur einen kleinen Bruchteil der Wellenlänge ausmache. Auf dem weiteren Weg erläuterte EWALD seine Behandlung der Aufgabe . . ., aber er bemerkte, daß LAUE nicht mehr richtig zuhörte. LAUE bestand darauf, die Abstände zwischen den Resonatoren zu erfahren, und als er die gleiche Antwort wie zuvor erhielt, fragte er: ‚Was würde passieren, wenn man wesentlich kürzere Wellen durch den Kristall schickt?‘“ Soweit der Bericht EWALDS.

Während EWALD seine Dissertation zum Abschluß brachte und sich auf das mündliche Examen vorbereitete, kam LAUE das Problem nicht mehr aus dem Kopf: Was geschieht, wenn *Röntgenstrahlen* durch einen Kristall gehen? Wenn es wirklich stimmte, daß *Röntgenstrahlen* kurze elektromagnetische Wellen – also dem Licht verwandt – sind und wenn weiterhin stimmte, daß die Kristalle regelmäßig aus den Atombausteinen aufgebaut sind, dann muß man doch eigentlich einen Interferenzeffekt erwarten können. Es muß dann ein Kristall für Röntgenlicht dasselbe sein wie ein Beugungsgitter für gewöhnliches Licht, und da hatte man ja schon seit hundert Jahren, seit JOSEPH VON FRAUNHOFER, dem Pionier der praktischen und theoretischen Optik, Interferenzerscheinungen beobachtet. Hinter einem Beugungsgitter wechselt in charakteristischer Weise Hell und Dunkel: Licht zu Licht gefügt kann Dunkelheit ergeben – dafür tritt dann Verstärkung der Intensität in anderen Richtungen auf.

„Wes das Herz voll ist, des fließt der Mund über“: LAUE diskutierte mit jedem, der davon hören wollte. Die anerkannten Meister RÖNTGEN und SOMMERFELD äußerten Zweifel; aber die jüngeren Physiker begannen, sich für die Idee zu erwärmen. Zur Ausführung des Versuchs erbot sich WALTHER FRIEDRICH, und er schien tatsächlich der Geeignetste: erstens hatte er schon Erfahrung im Umgang mit Röntgenstrahlen, zweitens hatte er eben promoviert und suchte nach einer neuen Aufgabe. Unter dem Gewicht der Einwände SOMMERFELDS kamen aber nun auch FRIEDRICH Bedenken.

LAUES Enthusiasmus war jedoch nicht zu dämpfen. Er überredete den jungen Doktoranden PAUL KNIPPING, das Experiment zu wagen. „Daß ein wenig Diplomatie erforderlich gewesen wäre, um den Beginn der Versuche im Sommerfeldschen Institut zu erreichen, das ist allerdings richtig“, schrieb LAUE später an PETER PAUL EWALD: „Denn um die Wende März-April 1912 sah es so aus, als wollte FRIEDRICH die Interferenzversuche zunächst noch zurückstellen. Da veranlaßte ich KNIPPING, sich der Sache anzunehmen ...“

So begannen schließlich am 21. April 1912 WALTHER FRIEDRICH und PAUL KNIPPING gemeinsam die Versuche. LAUE schrieb darüber in seiner Autobiographie: „Nicht der erste, wohl aber der zweite führte zu einem Ergebnis. Das Durchstrahlungsphotogramm eines Stückes Kupfersulfat zeigte neben dem primären Röntgenstrahl einen Kranz abgebeugter Gitterspektren. Tief in Gedanken ging ich durch die Leopoldstraße nach Hause, als mir FRIEDRICH diese Aufnahme gezeigt hatte. Und schon nahe meiner Wohnung, Bismarckstraße 22, vor dem Hause Siegfriedstraße 10, kam mir der Gedanke für die mathematische Theorie der Erscheinung. Die auf SCHWERD (1835) zurückgehende Theorie der Beugung am optischen Gitter hatte ich kurz zuvor für einen Artikel in der Enzyklopädie der mathematischen Wissenschaften neu zu formulieren gehabt, so daß sie, zweimal angewandt auch die Theorie des Kreuzgitters mit umfaßte. Ich brauchte sie nur, den drei Perioden des Raumgitters entsprechend, dreimal hinzuschreiben, um die neue Entdeckung zu deuten. Insbesondere ließ sich der beobachtete Strahlenkranz sogleich in Beziehung zu den Kegeln setzen, welche jede der drei Interferenzbedingungen für sich allein bestimmt.“

Wie ein Lauffeuer sprach sich der Erfolg unter den Münchener Physikern herum. „Als RÖNTGEN barhaupt in das SOMMERFELDsche Institut gestürzt kam, um sich die Versuchsergebnisse anzusehen, erkannte er sofort, daß etwas wesentlich Neues vorläge und gratulierte FRIEDRICH auf das herzlichste zu der Entdeckung. Aber er fügte hinzu: ‚Interferenzerscheinungen sind das nicht, die sehen ganz anders aus.‘“ Diesen Bericht LAUES ergänzte PETER PAUL KOCH, damals Assistent RÖNTGENS: „Ich erinnere mich, daß RÖNTGEN sehr ergriffen war und dabei besonders die Kristalle betonte, indem er etwa sagte: ‚Ja, ja, die Kristalle!‘ Was dabei über die Interferenznatur des *Laue-Diagramms* verhandelt wurde, kann ich nicht sagen ... Später ... war jedenfalls RÖNTGEN von der Interferenznatur des Vorgangs überzeugt.“

Am 4. Mai reichten LAUE, FRIEDRICH und KNIPPING zur Sicherung ihrer Priorität der Bayerischen Akademie eine Vorausmitteilung ein; die gemeinsame Veröffentlichung der drei Forscher legte SOMMERFELD der Akademie am 8. Juni vor. Am gleichen Tag referierte MAX LAUE den Berliner Physikern. Von allen Seiten kam nun die Anerkennung. Am meisten gefreut hat LAUE die Gratulation EINSTEINS. „Lieber Herr LAUE“, schrieb dieser auf einer Postkarte, „ich gratuliere Ihnen herzlich zu Ihrem wunderbaren Erfolge. Ihr Experiment gehört zum Schönsten, was die Physik erlebt hat.“

Durch die LAUEsche Entdeckung war die elektromagnetische Natur der Röntgenstrahlen, das heißt ihre Wesensverwandtschaft mit dem sichtbaren Licht, endgültig bewiesen. Merkwürdigerweise häuften

Versuchsanordnung von Walther Friedrich und Paul Knipping, mit der im April 1912 die Interferenzen bei Röntgenstrahlen entdeckt wurden. Das Original steht heute im Deutschen Museum in München.

INSTITUT
FÜR THEORET. PHYSIK
MÜNCHEN, UNIVERSITÄT,
LUDWIGSTRASSE 17.

MÜNCHEN, DEN 4 Mai 1912.

Die Unterzeichneten beschäftigen sich seit 21 April 1912
mit Interferenzversuchen von X-Strahlen beim Durch=
gang durch Kristalle. Leitgedanke war, daß Inter=
ferenzen als Folge der Raumgitterstruktur der Kristalle
auftreten, weil die Gitterkonstanten ca 10 x größer sind,
als die mutmaßliche Wellenlänge der X-Strahlen.
Als Beweis wird Aufnahme No 53 u 54 niedergelegt.

Durchstrahlter Körper: Kupfersulfat
Exponiert 30'. Strom in der mittelweichen Röhre 2 Milliampere.
Abstand der Platten vom Kristall: No 53 = 30 mm; No 54 = 60 mm.
Abstand der Blende 3 (⌀ 1,5 mm) 50 mm
Abstand des Ausgangspunktes der Primärstr. vom Kristall = 350 mm.

Schema der Versuchsanordnung.

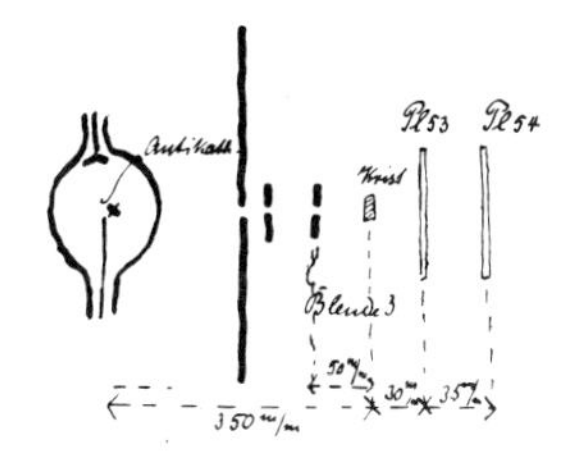

W. Friedrich. P. Knipping. M. Laue.

Mitteilung der Entdecker vom 4. Mai 1912 an die Bayerische Akademie zur Sicherung der Priorität.

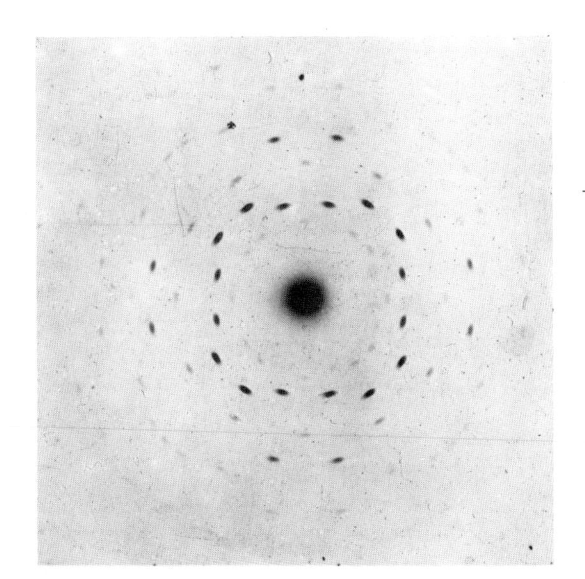

Laue-Diagramm von 1912.

sich aber gleichzeitig auch die Beweise für ihren korpuskularen Charakter. Seit 1903 hatte in Cambridge der Physiker Joseph John Thomson immer wieder darauf hingewiesen, daß manche Phänomene wie der lichtelektrische Effekt und die Ionisierung der Gasmoleküle die Vorstellung erzwingen, daß in der Wellenfront die elektrische Kraft nicht gleichmäßig verteilt ist: „Ich denke, es ist evident, daß die Wellenfront in Wirklichkeit viel eher einer Zahl von hellen Flecken auf dunklem Grunde gleicht als einer gleichmäßig erleuchteten Fläche." Auch Wilhelm Wien und Johannes Stark betonten die konzentrierte Energie der *Röntgenstrahlen*, die mit der von der Wellentheorie geforderten Intensitätsabnahme nach dem Gesetz $1/r^2$ (r Abstand von der Lichtquelle) völlig unverständlich sei. Ernest Rutherford meinte in einem Brief an Niels Bohr am 24. Februar 1913: „Es scheint mir kein Zweifel zu bestehen, daß die Röntgenstrahlen als eine Art Wellenbewegung betrachtet werden müssen; aber persönlich kann ich mich der Auffassung nicht entziehen, daß die Energie konzentriert sein muß." Im Grunde war die Problematik „Welle oder Korpuskel?" schon von Einstein durch das Dualitätsprinzip gelöst worden. Es dauerte aber noch lange, bis sich diese Erkenntnis allgemein durchsetzte, die Arnold Sommerfeld von allen erstaunlichen Entdeckungen des „20. Jahrhunderts die erstaunlichste" genannt hat.

Arnold Sommerfeld im Hörsaal (Dezember 1937). An der Tafel stehen die Laueschen Interferenzbedingungen für die Streuung von Röntgenstrahlen am Kristall.

Die *Laue-Interferenzen* entstehen durch Wechselwirkung der *Röntgenstrahlen* mit dem Kristall: Deshalb ist es im Prinzip möglich, aus den Beobachtungen einerseits etwas über die *Röntgenstrahlen*, andererseits etwas über den Kristall auszusagen. Kennt man etwa bei den Versuchen die Eigenschaften des Kristalls, das heißt seine innere Struktur und die Abstände zwischen den Kristallbausteinchen, so hat man in dem Raumgitter des Kristalls einen hochempfindlichen Spektralapparat zur Verfügung. Mit der von William Henry Bragg und William Lawrence Bragg entwickelten Methode der selektiven Reflexion an Kristallen war erstmalig die Möglichkeit einer exakten Wellenlängenmessung geschaffen. Als die beiden Braggs 1915 den Nobelpreis erhielten, war William Henry Bragg 53 Jahre alt, sein Sohn William Lawrence 25.

Was damit für die Analyse der von den (irgendwie angeregten) Atomen ausgehenden *Röntgeneigenstrahlung* gewonnen war, hat Sommerfeld sieben Jahre nach der Entdeckung Laues erläutert. Im Vorwort seines Buches „Atombau und Spektrallinien", der „Bibel der Atomphysik", wie seine Studenten sagten, schrieb er 1919: „Seit der Entdeckung der Spektralanalyse konnte kein Kundiger zweifeln, daß das Problem des Atoms gelöst sein würde, wenn man gelernt hätte, die Sprache der Spektren zu verstehen. Das ungeheure Material, welches 60 Jahre spektroskopischer Praxis aufgehäuft haben, schien allerdings in seiner Mannigfaltigkeit zunächst unentwirrbar. Fast mehr haben die sieben Jahre Röntgenspektroskopie zur Klärung beigetragen, indem hier das Problem des Atoms an seiner Wurzel erfaßt und das Innere des Atoms beleuchtet wird."

Kennt man auf der anderen Seite die Eigenschaften der verwendeten Röntgenstrahlung (das heißt ihre „Härte" beziehungsweise ihre spektrale Zusammensetzung), so kann man aus dem Studium der *Laue-Interferenzen* Aufschlüsse gewinnen über die Gitterstruktur der durchstrahlten Kristalle. Im wahrsten Sinne des Wortes begann man in den Aufbau der Materie „hineinzuleuchten". Die Röntgenstrukturanalyse entwickelte sich zu einem eigenständigen Fach zwischen Physik, Chemie und Biologie. Hier leisteten William Henry Bragg und William Lawrence Bragg die Pionierarbeit.

Laue selbst wurde kein Strukturforscher. Ihn interessierten als echten Schüler Max Plancks nur die „großen, allgemeinen Prinzipien", ihm war nur „das Absolute" wichtig, nicht die spezielle Form, in der die Materie ausgeprägt ist. 1912 erhielt Laue eine außerordentliche Professur an der Universität Zürich; es war die Stelle, die 1909 für Einstein geschaffen worden war. Dieser hatte inzwischen die Berufung auf den Lehrstuhl für theoretische Physik an der deutschen Universität in Prag angenommen.

Peter Paul Ewald mit Lise Meitner 1928 in Tübingen. ▷
Ewald, ein Schüler Sommerfelds, brachte Laue auf den entscheidenden Gedanken, der zur Entdeckung der Röntgenstrahlinterferenzen führte.

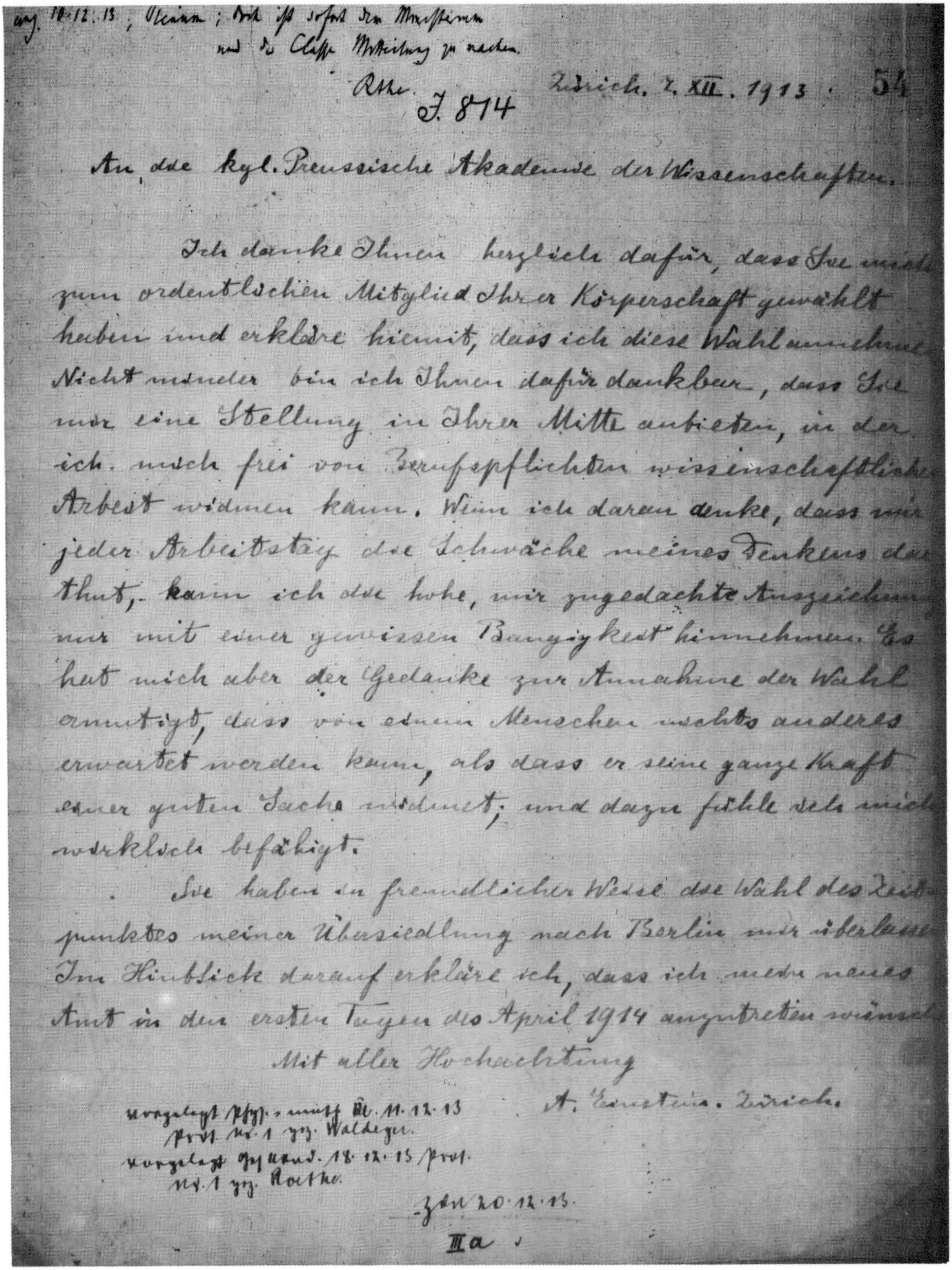

ang. 10.12.13; Diels; Dies ist sofort dem Ministerium und der Classe Mitteilung zu machen.

Akte J. 814

Zürich. 7. XII. 1913.

54

An die kgl. Preussische Akademie der Wissenschaften.

Ich danke Ihnen herzlich dafür, dass Sie mich zum ordentlichen Mitglied Ihrer Körperschaft gewählt haben und erkläre hiemit, dass ich diese Wahl annehme. Nicht minder bin ich Ihnen dafür dankbar, dass Sie mir eine Stellung in Ihrer Mitte anbieten, in der ich mich frei von Berufspflichten wissenschaftlicher Arbeit widmen kann. Wenn ich daran denke, dass mir jeder Arbeitstag die Schwäche meines Denkens darthut, kann ich die hohe, mir zugedachte Auszeichnung nur mit einer gewissen Bangigkeit hinnehmen. Es hat mich aber der Gedanke zur Annahme der Wahl ermutigt, dass von einem Menschen nichts anderes erwartet werden kann, als dass er seine ganze Kraft einer guten Sache widmet; und dazu fühle ich mich wirklich befähigt.

Sie haben in freundlicher Weise die Wahl des Zeitpunktes meiner Übersiedlung nach Berlin mir überlassen. Im Hinblick darauf erkläre ich, dass ich mein neues Amt in den ersten Tagen des April 1914 anzutreten wünsche.

Mit aller Hochachtung

A. Einstein. Zürich.

vorgelegt phys.-math. Kl. 11.12.13
Prot. Nr. 1 gez. Waldeyer.
vorgelegt Gesamt. 18.12.13 Prot.
Nr. 1 gez. Roethe.

z. d. A. 20.12.13.

IIa

KAPITEL V Berlin – Hauptstadt der Wissenschaft
Das goldene Zeitalter der Physik

Als LAUE im Oktober 1912 sein neues Amt an der Universität Zürich antrat, kehrte auch ALBERT EINSTEIN dorthin zurück, diesmal als ordentlicher Professor an die Eidgenössische Technische Hochschule, an der er einst studiert hatte. EINSTEIN und LAUE sahen sich nun regelmäßig. „An einem Nachmittag jeder Woche hielt EINSTEIN ein physikalisches Kolloquium über neuere Arbeiten aus der Physik ab. Obwohl es im Physikgebäude der ETH stattfand, hatten selbstverständlich die Dozenten und Studenten der Universität Zutritt", berichtete LAUE, der selbst regelmäßig teilnahm: „Nach dem Kolloquium ging EINSTEIN mit allen, die sich ihm anschließen wollten, zum Abendessen ins Restaurant ‚Kronenhalle'. Damals stand die *Allgemeine Relativitätstheorie* in ihren Anfängen, und ich erinnere mich noch vieler Dispute mit EINSTEIN. Er war vollkommen im Bannkreis dieser Ideen und kam auch in den folgenden Jahren immer wieder im Gespräch darauf zurück, manchmal von einem ganz anderen Gegenstand plötzlich darauf überspringend. Ich hatte dabei die besondere Freude, daß er mein Buch über die *Spezielle Relativitätstheorie* öfters lobte. Außerdem standen damals, besonders angeregt durch NIELS BOHRS *Atomtheorie* vom Jahre 1913, quantentheoretische Fragen im Vordergrund seiner Interessen. Er versammelte um sich eine große Zahl von Schülern, unter denen OTTO STERN und KARL FERDINAND HERZFELD wohl die bedeutendsten waren. Am lebhaftesten wurden aber die Diskusionen in jenen Tagen des Sommers 1913, in denen der temperamentvolle PAUL EHRENFEST Zürich besuchte: Ich sehe noch, wie einem großen Schwarm Physikern EINSTEIN und EHRENFEST voranschritten, auf den Zürichberg stiegen und EHRENFEST dort in das Jubelgeschrei ausbrach: ‚Ich habe es verstanden.'"

Für EINSTEIN und LAUE ging aber die Zeit in Zürich schnell zu Ende. 1914 wurde LAUE als ordentlicher Professor nach Frankfurt berufen und im gleichen Jahr schon erhielt er den Nobelpreis für Physik. Der Zufall wollte es, daß 1914 auch der Vater LAUES, ein im Generalsrang stehender Jurist, ausgezeichnet wurde, und zwar durch Aufnahme in den erblichen Adelsstand. So verwandelte sich innerhalb kurzer Zeit der in der Öffentlichkeit unbekannte Privatdozent MAX LAUE in den weltberühmten Nobelpreisträger Professor MAX VON LAUE.

Brief von Albert Einstein an die Preußische Akademie der Wissenschaften vom 7. Dezember 1913. Mit diesem Schreiben nahm Einstein seine Stellung in Berlin als ordentliches Mitglied der Akademie an. Zur gleichen Zeit schrieb er an einen Freund: „Die Berliner spekulieren mit mir wie mit einem prämierten Leghuhn. Dabei weiß ich selbst nicht, ob ich überhaupt noch Eier legen kann."

Wir sind noch nicht darüber unterrichtet (denn die Archive der Nobelstiftung werden erst jetzt geöffnet), wann EINSTEIN zum ersten Mal für den Nobelpreis vorgeschlagen wurde. Die Nobelstiftung tat sich schwer mit den Verleihungen für rein gedankliche Leistungen. Ein Effekt war eben gleichsam „handgreiflich", und auch der größte Zweifler mußte sich von der Realität einer solchen Entdeckung überzeugen lassen. Aber was das *Relativitätsprinzip* und die *Quantentheorie* betraf – da ließen sich nun einmal die sehr kritischen Stimmen aus Kreisen der älteren Physiker nicht überhören.

Die wirklichen Kenner wußten jedoch, was die neuen Theorien bedeuteten. In Preußen – und nach preußischem Vorbild auch in den anderen deutschen Ländern – wurde eine hervorragende Hochschulpolitik betrieben. Als PLANCK und NERNST den Plan entwickelten, EINSTEIN nach Berlin zu bringen, fanden sie im Kultusministerium tatkräftige Unterstützung.

Um EINSTEIN zu gewinnen, war ein besonderes Angebot nötig. Als überzeugter Individualist und Demokrat stand EINSTEIN den preußischen Idealen, der von Pflichterfüllung diktierten Lebenseinstellung und der unbedingten Hingabe an „König und Vaterland" verständnislos gegenüber. In Zürich hatte EINSTEIN schon 1901 das Bürgerrecht erworben, und an der ETH wie in der Stadt fühlte er sich persönlich wohl.

Tatsächlich konnte eine Stellung in Berlin geschaffen werden, die EINSTEIN von den Vorlesungsverpflichtungen völlig frei hielt, die auf die kollegiale Zusammenarbeit mit den Berliner Physikern zugeschnitten war und die überdies eine der Bedeutung EINSTEINS entsprechende Dotierung ermöglichte.

Im Frühsommer 1913 fuhren PLANCK und NERNST nach Zürich, um den definitiven Vorschlag zu unterbreiten: EINSTEIN solle ordentliches, hauptamtliches Mitglied der Akademie, Direktor des damit de jure zu schaffenden *Kaiser-Wilhelm-Institutes für Physik* und Professor an der Universität werden, mit dem Recht, aber nicht der Pflicht, Vorlesungen zu halten.

Am 12. Juni verlas PLANCK in der Sitzung der physikalisch-mathematischen Klasse den eigenhändig geschriebenen Wahlantrag: „Die Unterzeichneten (PLANCK, NERNST, RUBENS und WARBURG) sind sich wohl bewußt, daß ihr Antrag, einen in noch so jugendlichem Alter stehenden Gelehrten als ordentliches Mitglied in die Akademie aufzunehmen, ein ungewöhnlicher ist, sie meinen aber, daß er sich nicht nur durch die ungewöhnlichen Verhältnisse hinreichend begründen läßt, sondern daß es das Interesse der Akademie direkt erfordert, die sich darbietende Gelegenheit zur Erwerbung einer so außerordentlichen

Kraft nach Möglichkeit zu nutzen. Wenn sie auch naturgemäß für die Zukunft keine Bürgschaft zu übernehmen vermögen, so treten sie doch mit voller Überzeugung dafür ein, daß die heute schon vorliegenden wissenschaftlichen Leistungen des Vorgeschlagenen, von denen in der gegebenen Zusammenstellung nur die markantesten hervorgehoben sind, seine Berufung in das vornehmste wissenschaftliche Institut des Staates vollauf rechtfertigen, und sie sind weiter auch davon überzeugt, daß der Eintritt Einsteins in die Berliner Akademie der Wissenschaften von der ganzen physikalischen Welt im Sinne eines besonders wertvollen Gewinnes für die Akademie beurteilt werden würde."

Die Wahl wurde am 12. November 1913 bestätigt; am 7. Dezember erklärte Einstein die Annahme und trat am 1. April 1914 das neue Amt an.

Als er Zürich verließ, meinte Einstein scherzhaft, daß die Berliner mit ihm „wie mit einem prämierten Leghuhn" spekulierten: „Dabei weiß ich selbst nicht, ob ich überhaupt noch Eier legen kann." Die Sorge war unbegründet.

Mit der *Quanten-* und *Relativitätstheorie* hatte das „Goldene Zeitalter der deutschen Physik" begonnen. Das Zentrum der Forschung lag in Berlin; an der Akademie, der Universität, der Technischen Hochschule und der Physikalisch-Technischen Reichsanstalt wirkte eine Vielzahl von hervorragenden Forschern. Nach Gründung der Kaiser-Wilhelm-Gesellschaft im Januar 1911 entstanden in Rekordzeit ein großes Institut für Physikalische Chemie und ein noch größeres für Chemie.

Mit seinen Berliner Kollegen stand Einstein bald in freundschaftlichem Kontakt: „Ich glaube, es war nur wenige Monate, nachdem Einstein nach Berlin gekommen war", berichtete Lise Meitner, „als im Planckschen Haus ein Musikabend stattfand. Es wurde das Beethoventrio in B-Dur gespielt, Planck am Klavier, Einstein spielte Geige und der Cellist war ... ein holländischer Berufsmusiker. Das Zuhören war ein wunderbarer Genuß, für den ein paar zufällige Entgleisungen Einsteins nichts bedeuteten ... Einstein, sichtlich erfüllt von der Freude an der Musik, sagte laut lachend in seiner unbeschwerten Art, daß er sich wegen der mangelhaften Technik schäme. Planck stand dabei mit ruhigem, aber buchstäblich glückstrahlendem Gesicht und rieb sich mit der Hand in der Herzgegend: ‚Dieser wunderbare zweite Satz'. Als nachher Einstein und ich weggingen, sagte Einstein ganz unvermittelt: ‚Wissen Sie, um was ich Sie beneide?' Und als ich ihn etwas überrascht ansah, fügte er hinzu: ‚Um Ihren Chef.' Ich war damals noch Assistentin Plancks."

„Als ich Planck näher kennenlernte, war er schon etwa 50 Jahre alt, ein nobel denkender und fühlender Mensch, der dabei große Zurückhaltung in seinen menschlichen Beziehungen übte", berichtete Einstein später: „Ich habe kaum so einen tief ehrlichen und wohlwollenden Menschen gekannt. Stets setzte er sich für das ein, was er für recht hielt, auch wenn es nicht sonderlich bequem für ihn war. Er war stark traditionsgebunden in seiner Beziehung zu seinem Staate und zu seiner Kaste, aber er war stets willens und fähig, meine ihm fernliegenden Überzeugungen aufzunehmen und zu würdigen."

Schon seit einigen Jahren hatte Planck in seinem Haus in der Wangenheimstraße im Grunewald einen „jour fixe" eingerichtet. Alle vierzehn Tage kamen ohne besondere Einladung musikbegeisterte junge Menschen, Freunde seiner Kinder und junge Kollegen. Als Sänger glänzte Otto Hahn, und stolz erzählte er später: „Da ich zwar eine kräftige, aber ganz ungepflegte Tenorstimme hatte, riet mir Planck, doch Gesangsunterricht bei einem guten Lehrer zu nehmen, es ließe sich aus meiner Stimme wohl etwas machen."

Planck schätzte den jungen Chemiker, der sich mit der *Radioaktivität* ein so interessantes Arbeitsgebiet gewählt hatte.

Das Haus Plancks in Berlin-Grunewald, Wangenheimstraße 21. Hier trafen sich regelmäßig die Kollegen zu Musikabenden. Oft waren Einstein, Laue, Hahn und Lise Meitner zu Gast.

Otto Hahn als eleganter junger Mann mit der Barttracht des Wilhelminischen Zeitalters.

Max Planck, der „Praeceptor Physicae“.

KAPITEL VI Otto Hahn und Lise Meitner
Begründung der radioaktiven Forschung in Deutschland

Viele Mächtige hat es in unserem Jahrhundert gegeben, auf deren Befehl sich Millionen in Bewegung setzten, aber keiner von ihnen hat so wie EINSTEIN unseren Planeten verändert. Noch nie sollte sich der alte Satz „Wissen ist Macht" so bewahrheiten wie im Fall der kurzen und einfachen EINSTEINschen Formel $E = mc^2$.
Dabei besaß EINSTEIN gar nicht den Wunsch, in dieser Welt zu wirken; er zog sich, so weit es nur irgend möglich war, zurück. „Eines der stärksten Motive, die zur Kunst und Wissenschaft hinführen", sagte EINSTEIN und dachte dabei vor allem an PLANCK und sich selbst, „ist eine Flucht aus dem Alltagsleben mit seiner schmerzlichen Rauheit und trostlosen Öde, aus den Fesseln der ewig wechselnden persönlichen Wünsche."
Die im „Elfenbeinturm" oder, wie EINSTEIN sagte, im „stillen Tempel der Wissenschaft" absichtslos, l'art pour l'art geschaffene Physik aber griff, ein paar Jahrzehnte später, tief in das Leben der Menschen ein. Mit Recht hat man von einer neuen Epoche gesprochen.
Am 16. Juli 1945, als zum ersten Mal eine *Atombombe* explodierte, zu Versuchszwecken in der Wüste von Nevada, vollzog sich, wie es in dem offiziellen Bericht des amerikanischen Kriegsministeriums hieß, „der Übertritt der Menschheit in ein neues Zeitalter, das Zeitalter des Atoms". Wie der nach der biblischen Sage aus dem Paradies vertriebene Mensch nicht mehr zurückfinden kann in den Zustand der Unschuld, so ist auch jetzt die Rückkehr in den früheren Zustand unmöglich.
Im Jahre 1905 schien nichts esoterischer als der Lehrsatz, daß elektromagnetische Strahlung die Eigenschaft der „Trägheit" besitzt. Soweit sich die Physiker überhaupt Gedanken machten, verstanden sie das als eine Aussage, die allenfalls zu einigen artifiziellen Gedankenexperimenten taugte. Wenn sich EINSTEIN – wie vordem PLANCK – mit dem Hohlraum beschäftigte, in dem elektromagnetische Strahlung eingeschlossen war, konnte er auf diesen gedachten Hohlraum fiktive Kräfte wirken lassen und fiktive Beschleunigungen erzielen. Die dafür relevante Größe, die Masse m, mochte sich dann tatsächlich nach seiner Formel $m = E/c^2$ berechnen lassen. Bedeutung für die „Wirklichkeit", so meinte man, besaßen jedoch solcherlei Überlegungen nicht. Wie ein Bewohner der Tropen nicht mit dem Faktum konfrontiert wird, daß Wasser bei Null Grad Celsius zu Eis gefriert, so hatten bis zum Anfang des 20. Jahrhunderts die Forscher tatäschlich keine Erfahrungen mit der Formel $E = mc^2$ sammeln können. Diese Bezeichnung bringt, wie wir sie heute verstehen, zum Ausdruck, daß sich Energie in Masse verwandeln kann (und Masse in Energie).
Von zahlreichen Chemikern war schon im 19. Jahrhundert die Frage diskutiert worden, ob nicht doch – im Widerspruch zu dem auf LAVOISIER zurückgehenden Satz von der Erhaltung der Masse – bei chemischen Reaktionen Gewichtsveränderungen auftreten. LOTHAR MEYER hielt es 1872 für möglich, daß bei der Umgruppierung der Atome während der chemischen Reaktion eine Anzahl von (ponderablen) Licht- und Ätherteilchen entweichen beziehungsweise neu gebunden werden. In engstem Zusammenhang damit stand die wichtige Frage nach der Konstanz des Atomgewichtes.
Von 1890 an beschäftigte sich fast zwanzig Jahre lang der Physikochemiker HANS LANDOLT mit der experimentellen Prüfung dieser Frage. Für seine Versuche verwendete er n-förmige Gefäße, füllte in die beiden Schenkel die miteinander umzusetzenden Lösungen, schmolz das Gefäß zu und wog mit größtmöglicher Genauigkeit. Durch Umdrehen des Gefäßes wurde die Lösung gemischt, zur Reaktion gebracht und danach erneut genauestens gewogen: „Das Schlußresultat der ganzen Arbeit ist", so stellte LANDOLT 1909 fest, „daß bei allen vorgenommenen chemischen Umsetzungen eine Änderung des Gesamtgewichtes der Körper sich nicht hat feststellen lassen ... Die experimentelle Prüfung des Gesetzes der Erhaltung der Masse (kann wohl) als erledigt gelten."
Das Ergebnis war also eine Bestätigung der alten Überzeugung. EINSTEIN aber wußte, daß auch bei chemischen Reaktionen – seiner Formel gemäß – die Masse keineswegs eine Konstante war; nur blieben die Massenänderungen weit unterhalb des Meßbaren. Wo gab es Vorgänge, bei denen sich die Massenänderungen bemerkbar machen können? Und gab es überhaupt solche Vorgänge? Die EINSTEINsche Formel bringt zum Ausdruck, daß mit Energieänderungen eines Systems Massenänderungen auftreten. Aber unter welchen Bedingungen der Energieumsatz so groß wird, daß die Veränderung der Masse meßbar wird, darüber sagt die Formel nichts.

◁ *Otto Hahn und Lise Meitner in den Anfangsjahren der Zusammenarbeit. Hier 1908 in der ehemaligen „Holzwerkstatt" des Chemischen Instituts der Universität Berlin.*

639

13. ***Ist die Trägheit eines Körpers von seinem Energieinhalt abhängig?***
von A. Einstein.

Die Resultate einer jüngst in diesen Annalen von mir publizierten elektrodynamischen Untersuchung[1]) führen zu einer sehr interessanten Folgerung, die hier abgeleitet werden soll.

Ich legte dort die Maxwell-Hertzschen Gleichungen für den leeren Raum nebst dem Maxwellschen Ausdruck für die elektromagnetische Energie des Raumes zugrunde und außerdem das Prinzip:

Die Gesetze, nach denen sich die Zustände der physikalischen Systeme ändern, sind unabhängig davon, auf welches von zwei relativ zueinander in gleichförmiger Parallel-Translationsbewegung befindlichen Koordinatensystemen diese Zustandsänderungen bezogen werden (Relativitätsprinzip).

Gestützt auf diese Grundlagen[2]) leitete ich unter anderem das nachfolgende Resultat ab (l. c. § 8):

Ein System von ebenen Lichtwellen besitze, auf das Koordinatensystem (x, y, z) bezogen, die Energie l; die Strahlrichtung (Wellennormale) bilde den Winkel φ mit der x-Achse des Systems. Führt man ein neues, gegen das System (x, y, z) in gleichförmiger Paralleltranslation begriffenes Koordinatensystem (ξ, η, ζ) ein, dessen Ursprung sich mit der Geschwindigkeit v längs der x-Achse bewegt, so besitzt die genannte Lichtmenge — im System (ξ, η, ζ) gemessen — die Energie:

$$l^* = l \frac{1 - \frac{v}{V} \cos \varphi}{\sqrt{1 - \left(\frac{v}{V}\right)^2}},$$

wobei V die Lichtgeschwindigkeit bedeutet. Von diesem Resultat machen wir im folgenden Gebrauch.

1) A. Einstein, Ann. d. Phys. **17**. p. 891. 1905.

2) Das dort benutzte Prinzip der Konstanz der Lichtgeschwindigkeit ist natürlich in den Maxwellschen Gleichungen enthalten.

42*

640 *A. Einstein.*

Es befinde sich nun im System (x, y, z) ein ruhender Körper, dessen Energie — auf das System (x, y, z) bezogen — E_0 sei. Relativ zu dem wie oben mit der Geschwindigkeit v bewegten System (ξ, η, ζ) sei die Energie des Körpers H_0.

Dieser Körper sende in einer mit der x-Achse den Winkel φ bildenden Richtung ebene Lichtwellen von der Energie $L/2$ (relativ zu (x, y, z) gemessen) und gleichzeitig eine gleich große Lichtmenge nach der entgegengesetzten Richtung. Hierbei bleibt der Körper in Ruhe in bezug auf das System (x, y, z). Für diesen Vorgang muß das Energieprinzip gelten und zwar (nach dem Prinzip der Relativität) in bezug auf beide Koordinatensysteme. Nennen wir E_1 bez. H_1 die Energie des Körpers nach der Lichtaussendung relativ zum System (x, y, z) bez. (ξ, η, ζ) gemessen, so erhalten wir mit Benutzung der oben angegebenen Relation:

$$E_0 = E_1 + \left[\frac{L}{2} + \frac{L}{2}\right],$$

$$H_0 = H_1 + \left[\frac{L}{2} \frac{1 - \frac{v}{V} \cos \varphi}{\sqrt{1 - \left(\frac{v}{V}\right)^2}} + \frac{L}{2} \frac{1 + \frac{v}{V} \cos \varphi}{\sqrt{1 - \left(\frac{v}{V}\right)^2}}\right]$$

$$= H_1 + \frac{L}{\sqrt{1 - \left(\frac{v}{V}\right)^2}}.$$

Durch Subtraktion erhält man aus diesen Gleichungen:

$$(H_0 - E_0) - (H_1 - E_1) = L \left\{\frac{1}{\sqrt{1 - \left(\frac{v}{V}\right)^2}} - 1\right\}.$$

Die beiden in diesem Ausdruck auftretenden Differenzen von der Form $H - E$ haben einfache physikalische Bedeutungen. H und E sind Energiewerte desselben Körpers, bezogen auf zwei relativ zueinander bewegte Koordinatensysteme, wobei der Körper in dem einen System (System (x, y, z)) ruht. Es ist also klar, daß die Differenz $H - E$ sich von der kinetischen Energie K des Körpers in bezug auf das andere System (System (ξ, η, ζ)) nur durch eine additive Konstante C unterscheiden kann, welche von der Wahl der willkürlichen addi-

Die berühmte Arbeit Einsteins in den „Annalen der Physik", Band 18 (1906), Seite 639 bis 641, in der zum ersten Mal der Schluß auf die Äquivalenz von Masse und Energie gezogen wurde.

Trägheit eines Körpers von seinem Energieinhalt abhängig? 641

tiven Konstanten der Energien H und E abhängt. Wir können also setzen:

$$H_0 - E_0 = K_0 + C,$$
$$H_1 - E_1 = K_1 + C,$$

da C sich während der Lichtaussendung nicht ändert. Wir erhalten also:

$$K_0 - K_1 = L \left\{\frac{1}{\sqrt{1 - \left(\frac{v}{V}\right)^2}} - 1\right\}.$$

Die kinetische Energie des Körpers in bezug auf (ξ, η, ζ) nimmt infolge der Lichtaussendung ab, und zwar um einen von den Qualitäten des Körpers unabhängigen Betrag. Die Differenz $K_0 - K_1$ hängt ferner von der Geschwindigkeit ebenso ab wie die kinetische Energie des Elektrons (l. c. § 10).

Unter Vernachlässigung von Größen vierter und höherer Ordnung können wir setzen:

$$K_0 - K_1 = \frac{L}{V^2} \frac{v^2}{2}.$$

Aus dieser Gleichung folgt unmittelbar:

Gibt ein Körper die Energie L in Form von Strahlung ab, so verkleinert sich seine Masse um L/V^2. Hierbei ist es offenbar unwesentlich, daß die dem Körper entzogene Energie gerade in Energie der Strahlung übergeht, so daß wir zu der allgemeineren Folgerung geführt werden:

Die Masse eines Körpers ist ein Maß für dessen Energieinhalt; ändert sich die Energie um L, so ändert sich die Masse in demselben Sinne um $L/9 . 10^{20}$, wenn die Energie in Erg und die Masse in Grammen gemessen wird.

Es ist nicht ausgeschlossen, daß bei Körpern, deren Energieinhalt in hohem Maße veränderlich ist (z. B. bei den Radiumsalzen), eine Prüfung der Theorie gelingen wird.

Wenn die Theorie den Tatsachen entspricht, so überträgt die Strahlung Trägheit zwischen den emittierenden und absorbierenden Körpern.

Bern, September 1905.

(Eingegangen 27. September 1905.)

Einstein, Relativitätsprinzip u. die aus demselben gezog. Folgerungen 443

zerfallenden Atoms, m_1, m_2 etc. seien die Atomgewichte der Endprodukte des radioaktiven Zerfalls, dann muß sein

$$M - \Sigma m = \frac{E}{c^2},$$

wobei E die beim Zerfall eines Grammatoms entwickelte Energie bedeutet; diese kann berechnet werden, wenn man die bei stationärem Zerfall pro Zeiteinheit entwickelte Energie und die mittlere Zerfalldauer des Atoms kennt. Ob die Methode mit Erfolg angewendet werden kann, hängt in erster Linie davon ab, ob es radioaktive Reaktionen gibt, für welche $\frac{M - \Sigma m}{M}$ nicht allzu klein gegen 1 ist. Für den oben erwähnten Fall des Radiums ist — wenn man die Lebensdauer desselben zu 2600 Jahren annimmt — ungefähr

$$\frac{M - \Sigma m}{M} = \frac{12 \cdot 10^{-6} \cdot 2600}{250} = 0{,}00012.$$

Wenn also die Lebensdauer des Radiums einigermaßen richtig bestimmt ist, müßte man die in Betracht kommenden Atomgewichte auf fünf Stellen genau kennen, um unsere Beziehung prüfen zu können. Dies ist natürlich ausgeschlossen. Es ist indessen möglich, daß lioaktive Vorgänge bekannt werden, bei welchen ein bedeutend größerer Prozentsatz der Masse des ursprünglichen Atoms sich in Energie diverser Strahlungen verwandelt als beim Radium. Es liegt wenigstens nahe, sich vorzustellen, daß die Energieentwickelung beim Zerfall eines Atoms bei verschiedenen Stoffen nicht minder verschieden sei als die Raschheit des Zerfalls.

Im vorhergehenden ist stillschweigend vorausgesetzt, daß eine derartige Massenänderung mit dem zur Messung von Massen gewöhnlich benutzten Instrument, der Wage, gemessen werden könne, daß also die Beziehung

$$M = \mu + \frac{E_0}{c^2}$$

nicht nur für die träge Masse, sondern auch für die gravitierende Masse gelte, oder mit anderen Worten, daß Trägheit und Schwere eines Systems unter allen Umständen genau proportional seien. Wir hätten also auch z. B. anzunehmen, daß in einem Hohlraum eingeschlossene Strahlung nicht nur Trägheit, sondern auch Gewicht besitze. Jene Proportionalität zwischen träger und schwerer Masse gilt aber ausnahmslos für alle Körper mit der bisher erreichten Genauigkeit, so daß wir bis zum Beweise des Gegenteils die Allgemeingültigkeit

30*

Seite aus Einsteins Veröffentlichung von 1907, in der erstmals die Formel $E = mc^2$ explizit dargestellt ist.

Zwei Jahre zuvor hatte Pierre Curie die Wärmemenge gemessen, die ein Gramm Radium pro Stunde abgibt, und war auf bemerkenswert hohe Werte gekommen. „Es ist nicht ausgeschlossen", schrieb Einstein hoffnungsvoll, „daß bei Körpern, deren Energieinhalt in hohem Maße veränderlich ist (zum Beispiel bei den Radiumsalzen), eine Prüfung der Theorie gelingen wird." Schon 1905 also richtete Einstein seine Aufmerksamkeit auf Prozesse, bei denen der Energieumsatz besonders hohe Werte annimmt. Es ging ihm damals freilich nur darum, eine experimentelle Bestätigung seiner Formel zu finden.

1907 schrieb Einstein: „Ob die Methode mit Erfolg angewendet werden kann, hängt in erster Linie davon ab, ob es radioaktive Reaktionen gibt, für welche $(M-\Sigma m)/M$ nicht allzu klein gegen 1 ist." Als Maß für die Stabilität des Atomkernes spielt heute diese Größe – der relative Massendefekt – eine wichtige Rolle in der Kernphysik, aber ebenso bei den technischen Anwendungen in *Atomreaktor* und *Atombombe*. Mit der experimentellen Bestätigung dauerte es freilich noch eine gute Weile. Bisher war die radioaktive Forschung die Sache einiger weniger Pioniere, und das Gebiet schien weder recht in die Chemie noch in die Physik zu gehören. „Ich habe mir das Thomsonsche Laboratorium genau angesehen", berichtete der Würzburger Physik-Ordinarius Wilhelm Wien 1904 von einer Reise nach Cambridge: „Man ist dort sehr tätig, namentlich in den neuen Erscheinungen der Radioaktivität, und ich habe den Eindruck gewonnen, daß wir in Deutschland gerade auf diesem Gebiet etwas zurückgeblieben sind. Ich werde sehen, daß wir auch bei uns dieses Arbeitsgebiet mehr pflegen." Tatsächlich wurde die radioaktive Forschung auch bald in Deutschland in größerem Umfang betrieben. Das aber kam nicht durch eine bewußte Steuerung, sondern lief gleichsam automatisch nach dem Gesetz, nach dem sich Wissenschaft selbst entfaltet.

Ein junger Chemiker namens Otto Hahn hatte 1902 bei Theodor Zincke in Marburg promoviert und zwar, wie es sich für einen rechtschaffenen Chemiker gehörte, auf organischem Gebiet. Die deutsche chemische Industrie besaß die führende Position auf dem Weltmarkt: mit Recht führte man das auf die Spitzenstellung in der Forschung zurück. So stand die Industrie in enger Verbindung mit den Hochschulinstituten. Wenn ein Chemiker gebraucht wurde, so fragte man einen befreundeten Ordinarius.

Zincke hatte allen Anlaß, seinen tüchtigen und sympathischen Assistenten zu loben. Auch dem Direktor der Chemischen Werke Kalle & Co. in Biebrich bei Wiesbaden gefiel der junge Mann – und so schien alles den üblichen und richtigen Gang zu gehen. An der Ausbildung fehlte offenbar nichts als die Auslandserfahrung. „Professor Zincke riet mir", berichtete Hahn, „zunächst für ein halbes Jahr nach London zu gehen, wo ich vielleicht bei dem berühmten Entdecker der Edelgase, Sir William Ramsay, einen Arbeitsplatz finden würde. Zincke fragte Ramsay, ob er einen seiner Schüler für einige Zeit im University College aufnehmen wolle, und Ramsay antwortete, ich möge kommen. So reiste ich im Herbst 1904 nach zweijähriger Assistententätigkeit nach London."

William Ramsay aber gab dem jungen Chemiker ein Thema aus der *Radioaktivität,* und dieses faszinierende Naturphänomen ließ Hahn nicht mehr los. Die *Radioaktivität* ist eine Eigenschaft, die nur einige wenige, besonders schwere Atome besitzen wie etwa Uran, Thorium und Radium.

Diese Atome senden eine Strahlung aus und verwandeln sich dabei in Nachbarelemente. So ist das am genauesten erforschte Radium ein sogenannter α-Strahler, das heißt, es schleudert Heliumkerne aus und geht dabei in Radium-Emanation (das Edelgas „Radon") über. Man führte später, um solche Prozesse zu beschreiben, eine eigene Formelsprache ein:

$$^{226}_{88}\mathrm{Ra} \longrightarrow {}^{222}_{86}\mathrm{Em} + {}^{4}_{2}\mathrm{He}$$

Links steht der Ausgangskern, rechts schreibt man die Folgeprodukte. Die Symbolik ist also den chemischen Reaktionsgleichungen nachgebildet.

Die Aufgabe, die Otto Hahn von William Ramsay gestellt war, lautete: aus einer Probe von etwa 100 Gramm Bariumchlorid das Radium zu gewinnen. Barium und Radium sind ähnliche Elemente, beide stehen in der Gruppe der Erdalkalien. Wenn man die vorhandenen physikalischen und chemischen Unterschiede bestmöglichst ausnutzt, so gelingt die Trennung. Radium löst sich etwas schlechter als Barium (das heißt das „Löslichkeitsprodukt" ist kleiner). Beim Auskristallisieren fällt Radium (etwa als Sulfat) stärker aus, freilich immer zusammen mit Barium. Unterbricht man aber den Vorgang und löst erneut, so erhält man nach vielfacher Wiederholung dieser sogenannten „fraktionierten Kristallisation" eine deutliche Anreicherung von Radium.

Dieses schon von Marie Curie bei der ersten Darstellung des Elementes angewandte Verfahren benutzte nun auch Otto Hahn: „Sehr bald stellte sich heraus", berichtete er, „daß in dem für Radium (und Barium) gehaltenen Präparat noch eine andere radioaktive Substanz enthalten sein müsse." Diese radioaktive Substanz hatte die Eigenschaft, in die kurzlebige „Emanation des Thoriums überzugehen" (wir sagen heute: in das Radonisotop 220). Otto Hahn schloß richtig, daß es sich um ein Umwandlungsprodukt des Thoriums handeln müsse und nannte den neuen Körper „Radiothorium".

Dies war ein wunderbarer Erfolg für den Anfänger. Man sprach von der Entdeckung eines „neuen Elementes". Heute drücken wir uns anders aus: Otto Hahn hat ein neues Isotop des Thoriums entdeckt, das Isotop mit der Massenzahl 228. Voller Begeisterung schrieb William Ramsay (in seinem nicht ganz sicheren Deutsch) an Emil Fischer, den großen und einflußreichen Berliner Chemiker: „Ich bin sehr frappiert gewesen über die Kühnheit, Geschicklichkeit und Ausdauer von Dr. Hahn ... Hahn hat in München, auch bei Zincke in Marburg studiert. Er möchte habilitieren, und ich glaube, es wäre gut, wenn er dasselbe bei Ihnen macht. Wäre es möglich, daß er in Ihrem Laboratorium während ein paar Jahren arbeitet? Er ist ein netter Kerl, bescheiden, ganz zu vertrauen und hoch begabt; und er ist mir sehr lieb geworden. Er ist und will Deutscher bleiben; und er ist mit allen Untersuchungsmethoden der *Radioaktivität* vertraut ... Ich weiß, daß Sie Ihr Laboratorium so vielseitig wie möglich machen wollen; haben Sie eine Ecke für ihn?"

Wie schon 1901 HAHNS Doktorvater THEODOR ZINCKE in Marburg, so war nun WILLIAM RAMSAY ganz begeistert von den Fähigkeiten des jungen Wissenschaftlers. Dabei war das Abiturzeugnis nur mittelmäßig bis schlecht gewesen. Hatten ihn die Lehrer falsch eingeschätzt? Erfahrungsgemäß spiegeln die Abiturzeugnisse sehr gut die intellektuellen Fähigkeiten. OTTO HAHN war mit der Beurteilung (in der Mehrzahl der Fälle mit nur „befriedigend" bis „ausreichend") durchaus richtig erfaßt. Private Briefe, die OTTO HAHN im höheren Alter an seine Frau geschrieben hat und die nun veröffentlicht sind, zeigen, daß er sich des geistigen Abstandes zu manchen Freunden und Kollegen (zum Beispiel zu MAX VON LAUE) ganz bewußt war. „Wie könnte ich über LEIBNIZ, NEWTON oder über Naturphilosophie oder dergleichen vortragen? Das können die anderen alle. Die lesen die Arbeiten unter Umständen noch im lateinischen Urtext."

Aber OTTO HAHN muß andererseits doch eine Qualität besessen haben, die mit einer bloß intellektuellen Beurteilung nicht erfaßt wird. Vielleicht läßt sich diese mit „Sauberkeit und Ehrlichkeit" umschreiben.

Gemeint dabei ist die Fähigkeit zu genauer Unterscheidung zwischen dem tatsächlich Bewiesenen und dem nur plausibel Gemachten. Diese Qualität hat mit dem Verstand zu tun, aber noch mehr mit dem Charakter. Wie leicht ist es, sich selbst zu täuschen, wenn man ein bestimmtes Ergebnis erwartet! Von Anfang an widerstand OTTO HAHN dieser Versuchung. In seinem Charakter war kein Platz dafür.

Eine Geschichte, die dies illustriert, trug sich noch in London zu, nach der glücklichen Entdeckung des Radiothors: „Zur Abscheidung und Messung des aktiven Niederschlags meiner Thorpräparate machte ich gelegentlich einen Schwefelwasserstoffniederschlag. Es fiel mir auf, daß ich bei der Wiederholung dieser Reaktion nach einiger Zeit immer wieder den Hauch eines Niederschlags bekam ... Als ich RAMSAY diese Beobachtung erzählte, meinte er, ‚that's a new stuff' ... Er schlug vor, in der Royal Society eine kurze Mitteilung zu machen." HAHN lehnte die Ehre ab; er war sich seiner Sache nicht sicher. Nach einer Weile stellte sich heraus, daß es sich im wahrsten Sinne des Wortes um einen „Dreckeffekt" handelte. Der „Niederschlag" war Staub und Rost, der von der eisernen Decke herabgefallen war.

Bevor HAHN, von RAMSAY empfohlen, zu EMIL FISCHER nach Berlin ging, arbeitete er noch ein dreiviertel Jahr bei RUTHERFORD in Montreal. ERNEST RUTHERFORD war, mehr noch als MADAME CURIE, der große Pionier auf dem neuen Gebiet. Bei ihm lernte HAHN vor allem die physikalischen Methoden. Im Herbst 1906 erhielt HAHN im Chemischen Institut der Universität Berlin ein eigenes kleines Laboratoirum. Es lag im Erdgeschoß, und weil sich dort die Schreinerei des Institutes befunden hatte, hieß es weiterhin „die Holzwerkstatt". Das Angebot der Firma Kalle in Wiesbaden-Biebrich schlug er aus. Die Entscheidung für die Wissenschaft war gefallen.

Montreal 1906: Ernest Rutherford (unten rechts) mit seinen Mitarbeitern; links hinter ihm Otto Hahn.

Im gleichen Jahr begann er Tagebuch zu führen. Vierzig Jahre lang hat er die wichtigsten Ereignisse des Tages notiert. Das war eine unschätzbare Hilfe für die Arbeit, und ist heute eine unschätzbare Hilfe für den Historiker. So wissen wir es auf den Tag genau: Am 28. November 1907 trafen OTTO HAHN und LISE MEITNER einander zum ersten Male. An diesem 28. November begann eine mehr als 30 Jahre währende fruchtbare Zusammenarbeit, die erst durch das Einwirken politischer Umstände beendet werden sollte. Zwar gab es auch zwischen OTTO HAHN und LISE MEITNER gelegentliche Mißstimmungen, und zwar gerade wegen der politischen Ereignisse, aber im Grunde blieben beide einander freundschaftlich zugetan und verbunden.
Es war nicht leicht für LISE MEITNER, einen Arbeitsplatz zu erhalten. OTTO HAHN war ja selbst nur „Gast" im Chemischen Institut. Geheimrat EMIL FISCHER hielt nichts vom Frauenstudium, noch weniger von der Tätigkeit der Frau in der Wissenschaft. Da EMIL FISCHER aber ein gutherziger Mann war und sich zudem MAX PLANCK persönlich einschaltete, so wurde eine Ausnahme gemacht. Fräulein Dr. MEITNER bekam einen Platz in der „Holzwerkstatt", durfte aber, weiß der Himmel warum, die oberen Experimentiersäle der Studenten nicht betreten. Vielleicht befürchtete der Geheimrat, daß LISE MEITNER seine Studenten zu sehr verwirren würde. Übel sah sie ja gewiß nicht aus. Aber die ersten Frauen in der Wissenschaft konnten sich in der Männerwelt nur durch betonte Sachlichkeit behaupten.
„Von Gemeinsamkeiten zwischen uns, außerhalb des Institutes, konnte keine Rede sein", erzählte OTTO HAHN. „LISE MEITNER hatte noch ganz die Erziehung einer höheren Tochter genossen, war sehr zurückhaltend und fast scheu. Während ich mit meinem Kollegen FRANZ FISCHER täglich zu Mittag aß, und wir an Samstagen und später auch mittwochs noch ins Kaffeehaus gingen, habe ich mit LISE MEITNER viele Jahre lang außerberuflich nie zusammen gegessen. Wir sind auch nicht gemeinsam spazierengegangen. Abgesehen von physikalischen Kolloquien begegneten wir einander nur in der ‚Holzwerkstatt'."
Als er dies am Ende seines Lebens berichtete, hatte er wohl im Augenblick nicht mehr daran gedacht, daß er auch im Hause von MAX PLANCK mit LISE MEITNER zusammentraf. Aber bei diesen Musikabenden waren so viele Physiker anwesend und so viele junge Damen, daß wohl kaum Gelegenheit bestand, mit der Kollegin mehr als ein paar Begrüßungsworte zu wechseln.
„In der ‚Holzwerkstatt'", so der Bericht HAHNS, „haben wir meist bis kurz vor 8 Uhr gearbeitet, so daß mal der eine, mal der andere in die Nachbarschaft laufen mußte, um schnell noch Aufschnitt und Käse zu kaufen, denn um 8 Uhr schlossen die Läden. Niemals wurde das Eingekaufte gemeinsam verzehrt. LISE MEITNER ging nach Hause, und ich ging nach Hause. Dabei waren wir doch herzlich miteinander befreundet."
Auch LISE MEITNER hat später öfter von ihren unbeschwerten Arbeitsjahren in der „Holzwerkstatt" erzählt: „Wenn unsere eigene Arbeit gut ging, sangen wir zweistimmig, meistens Brahmslieder, wobei ich nur summen konnte, während HAHN eine sehr gute Singstimme hatte. Zu den jungen Kollegen am nahegelegenen Physikalischen Institut hatten wir menschlich und wissenschaftlich ein sehr gutes Verhältnis.

Otto Hahn zur Erinnerung an unsere
50 jährige Bekanntschaft
28. Sept. 1957 Lise Meitner

Zur Erinnerung trüber Tage
voll Bemühen, voller Plage,
Zum Erinnern schöner Stunden
Wo das Rechte war gefunden.
Goethe

Karte von Lise Meitner an Otto Hahn vom 28. September 1957: Erinnerung an die Zusammenarbeit, die fünfzig Jahre zuvor begonnen hatte. Wie sie es als „höhere Tochter" in der Kaiserzeit gelernt hatte, sandte sie dem Kollegen und Freund ein Goethe-Gedicht.

Sie kamen uns öfters besuchen, und es konnte passieren, daß sie durch das Fenster der ‚Holzwerkstatt' hereinstiegen, statt den üblichen Weg zu nehmen. Kurz, wir waren jung, vergnügt und sorglos, vielleicht politisch zu sorglos."
Jedenfalls waren sie fleißig. OTTO HAHN klärte zu einem wesentlichen Teil die *Thorium-Zerfallsreihe*. Wie er schon lange vermutet hatte: Zwischen dem Thorium (Isotop 232) und dem Radiothorium (Thorium 228) stehen als Zwischenprodukte Mesothorium 1 (Radium 228) und Mesothorium 2 (Actinium 228). Heute schreiben wir:

$$^{232}_{90}\mathrm{Th} \xrightarrow{(\alpha)} {}^{228}_{88}\mathrm{Ms\,Th\,1} \xrightarrow{(\beta)} {}^{228}_{89}\mathrm{Ms\,Th\,2}$$

$$\xrightarrow{(\beta)} {}^{228}_{90}\mathrm{Rd\,Th} \xrightarrow{(\alpha)} {}^{224}_{88}\mathrm{Th\,X} \xrightarrow{(\alpha)} {}^{220}_{86}\mathrm{Tn}$$

(Die Zerfallsreihe geht von der zuletzt angeschriebenen kurzlebigen Thoriumemanation weiter bis zum Blei 208.)
Deutlich verschieden in ihren radioaktiven Eigenschaften waren Thorium und Radiothor. Das „eigentliche" Thorium ist sehr langlebig (so daß es HAHN zunächst als strahlungslos angesehen hatte), während das Radiothor eine Halbwertzeit von knapp zwei Jahren besitzt. Trotzdem gelang es HAHN nicht, die beiden so deutlich verschiedenen „Elemente" chemisch voneinander zu trennen.
Dasselbe geschah ihm bei Radium und Mesothorium 1. Er dachte „an eine so nahe chemische Ähnlichkeit, wie man sie bei einigen seltenen Erden beobachtet hatte, deren Reinherstellung ja zahlreicher fraktionierter Kristallisationen unter ganz bestimmten Bedingungen bedurfte."

208 Hahn u. Meitner, Die Muttersubstanz des Actiniums. Physik. Zeitschr. XIX, 1918.

Aufnahmen die sehr dünne Aluminiumfolie in der Mitte, wo die Folien zusammengepreßt waren[1]), unter der Wirkung der Kanalstrahlen sich wölbte (wahrscheinlich durch Erwärmung) und auf diese Weise nicht genügend dicht an den Messingstäbchen anlag. Dadurch entstanden feine Lücken auf der Aluminiumseite, durch welche Strahlungen direkt auf die andere Hälfte gelangten und gerade dort, wo eine stärkere Schwärzung erwartet wurde, eine solche hervorriefen und auf diese Weise einen Schwärzungsunterschied der beiden Hälften vortäuschten. Nachdem diese Fehlerquelle sorgfältig eliminiert wurde dadurch, daß eine von den Folien ohne Unterbrechung unter dem mittleren Messingstäbchen hindurchging, erschien hinter den Folien nur eine schwache gleichmäßige Schwärzung.

Auf Grund der neuen Versuche läßt sich nichts Sicheres über die Natur der Sekundärstrahlung aussagen.. Es scheint nur, daß es sich hier um eine sehr weiche Strahlung handelt. Es genügt nämlich das Vorlagern einer Blattsilberfolie von weniger als 0,001 mm Dicke, um die obere Schwärzung (Fig. 2) zum Verschwinden zu bringen; eine vierte Aluminiumfolie von ca 0,005 mm Dicke zu den drei sonst benutzten zugefügt, schwächt die obere Schwärzung (Fig. 2) um mehr als die Hälfte. Eine rohe Schätzung ergibt für diese Strahlung einen größeren Absorptionskoeffizienten, als derjenige der charakteristischen Aluminiumstrahlung.

Zusammenfassung.

Es wurde mittels photographischer Schwärzungen unter Benutzung der magnetischen Ablenkung der Kanalstrahlen festgestellt, daß die positiven Kanalteilchen (Sauerstoff- ev. Stickstoff-Ionen) beim Aufprallen auf Aluminiumfolien eine durchdringende Strahlung erregen.

Die vom Verfasser auf Grund seiner früheren Versuche ausgesprochene Vermutung, daß die Kanalteilchen die charakteristische Röntgenstrahlung der schweren Metalle (Zinn und Blei) erregen können, hat sich nicht bestätigt, es scheint vielmehr, daß es sich bei diesem Effekt um eine sehr weiche Strahlung handelt.

1) M. Wolfke, l. c. Vgl. Fig. 2.

Zürich, Phys. Inst. d. Eidg. Techn. Hochschule, Februar 1918.

(Eingegangen 2. März 1918.)

Die Muttersubstanz des Actiniums, ein neues radioaktives Element von langer Lebensdauer.

Von Otto Hahn und Lise Meitner.

Das Actinium ist unter allen radioaktiven Elementen dasjenige, dessen Eigenschaften bisher am wenigsten sichergestellt sind. Selbst seine Einreihung in das radioaktive Zerfallsschema kann noch nicht eindeutig vorgenommen werden. Daß das Actinium in einem genetischen Zusammenhang zum Uran steht, wurde im Jahre 1908 von Boltwood wahrscheinlich gemacht[1]). Er zeigte, daß sich Actinium in allen Uranmineralien in einem Betrage vorfindet, der sich — innerhalb der durch die Meßschwierigkeiten gegebenen Fehlergrenzen — als proportional dem Urangehalt erwies. Da die Gesamtaktivität des Actiniums im Gleichgewicht mit seinen Zerfallsprodukten nach den Boltwoodschen Befunden nur 28 Proz. der Aktivität des Urans in einem Mineral beträgt, so schloß Rutherford[2]), daß das Actinium eine Seitenlinie in der Uranreihe vorstelle und berechnete aus der mittleren Reichweite der α-Strahlen der Actiniumprodukte, daß nur 8 Proz. der Substanz, bei welcher die Abzweigung stattfindet, in Actinium umgewandelt werden.

Es handelte sich nun darum, in der Uranreihe dasjenige Produkt aufzufinden, dessen dualer Zerfall Ausgangspunkt für die Actiniumreihe ist und festzustellen, ob und über welche Zwischenprodukte die Actiniumentstehung vor sich geht. Um zu entscheiden, ob ein Nachweis der Actiniumbildung überhaupt angestrebt werden kann, muß man wenigstens die Größenordnung der Lebensdauer des Actiniums kennen. Im Jahre 1911 teilte Frau Curie[3]) Beobachtungen mit, aus denen hervorging, daß die Halbwertszeit des Actiniums etwa 30 Jahre beträgt. Diese Angabe ist zwar bisher vereinzelt geblieben, doch sprechen auch andere Umstände dafür, daß Actinium eine verhältnismäßig kurze Lebensdauer besitzen muß, so z. B. die Tatsachen, daß Giesel[4]) an hochaktiven Präparaten im Funkenspektrum keine neuen Linien beobachten konnte, und daß Auer v. Welsbach an Lanthan konzentriertes Actinium herstellte, das 100000 mal stärker aktiv war als die gleiche Gewichtsmenge Uran.

Auch wir haben seit einer Reihe von Jahren ein Actiniumpräparat in elektroskopischer Untersuchung, das eine deutliche Abnahme der Aktivi-

1) B. B. Boltwood, Sill. Journ. **25**, 269, 1908.
2) E. Rutherford, Radioaktive Substanzen. 1913, S. 407.
3) Mme Curie, Le Radium **8**, 353, 1911.
4) F. Giesel, Ber. d. D. Chem. Ges. **37**, 1696, 1904.

Eine der vielen gemeinsamen Veröffentlichungen von Otto Hahn und Lise Meitner: In der Physikalischen Zeitschrift Band 18, 1917, gaben sie die Entdeckung des Elementes Nr. 91 bekannt, das sie „Protactinium" nannten. Auf der rechten Seite: Bibliothek des Kaiser-Wilhelm-Institutes für Chemie (1913). Zu sehen sind die Direktoren Ernst Otto Beckmann und Richard Willstätter (vorne) und der Leiter der kleinen „radioaktiven Abteilung" Otto Hahn mit seiner Mitarbeiterin Lise Meitner (rechts im Hintergrund).

In Wirklichkeit lagen hier nicht verschiedene „Elemente" vor, sondern verschiedene Isotope gleicher Elemente. Erst im Jahre 1912 entwickelte NIELS BOHR die Vorstellung „elektronisch identischer" Elemente. Publiziert wurde dieser Gedanke ein Jahr später von FREDERICK SODDY, der auch den Begriff des *Isotops* prägte.
Heute drückt man die Verhältnisse einfach so aus: Die Zahl der Protonen im Atomkern (und damit die Zahl der Elektronen in der Hülle des neutralen Atoms) bestimmt die chemischen Eigenschaften. Differieren kann die Zahl der Neutronen im Kern.
So waren also die von HAHN entdeckten Körper (Radiothor, Mesothorium 1 und Mesothorium 2) keine „Elemente" in unserem Sinne, sondern „nur" Isotope bereits bekannter Elemente. 1917 gelang es ihm aber doch noch, zusammen mit LISE MEITNER ein wirkliches Element zu entdecken: Nämlich das *Element Nr. 91*, das sie *Protactinium* nannten.
LISE MEITNER beschäftigte sich in den Jahren vor dem Ersten Weltkrieg mit den Eigenschaften der *β-Strahlen*. Unter den radioaktiven Atomen gibt es zwei Sorten: Die einen senden *α-Strahlen* aus (Helium-Atomkerne), die anderen *β-Strahlen* (Elektronen). Die Eigenschaften der *β-Strahlen* waren sehr viel schwerer zu fassen, und es dauerte Jahrzehnte, bis LISE MEITNER im Dialog mit anderen Arbeitsgruppen Klarheit gewann.

Kaiser–Wilhelm–Institut für Chemie/Bibliothek – Berlin–Dahlem 1913

Das Kaiser-Wilhelm-Institut für Chemie in Berlin-Dahlem. Hier arbeitete Otto Hahn vom Tag der Einweihung 1912 an bis zum Tag der Zerstörung 1944. Lise Meitner mußte 1938 das Institut verlassen und in die Emigration gehen.

Kapitel VII Die Kaiser-Wilhelm-Gesellschaft
Beginn der „Big Science“

Ein entscheidendes Ereignis im Leben von Otto Hahn und Lise Meitner war die Gründung der *Kaiser-Wilhelm-Gesellschaft*. Bei der großen Jahrhundertfeier der Universität Berlin am 11. Oktober 1910 hatte Kaiser Wilhelm I. den Plan bekanntgegeben, „selbständige Forschungsinstitute als integrierende Teile des wissenschaftlichen Gesamtorganismus“ zu schaffen. Die Notwendigkeit, an den Instituten immer speziellere Forschung zu treiben, war in Widerspruch geraten zu den Erfordernissen der akademischen Lehre, wo es darauf ankommt, das Gesamtgebiet übersichtlich darzustellen.

Geistige Grundlage der *Kaiser-Wilhelm-Gesellschaft* wurde die im Jahr zuvor von Adolf von Harnack ausgearbeitete Denkschrift. Sein Hauptbeispiel war gerade die *radioaktive Forschung*: „Ganze Disziplinen gibt es heute, die in den Rahmen der Hochschule überhaupt nicht mehr hineinpassen, teils weil sie so große maschinelle und instrumentelle Einrichtungen verlangen, daß kein Universitätsinstitut sie sich leisten kann, teils weil sie sich mit Problemen beschäftigen, die für die Studierenden viel zu hoch sind und nur jungen Gelehrten vorgetragen werden können. Dies gilt zum Beispiel für die Lehre von den Elementen und den Atomgewichten, wie sie sich gegenwärtig ausgebildet hat. Sie ist eine Wissenschaft für sich; jeder Fortschritt auf diesem Gebiete ist von der größten Tragweite für das Gesamtgebiet der Chemie; aber im Rahmen der Hochschule kann diese Disziplin nicht mehr untergebracht werden, sie verlangt eigene Laboratorien.“

Bei der Abfassung der Denkschrift wurde Harnack von dem Mediziner August Paul von Wassermann und dem Chemiker Emil Fischer beraten. So gehen die Ausführungen über die *Radioaktivität* mit großer Wahrscheinlichkeit auf Fischer zurück. Als nach der offiziellen Gründung der *Kaiser-Wilhelm-Gesellschaft* am 10. Januar 1911 sehr rasch feststand, daß als erstes Institut das *Kaiser-Wilhelm-Institut für Chemie* entstehen sollte, fragte Emil Fischer seinen Radiochemiker, ob er eine Stelle an dem neuen Institut haben wolle.

Direktor des Instituts und zugleich Leiter der Abteilung für anorganische und physikalische Chemie wurde Ernst Beckmann, zweiter Direktor und Leiter der Abteilung für organische Chemie Richard Willstätter. Otto Hahn erhielt eine eigene kleine Abteilung und eine Berufung auf (zunächst) fünf Jahre. Wenig später kam auch Lise Meitner an das neue Institut.

Kurz zuvor hatte Otto Hahn ein Fräulein Edith Junghans kennengelernt. „Am 5. Oktober 1912 zeigte ich Fräulein Junghans das gerade fertiggestellte *Kaiser-Wilhelm-Institut für Chemie*, und auf dem anschließenden Spaziergang in den nahegelegenen Grunewald verlobten wir uns.“

Edith und Otto Hahn: „Am 5. Oktober 1912 zeigte ich Fräulein Junghans das Institut, und auf dem anschließenden Spaziergang verlobten wir uns.“

Eröffnung der ersten Kaiser-Wilhelm-Institute 1912: Wilhelm II., Emil Fischer und Adolf von Harnack (von links nach rechts).

Am 12. Oktober war feierliche Einweihung des neuen Instituts in Anwesenheit KAISER WILHELMS I. „Dem Kaiser sollte etwas gezeigt werden", erzählte später OTTO HAHN, „und ich wurde gebeten, ihm einige schöne radioaktive Präparate zu demonstrieren. Dies geschah mit einem Mesothorpräparat von etwa einem Drittel Gramm Radiumäquivalent, sehr nett auf einem Samtpolster in einer kleinen Schachtel montiert und einem emanierenden Radiothorpräparat, dessen Emanation sehr hübsch über einem Leuchtschirm hin- und herwehte. Vorher allerdings hatte es noch eine unerwartete Schwierigkeit gegeben. Am Tage vor der Eröffnungsfeier des Instituts kam ein Flügeladjutant des Kaisers zu einer Generalprobe in das Institut. Als ich den hohen Offizier in das verdunkelte Zimmer führen wollte, um ihm die radioaktiven Präparate zu zeigen, erklärte der Flügeladjutant: ‚Ausgeschlossen, wir können Majestät nicht in ein völlig dunkles Zimmer schicken.' Es gab nun längere Diskussionen mit dem Adjutanten und dem um Hilfe angerufenen EMIL FISCHER. Das Ergebnis war ein kleines rotes Lämpchen als Kompromiß. Als dann am nächsten Tag der Kaiser kam, hatte er nicht die geringste Hemmung, auch in den dunklen Raum zu gehen, und alles wickelte sich programmgemäß ab. LISE MEITNER stand zunächst bescheiden im Hintergrund, aber sie konnte nicht verhindern, daß auch sie Seiner Majestät vorgestellt wurde, der dann leutselig ein paar Worte sagte."

35 Jahre später war OTTO HAHN selbst Präsident der Gesellschaft. Er setzte sich dafür ein, den Namen des Kaisers als Bezeichnung für die Gesellschaft zu erhalten – während LISE MEITNER durch ihre späteren Erlebnisse im Berlin der dreißiger Jahre und im Ausland erkannt hatte, daß die historische Kontinuität in Deutschland nicht zu pietätvoll gepflegt werden sollte.

Für den Kaiser waren Wissenschaft, Heer und Marine glänzendes Spielzeug. Kriegerische Reden und Heldenposen gehörten dazu; von der eigengesetzlichen Dynamik eines solchen Spieles ahnte er nichts. Ohne es zu wollen, hatte er Schuld am Ausbruch des Krieges. „All seine unberechenbaren und brüsken Handlungen während der letzten Jahre sind das Werk pangermanistischer Drahtzieher, die ihn verführten, ohne daß er sich dessen bewußt wurde." Dies war die Meinung EINSTEINS.

Laue als Reserveoffizier im Jahre 1904. Später sagte Einstein über seinen Freund, daß er sich „schrittweise von den Traditionen der Herde losgerissen" habe „unter der Wirkung eines starken Rechtsgefühls." Einstein meinte damit Laues Entwicklung vom Offizier und loyalen Staatsdiener zum Kämpfer gegen die Tyrannei des Dritten Reiches.

Schon in den ersten Kriegstagen 1914 wurde OTTO HAHN eingezogen. Mitte Januar 1915 wurde er zu FRITZ HABER, dem Leiter des *Kaiser-Wilhelm-Instituts für physikalische Chemie,* beordert. FRITZ HABER hatte 1908 das Verfahren der *Hochdruck-Ammoniaksynthese* erfunden, dem jetzt im Kriege eine entscheidende Bedeutung zufiel. Er war Jude und ein glühender deutscher Patriot.
„HABER erklärte mir", erzählte später OTTO HAHN, „daß die erstarrten Fronten im Westen nur durch neue Waffen in Bewegung zu bringen seien, wobei man in erster Linie an aggressive und giftige Gase, vor allem Chlorgas, denke, das aus den vordersten Stellungen auf den Gegner abgeblasen werden müsse. Auf meinen Einwand, daß diese Art von Kriegsführung gegen die *Haager Konvention* verstoße, meinte er, die Franzosen hätten – wenn auch in unzureichender Form, nämlich mit gasgefüllter Gewehrmunition – den Anfang hierzu gemacht. Auch seien unzählige Menschen zu retten, wenn der Krieg auf diese Weise schneller beendet werden könne."
Im Pionierregiment 36 trafen sich die Berliner Kollegen wieder: JAMES FRANCK, GUSTAV HERTZ, WILHELM WESTPHAL und ERWIN MADELUNG. Noch ein Jahr zuvor hatten sie im Hause PLANCKS Chorwerke von Haydn und Brahms aufgeführt und im Kolloquium um die neue Physik gerungen. Jetzt lernten sie, mit Gas Menschen umzubringen.
OTTO HAHN wurde an allen Fronten eingesetzt. In Polen leitete er einmal einen Gasangriff mit einer Mischung aus Chlor und Phosgen. Beim anschließenden Vormarsch traf er auf einige gasvergiftete Russen. „Ich war damals tief beschämt und innerlich sehr erregt. Erst haben wir die russischen Soldaten mit unserem Gas angegriffen, und als wir dann die armen Kerle liegen und langsam sterben sahen, haben wir ihnen mit unseren Selbstrettern das Atmen erleichtert. Da wurde uns die ganze Unsinnigkeit des Krieges bewußt. Erst versucht man, den Unbekannten im feindlichen Graben auszuschalten, aber wenn man ihm Auge in Auge gegenübersteht, kann man den Anblick nicht ertragen und hilft ihm wieder. Doch retten konnten wir die armen Menschen nicht mehr."
Wie viele andere meldete sich auch MAX VON LAUE freiwillig beim Kriegsausbruch: Seiner Meinung nach geschah Deutschland Unrecht. Er lehnte sogar einen Ruf in die Schweiz ab, um das Schicksal seines Volkes zu teilen. Da aber LAUE wegen eines Nervenleidens 1911 seinen Abschied als Reserveoffizier genommen hatte, wurde er jetzt von der Musterungskommission abgewiesen.
Im Juli 1915 rückte LISE MEITNER ins Feld. Durch ihre Arbeit war sie Spezialistin auf dem Gebiet der Strahlenphysik geworden und diente nun ihrem Vaterland Österreich in Frontspitälern als Röntgenologin.

Wie in der Wissenschaft war EINSTEIN auch im politischen Urteil seinen Kollegen um Jahre voraus. Für ihn war vom ersten Tage an der Krieg ein zu verachtendes Unternehmen. „Die internationale Katastrophe lastet schwer auf mir internationalem Menschen", sagte er zu PAUL EHRENFEST. „Man begreift schwer beim Erleben dieser ‚großen Zeit', daß man dieser verrückten, verkommenen Spezies angehört, die sich Willensfreiheit zuschreibt. Wenn es doch irgendwo eine Insel für die Wohlwollenden und Besonnenen gäbe. Da wollte ich auch glühender Patriot sein."

Otto Hahn und seine Kollegen als Offiziere im Ersten Weltkrieg. Von links nach rechts: Hahn, Kurtz, Madelung, Westphal, Hertz.

Ich bin 1879 in Ulm als Deutscher geboren. Meine Jugend bis zum 16. Jahre verbrachte ich in München, wo ich das Gymnasium besuchte. Nach kurzem Aufenthalt in Italien ging ich 1895 in die Schweiz. 1896–1900 studierte ich in Zürich am Eidgenössischen Polytechnikum Mathematik und Physik (und erwarb das Bürgerrecht der Stadt Zürich 1901). 1902–1909 war ich als Ingenieur am Schweizerischen Patentamt in Bern angestellt. 1909 wurde ich ausserordentlicher Professor an der Universität Zürich, 1911 ordentlicher Professor an der deutschen Universität Prag. 1912 wurde ich an das Polytechnikum nach Zürich als Lehrer der theoretischen Physik berufen. ~~1913~~ Seit Ostern 1914 bin ich in Berlin an der Akademie der Wissenschaften mit Lehrberechtigung aber ohne Lehrverpflichtung angestellt.

Die Daten meiner wichtigsten wissenschaftlichen Gedanken sind

1905. Spezielle Relativitätstheorie. Trägheit der Energie. Gesetz der Brown'schen Bewegung. Quantengesetz der Emission und Absorption des Lichtes

1907 Grundgedanke für die allgemeine Relativitätstheorie

1912 Erkenntnis der nicht-euklidischen Natur der Metrik und der physikalischen Bedingtheit derselben durch die Gravitation

1915. ~~Grund~~ Feldgleichungen der Gravitation. Erklärung der Perihelbewegung des Merkur.

A. Einstein.

Eigenhändig geschriebene autobiographische Skizze Einsteins (1916/17).

Kapitel VIII Die Allgemeine Relativitätstheorie
Harmonien des Makrokosmos

„Sie dürfen mir nicht böse sein, daß ich erst heute antwortete", schrieb Albert Einstein im November 1915 an Arnold Sommerfeld, „aber ich hatte im letzten Monat eine der aufregendsten, anstrengendsten Zeiten meines Lebens, allerdings auch eine der erfolgreichsten." Mitten im Ersten Weltkrieg, als an den Fronten bei Arras und Ypern, bei Belgrad und Lemberg Tag um Tag zehntausend Menschen getötet wurden, fand Einstein mit den Grundgleichungen der *Allgemeinen Relativitätstheorie* tiefverborgene kosmische Harmonien. In den ewigen Gesetzen der Natur kommt nach seiner Überzeugung die Existenz Gottes zum Ausdruck, nichts aber habe Gott zu tun mit den Niederungen der Menschenwelt. „Ich glaube an Spinozas Gott", sagte Einstein, „der sich in der Harmonie des Seienden offenbart, nicht an einen Gott, der sich mit den Schicksalen und Handlungen der Menschen abgibt."

Von der Richtigkeit seiner Theorie war Einstein überzeugt, als er sah, daß sich aus den Gleichungen als erste Näherung das *Newtonsche Massenanziehungsgesetz* ergab. Seit Isaac Newton Ende des 17. Jahrhunderts erstmalig die *Keplerschen Planetengesetze* abgeleitet hatte, war sein *Gravitationsgesetz* immer wieder neu bestätigt worden. Alle Argumente für Newton galten nun auch für Einstein. Schon frühzeitig hatte sich Einstein über Effekte zweiter Näherung Gedanken gemacht; diese Phänomene mußten es dann ermöglichen, zwischen den beiden Theorien zu entscheiden.

„Das Herrliche, was ich erlebte", berichtete Einstein im November 1915, „war nun, daß sich nicht nur Newtons Theorie als erste Näherung, sondern auch die Perihelbewegung des Merkur als zweite Näherung ergab. Freundlich hat eine Methode, die Lichtablenkung ... zu messen. Nur die Intrigen armseliger Menschen verhindern es, daß diese letzte wichtige Prüfung der Theorie ausgeführt wird. Dies ist mir aber doch nicht so schmerzlich, weil mir die Theorie besonders auch mit Rücksicht auf die qualitative Bestätigung der Verschiebung der Spektrallinien genügend gesichert erscheint."

Zur Beobachtung der Lichtablenkung am Sonnenrand während einer Sonnenfinsternis hatte der junge Astronom Erwin Freundlich schon Mitte 1914 eine Expedition nach Rußland unternommen, aber der Kriegsausbruch machte das Projekt hinfällig. Das waren „die Intrigen armseliger Menschen", von denen Einstein geschrieben hatte.

Nach dem Ende des Ersten Weltkrieges wurden von England aus Expeditionen zur Beobachtung der am 29. Mai 1919 in den Tropen stattfindenden totalen Sonnenfinsternis gesandt, eine nach Nordbrasilien, eine auf die portugiesische Insel Principe an der afrikanischen Küste. Am 6. November 1919 wurden die Ergebnisse in einer feierlichen gemeinsamen Sitzung der *Royal Society* und der *Royal Astronomical Society* in London offiziell bekanntgegeben. Der Präsident der *Royal Society* bezeichnete dabei die *Allgemeine Relativitätstheorie* als eine der größten Errungenschaften in der Geschichte des menschlichen Denkens: „Es dreht sich nicht um die Entdeckung einer entlegenen Insel. Es ist die größte Entdeckung auf dem Gebiet der Gravitation, seit Newton seine Prinzipien aufgestellt hat."

Isaac Newton war das große Vorbild für die Physiker und Astronomen. Sein überlebensgroßes Porträt beherrschte die Stirnseite des Sitzungssaales. Fast 25 Jahre lang, von 1703 bis zu seinem Tode, hatte er als Präsident der *Royal Society* amtiert, und noch mehr als anderswo galten in London Werk und Methode Newtons geradezu als unantastbar. Und nun, so schien es den Mitgliedern der *Royal Society* und der *Royal Astronomical Society*, wurde verkündet: „Newton ist tot, es lebe Einstein."

Das war freilich eine Überinterpretation. „Niemand soll denken", schrieb Einstein, „daß durch diese oder irgendeine andere Theorie Newtons große Schöpfung im eigentlichen Sinne verdrängt werden könnte. Seine klaren und großen Ideen werden als Fundament unserer ganzen modernen Begriffsbildung auf dem Gebiet der Naturphilosophie ihre eminente Bedeutung in aller Zukunft behalten."

Später hat Werner Heisenberg den Begriff *abgeschlossene Theorie* geprägt und als Hauptbeispiel die *Newtonsche Mechanik* angeführt. Nach Heisenberg heißt es heute nicht mehr: „Die *Newtonsche Mechanik* ist falsch und muß durch die *Quantenmechanik* oder die *Allgemeine Relativitätstheorie* ersetzt werden", sondern man gebraucht jetzt die Formulierung: „Die *klassische Mechanik* ist eine in sich geschlossene wissenschaftliche Theorie. Sie ist überall eine streng ‚richtige' Beschreibung der Natur, wo ihre Begriffe angewendet werden können." Der *Newtonschen Mechanik* wird also heute noch ein Wahrheitsgehalt zugebilligt, nur wird durch den Zusatz „wo ihre Begriffe angewendet werden können" angedeutet, daß der Anwendungsbereich der *Newtonschen Theorie* für beschränkt gehalten wird.

„Newton, verzeih mir", schrieb Einstein: „Du fandest den einzigen Weg, der zu deiner Zeit für einen Menschen von höchster Denk- und Gestaltungskraft eben noch möglich war. Die Begriffe, die du schufst, sind auch jetzt noch führend in unserem physikalischen Denken, obwohl wir nun wissen, daß sie durch andere, der unmittelbaren Erfahrung ferner stehende, ersetzt werden müssen, wenn wir ein tieferes Begreifen der Zusammenhänge anstreben."

Die *klassische Mechanik* NEWTONS ruhte – neben den Begriffen der absoluten Zeit und des absoluten Raumes – auf der Vorstellung einer instantanen Fernkraft. Der mathematische Ausdruck dafür ist das *Newtonsche Massenanziehungsgesetz*. Demgegenüber ist der wesentliche Inhalt der *Speziellen Relativitätstheorie* von 1905: Jede Energie kann sich höchstens mit Lichtgeschwindigkeit ausbreiten. Damit wird auch für die Gravitation eine Wirkung fortschreitend von Raumpunkt zu Raumpunkt gefordert, das heißt mathematisch eine Feldtheorie. Die *Allgemeine Relativitätstheorie* erfüllt diese Forderung.

Die Kollegen fanden die Gedanken EINSTEINS „fesselnd und aufregend, aber schwierig, fast zum Fürchten". MAX BORN nahm Sonderdrucke mit auf seine Hochzeitsreise und verbrachte damit viele Stunden.

In Wien beschäftigte sich mit der EINSTEINschen Theorie auch WOLFGANG PAULI, damals noch Schüler des Döblinger Gymnasiums. Als PAULI im Oktober 1918 zum Studium der Physik an die Universität München kam, hatte er eine druckreife Abhandlung im Gepäck, eine Anwendung der Theorie auf die Bewegung des Planeten Merkur. SOMMERFELD registrierte es staunend.

Jede Generation hat ihre Genies. Im 15. Jahrhundert wurden die hochbegabten jungen Menschen von der Malerei und Bildhauerei angezogen. Im 18. Jahrhundert gingen sie nach Wien und schufen sich einen Namen als HAYDN, MOZART und BEETHOVEN. Im 20. Jahrhundert war es durch die *Relativitätstheorie* EINSTEINS die theoretische Physik, die die große Faszination ausübte.

Einstein-Turm in Potsdam. Bewußt gab der Architekt Erich Mendelsohn dem Bauwerk den Charakter eines Monumentes zur Erinnerung an die epochale Bedeutung der Relativitätstheorie.

Die Diskussionen über die *Relativitätstheorie* gingen bald über den engeren Kreis der Fachleute hinaus. Vollends erregten die aus Londen kommenden Nachrichten – die feierliche Bestätigung der Theorie – ungeheures Aufsehen in der Öffentlichkeit. Sensation aber machten nicht so sehr die wissenschaftlichen Aspekte, sondern die politischen: Seit Ende des Krieges lebten die Menschen in Deutschland in einem Zustand ständiger Gereiztheit und Unruhe. Sie mochten sich nicht abfinden mit der Niederlage. Nach dem Inkrafttreten des *Versailler Friedensvertrages* 1920 wirkte der Ausschluß Deutschlands von den olympischen Spielen als neuerliche Ungerechtigkeit und Zurücksetzung.

Als einzige Genugtuung blieben die Erfolge der deutschen Wissenschaft. Von den ehemals „drei Pfeilern deutscher Weltgeltung" stand nach dem Untergang der Militärmacht und der schweren Beeinträchtigung der Industrie allein noch die Wissenschaft aufrecht. „Sie ist heute vielleicht das einzige, um das die Welt Deutschland noch beneidet", konstatierte ADOLF VON HARNACK, der Präsident der *Kaiser-Wilhelm-Gesellschaft*.

Daß nun die Theorie eines deutschen Gelehrten von der höchsten wissenschaftlichen Instanz Englands anerkannt wurde, erfüllte die Menschen mit wilder Freude. Auf dem Gebiet der Wissenschaft war es also den stolzen Briten nicht möglich, so sah und sagte man es, die deutschen Leistungen zu schmähen. Forscher und Staatsmänner fühlten sich in ihrer Entschlossenheit bestärkt, die Spitzenstellung der deutschen Wissenschaft unter allen Umständen zu bewahren. Ungeheure Anstrengungen wurden unternommen, und das in einer Zeit der größten innenpolitischen und wirtschaftlichen Schwierigkeiten.

So kam es auch um die Jahreswende 1919/20 zur Gründung der *Einstein-Stiftung*. Ihre Aufgabe war es, die Mittel für eine moderne astronomische Beobachtungsstätte aufzubringen. Die deutschen Gelehrten, die ja den ersten, ohne ihre Schuld mißglückten Versuch in die Wege geleitet hatten, die *Allgemeine Relativitätstheorie* zu bestätigen, sollten in die Lage versetzt werden, die Forschung auf diesem aussichtsreichen Gebiet wieder aufzunehmen.

In Potsdam bei Berlin entstand das *Einstein-Institut*, bestehend aus Laboratorien und dem 18 Meter hohen Turmteleskop. Das von ERICH MENDELSOHN entworfene Bauwerk, der sogenannte *Einstein-Turm*, fand Beachtung als Erstlingswerk eines neuen architektonischen Stiles. Bewußt gab der Architekt dem Bau den Charakter eines Monumentes zur Erinnerung an die epochale Bedeutung der *Relativitätstheorie*.

Berlin 28. XI. 15.

Lieber Sommerfeld!

Sie dürfen mir nicht böse sein, dass ich erst heute auf Ihren freundlichen und interessanten Brief antworte. Aber ich hatte im letzten Monat eine der aufregendsten, anstrengendsten Zeiten meines Lebens, allerdings auch der erfolgreichsten. Ans Schreiben konnte ich nicht denken.

Ich erkannte nämlich dass meine bisherigen Feldgleichungen der Gravitation gänzlich haltlos waren! Dafür ergaben sich folgende Anhaltspunkte

1) Ich bewies, dass das Gravitationsfeld auf einem gleichförmig rotierenden System den Feldgleichungen nicht genügt.

2) Die Bewegung des Merkur-Perihels ergab sich zu 18" statt 45" pro Jahrhundert.

3) Die Kovarianzbetrachtung in meiner Arbeit vom letzten Jahre liefert die Hamilton-Funktion H nicht. Sie lässt, wenn sie sachgemäss verallgemeinert wird, ein beliebiges H zu. Daraus ergab sich, dass die Kovarianz bezüglich „angepasster" Koordinatensysteme ein Schlag ins Wasser war.

Nachdem so jedes Vertrauen in Resultate und Methode der früheren Theorie gewichen war, sah ich klar, dass nur durch einen Anschluss an die allgemeine Kovariantentheorie, d. h. an Riemanns Kovariante, eine befriedigende Lösung gefunden werden konnte. Die letzten Irrtümer in diesem Kampfe habe ich leider in den Akademie-Arbeiten, die ich Ihnen bald senden kann, verewigt. Das endgültige Ergebnis ist folgendes.

Die Gleichungen des Gravitationsfeldes sind allgemein kovariant. Ist

(ik, lm)

der Christoffel'sche Tensor vierten Ranges, so ist

$$G_{im} = \sum_{kl} g^{kl}(ik, lm)$$

ein symmetrischer Tensor zweiten Ranges. Die Gleichungen lauten

$$G_{im} = -\kappa\left(T_{im} - \frac{1}{2} g_{im} \sum_{\alpha\beta} g^{\alpha\beta} T_{\alpha\beta}\right)$$

Skalar des Energietensors der „Materie", für den ich im Folgenden T schreibe.

Der berühmte Brief Einsteins an Arnold Sommerfeld vom 28. November 1915: Hier teilte Einstein erstmalig die richtigen Formeln der Allgemeinen Relativitätstheorie mit. *Fortsetzung und Schluß siehe Seite 52.*

Es ist natürlich leicht, diese allgemein kovarianten Gleichungen hinzusetzen, schwer aber, einzusehen, dass sie Verallgemeinerungen von Poissons Gleichungen sind, und nicht leicht, einzusehen, dass sie den Erhaltungssätzen Genüge leisten.

Man kann nun die ganze Theorie eminent vereinfachen, indem man das Bezugssystem so wählt, dass $\sqrt{-g} = 1$ wird. Dann nehmen die Gleichungen die Form an,

$$-\sum_l \frac{\partial \left\{ {im \atop l} \right\}}{\partial x_l} + \sum_{\alpha\beta} \left\{ {i\alpha \atop \beta} \right\} \left\{ {m\beta \atop \alpha} \right\} = -\kappa \left(T_{im} - \frac{1}{2} g_{im} T\right)$$

Diese Gleichungen hatte ich schon vor 3 Jahren mit Grossmann erwogen bis auf das zweite Glied der rechten Seite, war aber damals zu dem Ergebnis gelangt, dass sie nicht Newtons Näherung liefere, was irrtümlich war. Den Schlüssel zu dieser Lösung lieferte mir die Erkenntnis, dass nicht

$$\sum g^{l\alpha} \frac{\partial g_{\alpha i}}{\partial x_m},$$

sondern die damit verwandten Christoffel'schen Symbole $\left\{ {im \atop l} \right\}$ als natürlicher Ausdruck für die „Komponente" des Gravitationsfeldes anzusehen ist. Hat man dies gesehen, so ist die obige Gleichung denkbar einfach, weil man nicht in Versuchung kommt, sie behufs allgemeiner Interpretation umzuformen durch Ausrechnen der Symbole.

Das Herrliche, was ich erlebte, war nun, dass sich nicht nur Newtons Theorie als erste Näherung, sondern auch die Perihelbewegung des Merkur (43" pro Jahrhundert) als zweite Näherung ergab. Für die Lichtablenkung an der Sonne ergab sich der doppelte Betrag wie früher.

Freundlich hat eine Methode, um die Lichtablenkung am Jupiter zu messen. Nur die Intriguen armseliger Menschen verhindern es, dass diese letzte wichtige Prüfung der Theorie ausgeführt wird. Dies ist mir aber doch nicht so schmerzlich, weil mir die Theorie besonders auch mit Rücksicht auf die qualitative Bestätigung der Verschiebung der Spektrallinien genügend gesichert erscheint.

Ihre beiden Abhandlungen werde ich jetzt studieren und Ihnen dann wieder zusenden. Herzliche Grüsse

von Ihrem rabiaten

Einstein.

Die Akademie-Arbeiten sende ich dann alle auf einmal.

Seit den Jahren des Streites um den *Darwinismus* hatte keine wissenschaftliche Theorie die Gemüter so sehr erhitzt. Nicht nur die Physiker, sondern jeder wollte wissen, was diese EINSTEINsche *Relativität* eigentlich bedeute, die, wie man hörte, die alten Anschauungen von Raum und Zeit in radikaler Weise umstürze. Die neue Theorie erwies sich dabei selbst für Fachleute als außerordentlich schwierig. Zu einem wirklichen Verständnis vermochten zunächst nur wenige vorzudringen. Gelegentlich wurde in den Zeitungen spekuliert: Wieviel Menschen können EINSTEIN wirklich begreifen? Fünf oder sieben?

Grundlage der *Allgemeinen Relativitätstheorie* war der altbekannte Satz von der Gleichheit der schweren und trägen Masse. Bei den Bewegungsvorgängen hat als fundamentale Eigenschaft der Körper der Begriff „Masse" Bedeutung, für den NEWTON auch „Menge der Materie" gesagt hatte. Die „Masse" spielt erstens eine Rolle bei der sogenannten Schwere- oder Gravitationswirkung, zweitens bei den durch einwirkende Kräfte hervorgerufenen Beschleunigungen. Je mehr Masse ein Körper besitzt, desto „träger" wird er reagieren. Die beiden Fundamentaleigenschaften der Masse, Trägheit und Schwere, gehen nun bemerkenswerterweise immer Hand in Hand. Der doppelt so schwere Körper ist auch genau doppelt so träge.

Hier setzten EINSTEINS Überlegungen an. Stellt man sich vor, daß in einem Raumschiff mit undurchsichtigen Wänden Menschen und physikalische Apparate untergebracht sind, so können die Insassen nicht unterscheiden, ob das Raumschiff auf der Erdoberfläche ruht und folglich einem homogenen Gravitationsfeld ausgesetzt ist, oder ob sich das Raumschiff irgendwo im freien Weltraum fern von allen Himmelskörpern befindet und sich mit einer konstanten Beschleunigung bewegt.

Damals war an eine Weltraumfahrt noch nicht zu denken. EINSTEIN sprach also statt von einem „Raumschiff" von einem „geräumigen Kasten". Heute könnten wir die geschilderte Situation physikalisch realisieren, zu EINSTEINS Zeiten handelte es sich um einen der typischen „Gedankenversuche", die er so sehr liebte.

Wenn im Sonderfall eines homogenen Gravitationsfeldes Schwere und Trägheit nur verschiedene Ausdrucksweisen für ein- und denselben physikalischen Sachverhalt sind, dann wird das, so lautete EINSTEINS Hypothese, auch allgemein gelten: „In einem homogenen Gravitationsfeld gehen alle Bewegungen so vor sich wie bei Abwesenheit eines Gravitationsfeldes in bezug auf ein gleichförmig beschleunigtes Koordinationssystem. Galt dieser Satz für beliebige Vorgänge (*Äquivalenzprinzip*), so war dies ein Hinweis darauf, daß das *Relativitätsprinzip* auf ungleichförmig gegeneinander bewegte Koordinatensysteme erweitert werden mußte, wenn man zu einer ungezwungenen Theorie des Gravitationsfeldes gelangen wollte."

Im Jahre 1908 hatte der Göttinger Mathematiker HERMANN MINKOWSKI in Köln seinen berühmten Vortrag über Raum und Zeit gehalten. Dabei hatte er den dreidimensionalen Raum und die Zeit mathematisch zu einer vierdimensionalen Raum-Zeit-Welt zusammengefaßt. EINSTEIN entdeckte, daß die Struktur dieses Raumes, anschaulich gesprochen seine Krümmung, von der Materieverteilung im Raum bestimmt wird.

1916. №7.

ANNALEN DER PHYSIK.

VIERTE FOLGE. BAND 49.

1. *Die Grundlage der allgemeinen Relativitätstheorie; von A. Einstein.*

Die im nachfolgenden dargelegte Theorie bildet die denkbar weitgehendste Verallgemeinerung der heute allgemein als „Relativitätstheorie" bezeichneten Theorie; die letztere nenne ich im folgenden zur Unterscheidung von der ersteren „spezielle Relativitätstheorie" und setze sie als bekannt voraus. Die Verallgemeinerung der Relativitätstheorie wurde sehr erleichtert durch die Gestalt, welche der speziellen Relativitätstheorie durch Minkowski gegeben wurde, welcher Mathematiker zuerst die formale Gleichwertigkeit der räumlichen Koordinaten und der Zeitkoordinate klar erkannte und für den Aufbau der Theorie nutzbar machte. Die für die allgemeine Relativitätstheorie nötigen mathematischen Hilfsmittel lagen fertig bereit in dem „absoluten Differentialkalkül", welcher auf den Forschungen von Gauss, Riemann und Christoffel über nichteuklidische Mannigfaltigkeiten ruht und von Ricci und Levi-Civita in ein System gebracht und bereits auf Probleme der theoretischen Physik angewendet wurde. Ich habe im Abschnitt B der vorliegenden Abhandlung alle für uns nötigen, bei dem Physiker nicht als bekannt vorauszusetzenden mathematischen Hilfsmittel in möglichst einfacher und durchsichtiger Weise entwickelt, so daß ein Studium mathematischer Literatur für das Verständnis der vorliegenden Abhandlung nicht erforderlich ist. Endlich sei an dieser Stelle dankbar meines Freundes, des Mathematikers Grossmann, gedacht, der mir durch seine Hilfe nicht nur das Studium der einschlägigen mathematischen Literatur ersparte, sondern mich auch beim Suchen nach den Feldgleichungen der Gravitation unterstützte.

Annalen der Physik. IV. Folge. 49. 50

1916 veröffentlichte Albert Einstein nach „mancherlei Irrtümern" die endgültige Form der Allgemeinen Relativitätstheorie in den Annalen der Physik, 4. Folge, Band 49, Seiten 769 bis 822.

Schon einhundert Jahre zuvor hatte der große Göttinger Mathematiker CARL FRIEDRICH GAUSS die Frage gestellt: Welche Art von Geometrie ist in unserer Welt verwirklicht? Die Winkelsumme im Dreieck beträgt, wie jeder Schüler lernt, 180 Grad. Dieser Satz gilt aber nur für die *Euklidische Geometrie*. Freilich ist im Kleinen jede Geometrie näherungsweise euklidisch. Wie ist es aber, wenn man ein großes Dreieck nimmt, gebildet aus drei weit voneinander entfernten Bergspitzen?

Beauftragt mit der Hannoveranischen Landesvermessung hat GAUSS das Dreieck Brocken, Inselsberg und Hohenhagen sehr genau ausgemessen. Es ergab sich aber wieder – innerhalb der Meßgenauigkeit – eine Winkelsumme von 180 Grad. Heute wissen wir, daß das von GAUSS gewählte Dreieck noch viel zu klein war. Erst im astronomischen Maßstab können sich Abweichungen zeigen.

Die Materieverteilung im Raum bestimmt seine Krümmung. Das war EINSTEINS physikalischer Gedanke. Um diesen mathematisch durchführen zu können, mußte er sich mit der von GAUSS begründeten und von BERNHARD RIEMANN weiter ausgeführten Theorie der höheren Flächen beschäftigen. „Das eine ist sicher", berichtete EINSTEIN, „daß ich mich in meinem Leben noch nicht annähernd so geplagt habe und daß ich große Hochachtung für die Mathematik eingeflößt bekommen habe, die ich bis jetzt in ihren subtileren Teilen in meiner Einfalt als puren Luxus ansah. Gegen dies Problem ist die ursprüngliche [*Speziel-le*] *Relativitätstheorie* eine Kinderei."

Im November 1915 war es EINSTEIN nach mancherlei Irrtümern endlich gelungen, die Feldgleichungen der Gravitation zu finden: „Von der *Allgemeinen Relativitätstheorie* werden Sie überzeugt sein, wenn Sie dieselbe studiert haben werden. Deshalb verteidige ich sie Ihnen mit keinem Wort." Das hatte EINSTEIN an ARNOLD SOMMERFELD geschrieben. Tatsächlich wurde dieser einer der ersten Anhänger der Theorie und hat in seinen Vorlesungen Generationen von Physikstudenten mit den Grundgedanken vertraut gemacht.

Zunächst aber blieb auch für viele Physiker und wohl ausnahmslos alle physikalischen Laien die EINSTEINsche Theorie ein Buch mit sieben Siegeln. Unverständnis aber birgt Gefahr.

Am Ende des Weltkrieges war das scheinbar so fest gefügte Gebäude des Wilhelminischen Staates zusammengebrochen. Um die neuen Formen des politischen Lebens tobten heftige Auseinandersetzungen. In Kunst und Literatur brachen sich ebenso neue Ausdrucksformen Bahn – was Wunder, daß die EINSTEIN*sche Relativitätstheorie* in breiten Kreisen dahingehend mißverstanden wurde, daß EINSTEIN behauptet oder bewiesen habe, „alles ist relativ."

In dem Für und Wider um die *Relativitätstheorie* spielte in der politisch gespannten Atmosphäre EINSTEINS jüdische Abstammung eine erhebliche Rolle. Die Publizität, die EINSTEIN – wider seinen Willen – gewonnen hatte, wurde von seinen Gegnern als für den jüdischen Geist typische Marktschreierei ausgelegt und eine Verabredung EINSTEINS mit der „jüdischen" Presse unterstellt.

Die *Relativitätstheorie*, in Deutschland zunächst, weil sie den britischen Gelehrten Respekt abgenötigt, als „nationale Tat" gefeiert, galt nun als „jüdischer Weltbluff". Diesen Meinungsumschlag auf der rechten, der „völkischen" Seite des politischen Spektrums hat EINSTEIN selbst früh vorausgesehen. Als er, kurz nach der gemeinsamen Sitzung der *Royal Society* und der *Royal Astronomical Society* von der Londoner „Times" um einen Aufsatz gebeten wurde, gab er, wie er schrieb, „zum Ergötzen des Lesers" noch eine Anwendung der *Relativitätstheorie*: „Heute werde ich in Deutschland als ‚Deutscher Gelehrter', in England als ‚Schweizer Jude' bezeichnet. Sollte ich aber einst in die Lage kommen, als ‚bête noire' präsentiert zu werden, dann wäre ich umgekehrt für die Deutschen ein ‚Schweizer Jude', für die Engländer ein ‚Deutscher Gelehrter'."

So ähnlich kam es auch, jedenfalls in Deutschland. In Berlin bildete sich, unter Führung eines völlig unbekannten PAUL WEYLAND, eine *Arbeitsgemeinschaft deutscher Naturforscher zur Erhaltung reiner Wissenschaft*. Die von EINSTEIN ironisch als „anti-relativitätstheoretische GmbH" bezeichnete Gesellschaft bekämpfte die EINSTEINsche Theorie als jüdische Anmaßung und Vergiftung deutschen Gedankengutes. In einem Artikel in der „Täglichen Rundschau" nannte WEYLAND seinen Gegner ALBERT EINSTEIN spöttisch einen neuen ALBERTUS MAGNUS. Der Vergleich kommt uns heute geradezu naheliegend vor: In seiner Epoche konnte jeder der beiden als der größte unter den Gelehrten gelten, ALBERTUS MAGNUS im 13. Jahrhundert, ALBERT EINSTEIN im 20. WEYLAND aber vermochte mit seinen abgeschmackten Witzchen weder dem einen noch dem anderen gerecht zu werden: „Herr ALBERT MAGNUS ist neu erstanden, guckte in die ernsten Arbeiten stiller Denker wie RIEMANN, MINKOWSKI, LORENTZ, MACH, GERBER, PALÁGYI und andere mehr, räusperte sich und sprach ein großes Wort gelassen aus. Die Wissenschaft staunte. Die Öffentlichkeit war starr. Alles brach zusammen. Herr EINSTEIN spielte mit der Welt Fangball. Er brauchte nur zu denken, und flugs relativierte sich alles Geschehen und Werden."

Wer war dieser PAUL WEYLAND, der den Schöpfer der *Relativitätstheorie* mit so fadem Spott traktierte? Er scheint „gar kein Fachmann zu sein", konstatierte EINSTEIN: „Arzt? Ingenieur? Politiker? Ich konnt's nicht erfahren."

Was damals EINSTEIN und den Berliner Physikern nicht gelungen ist, hat später auch die EINSTEIN-Biographen vergeblich beschäftigt. „Manchmal, ganz selten zu allen Zeiten", so etwa hatte STEFAN ZWEIG in seinen „Sternstunden der Menschheit" geschrieben, „tritt ein ganz Unwürdiger auf die Weltbühne, um alsbald wieder zurückzusinken in das Nichts." So spielte in der Geschichte der Wissenschaft PAUL WEYLAND nur einmal eine kurze und unrühmliche Rolle.

Am 24. August 1920 organisierte WEYLAND im großen Saal der Berliner Philharmonie eine Massenversammlung gegen die *Relativitätstheorie*. Hier führte er das große Wort. „Mit schwerem Geschütz", so berichtete die Vossische Zeitung, „rückte Herr PAUL WEYLAND an. Er wandte sich gegen die ‚EINSTEINschen Fiktionen', ohne auch nur mit einem Wort zu erklären, worin diese eigentlich beständen. Physiker, die für EINSTEIN eintraten, wurden gehörig verdächtigt, dieser selber beschuldigt, daß er und seine Freunde die Tagespresse und sogar die Fachpresse zu Reklamezwecken für die *Relativitätstheorie* eingespannt hätten. Da man immer noch nicht erfuhr, worum es sich eigentlich handelte, erscholl wiederholt der Ruf: ‚Zur Sache!'. Herr PAUL WEYLAND erwiderte auf diese freundliche Aufforderung: ‚Es sind entsprechende Maßnahmen getroffen, um Skandalmacher an die Luft zu setzen!' Nach etlichen Ausfällen gegen die Professorenclique, wobei der Redner bei SCHOPENHAUER fleißige Anleihe machte, wurde über die geistige Verflachung unseres Volkes geklagt ... Daneben klang eine antisemitische Note an, und EINSTEIN wurde ohne weiteres vorgeworfen, daß seine Formeln über die Perihelbewegung des Merkur einfach abgeschrieben worden seien."

Albert Einstein (links) mit seinem ältesten Sohn Hans-Albert in seiner Berliner Wohnung 1927. Der Sohn war nur besuchsweise in Berlin, er lebte bei seiner Mutter, der geschiedenen Frau Einsteins. ▷

Empfang in der Reichskanzlei 1931 in Berlin. Zu sehen sind von links nach rechts: Plancks Sohn Erwin, damals Oberregierungsrat, später Staatssekretär in der Reichskanzlei, Einstein, Ministerialrat Feßler, Max Planck. Einstein, Max und Erwin Planck trafen sich häufig zu Trioabenden: Max Planck (Klavier), Albert Einstein (Geige) und Erwin Planck (Cello). Nach den Ereignissen des 20. Juli 1944 wurde Erwin Planck von den Nationalsozialisten hingerichtet.

Albert Einstein: „Ich fühle mich als nirgends wurzelnder Mensch. Die Asche meines Vaters liegt in Mailand. Meine Mutter habe ich vor einigen Tagen hier zu Grabe getragen. Ich selbst bin unausgesetzt herumgegondelt – überall ein Fremder. Meine Kinder sind in der Schweiz unter solchen Umständen, daß es für mich an ein umständliches Unternehmen geknüpft ist, wenn ich sie sehen will." Photo von Dr. Erich Salomon.

Der auf diese Weise Geschmähte war selbst im großen Saal anwesend. Mit seiner Stieftochter saß er in einer Loge; ab und zu lächelte er. Es war aber wohl eher ein schmerzliches Lächeln als ein belustigtes.
Nach den persönlichen Vorwürfen der „Reklamesucht" und des „Plagiats" kam WEYLAND, von den Zwischenrufern gemahnt, zur Sache, zur *Relativitätstheorie*. Diese war für ihn nichts weiter als eine „Massensuggestion", Produkt einer geistig verwirrten Zeit, wie sie anderes Abstoßende schon die Menge hervorgebracht habe. So steigerte sich der Demagoge bis zu dem Satz: *Die Relativitätstheorie* ist wissenschaftlicher *Dadaismus*.
Damit war die Verbindung hergestellt zwischen „entarteter Wissenschaft" und dem, was später einmal, während des Dritten Reiches, „entartete Kunst" heißen sollte. Der *Dadaismus* war eine im Gefolge des Ersten Weltkrieges entstandene neue Kunstrichtung; das „absurde Theater" von heute und die „Pop-Art" sind Fortsetzungen. Sein Ziel, beim biederen Bürger eine Schockwirkung zu erzielen, hat der *Dadaismus* jedenfalls damals vollkommen erreicht. Der Vergleich der *Allgemeinen Relativitätstheorie* mit dem *Dadaismus* war diabolisch: Die Formeln EINSTEINS mußten auf den physikalischen Laien tatsächlich so unverständlich wirken wie das Wortgestammel dadaistischer Gedichte. Zudem besaß EINSTEIN, wie man wußte, pazifistische und sozialistische Sympathien – was der politischen Tendenz der Dadaisten entsprach.
So sollte gegen den *Dadaismus* und gegen den *wissenschaftlichen Dadaismus* der *Relativitätstheorie* das „gesunde Volksempfinden" mobilisiert werden. Diese Taktik wurde später von den Nationalsozialisten zur Meisterschaft entwickelt.
Die gegen ihn geschürten Emotionen sollte EINSTEIN sogleich zu spüren bekommen. Täglich brachte die Post anonyme Drohungen. „Wie weit die Verhetzung geht", berichtete MAX VON LAUE, „davon hat meine Frau gestern abend selbst ein Beispiel erlebt: Meine Frau will zu EINSTEIN, tritt in sein Haus und ist im ersten Augenblick nicht ganz sicher, ob es das richtige ist. Sie fragt darum einen gut gekleideten Herrn, der gleichzeitig eingetreten ist und anscheinend dort wohnt: ‚Wohnt hier Professor EINSTEIN?' Antwort: ‚Leider noch immer.'"
Vor allem dank seiner zweiten Frau ELSA, die schon lange in Berlin lebte, hatte Einstein sich in der Reichshauptstadt gut eingelebt. „Heimat" ist ihm Berlin freilich nicht geworden. „Ich fühle mich als nirgends wurzelnder Mensch", schrieb er an MAX BORN: „Die Asche meines Vaters liegt in Mailand. Meine Mutter habe ich vor einigen Tagen hier zu Grabe getragen. Ich selbst bin unausgesetzt herumgegondelt – überall ein Fremder. Meine Kinder sind in der Schweiz unter solchen Umständen, daß es für mich an ein umständliches Unternehmen geknüpft ist, wenn ich sie sehen will. So ein Mensch wie ich denkt es sich als Ideal, mit den Seinen irgendwo zu Hause zu sein."
Da ihm Berlin aber einzigartige Arbeitsbedingungen und den Gedankenaustausch mit den hervorragendsten Fachkollegen bot, so fühlte er sich hier wenigstens in wissenschaftlicher Hinsicht gut aufgehoben. Die ständigen Nadelstiche der Antisemiten veranlaßten ihn zu einem berühmt gewordenen Vergleich: „Ich komme mir vor wie jemand, der in einem guten Bett liegt, aber von Wanzen geplagt wird."

INSTITUT
FÜR THEORET. PHYSIK
MÜNCHEN, UNIVERSITÄT,
LUDWIGSTRASSE 17.

MÜNCHEN, DEN 3. September 1920.

Lieber Einstein!

Mit wahrer Wut habe ich, als Mensch und als Vorsitzender der Phys. Ges., die Berliner Hetze gegen Sie verfolgt. Eine warnende Bitte an Wolf-Heidelberg, er möchte die Finger davon lassen, war überflüssig. Sein Name ist, wie er Ihnen ausgesprochen geschrieben hat, einfach missbraucht worden. Ebenso wird es gewiss mit Lenard stehen. Eine feine Sorte, die Weyland – Gehrcke!

Heute habe ich mit Planck beraten, was auf der Naturforscher-Gesellschaft zu tun ist. Wir wollen dem Vorsitzenden, meinem Collegen v. Müller, eine scharfe Abwehr gegen die „wissenschaftl." Demagogie und eine Vertrauenskundgebung für Sie in den Mund legen. Es soll nicht darüber förmlich abgestimmt ~~werden~~ sondern nur als Ausfluss des wissenschaftl. Gewissens vorgebracht werden.

Von Deutschland fortgehen dürfen Sie aber nicht! Ihre ganze Arbeit wurzelt in der deutschen (+ holländischen) Wissenschaft; nirgends finden Sie soviel Verständnis wie in Deutschland. Deutschl. jetzt, wo es so namenlos von allen Seiten misshandelt wird, zu verlassen, sähe Ihnen nicht gleich. Noch eins: mit Ihren Ansichten wären Sie in Frankreich, England, Amerika während des Krieges sicher eingesperrt worden, wenn Sie sich wie ich nicht zweifle dann gegen die Entente und ihr Lügensystem gewandt hätten (vgl. Jaurès, Russel, Caillaux etc).

Dass Sie, ausgerechnet Sie, sich ernstlich dagegen verteidigen müssen, dass Sie ~~nicht~~ abschreiben und die Kritik scheuen, ist ja wirklich ein Hohn auf jede Gerechtigkeit und Vernunft. –

Die süddeutschen Monatshefte haben Sie um einen Artikel gebeten und sorgen sehr um Ihre Antwort. Sie können sie auch, wenn es Ihnen lieber ist, an mich geben. Aber wir müssen sie wegen der weiteren Einleitung so bald als irgend möglich haben. Die Süddeutschen werden viel gelesen und sind ein angesehenes Organ; Sie können darin nebenbei auch gegen die „Wanzen" Stellung nehmen. Ihre Erklärung im Berliner Tageblatt habe ich nicht gelesen, sie wird ~~aber~~ von anderen nicht als sehr glücklich und Ihnen nicht ganz ähnlich beurteilt. Das mit den Wanzen aber war gut. Das B.T. scheint mir eigentlich nicht der rechte Ort um mit den Radau-Antisemiten abzurechnen. Es würde uns sehr freuen, wenn Sie bei den Südd. mittäten.

Ich hoffe, Sie haben inzwischen schon wieder Ihr philosophisches Lachen gefunden, und das Mitleid mit Deutschland, dessen Qualen sich wie überall in Pogromen äussern. Aber nichts von Fahnenflucht!

Herzlich Ihr
A. Sommerfeld.

Ich habe Grebe gebeten, in Nauheim seine Aufnahmen zu demonstrieren. Er wird es tun. Für die Diskussion scheint mir diese Frage jetzt am wichtigsten. Sie werden doch sicher nach Nauheim kommen?

Brief von Arnold Sommerfeld an Albert Einstein vom 3. September 1920: „Mit wahrer Wut habe ich, als Mensch und als Vorsitzender der Deutschen Physikalischen Gesellschaft, die Berliner Hetze gegen Sie verfolgt."

Lieber Sommerfeld! 6. IX. 20.

Ich hatte in der That jenem Unternehmen gegen mich zu viel Bedeutung zugeschrieben, indem ich glaubte, dass ein grosser Teil unserer Physiker dabei beteiligt sei. So dachte ich wirklich zwei Tage lang an „Fahnenflucht", wie Sie das nennen. Bald aber kam die Besinnung und die Erkenntnis, dass es falsch wäre, den Kreis meiner bewährten Freunde zu verlassen. Den Artikel hätte ich vielleicht nicht schreiben sollen. Aber ich wollte verhindern, dass mein dauerndes Schweigen zu den Einwänden und Beschuldigungen, welche systematisch wiederholt werden, als Zustimmung gedeutet werden. Schlimm ist, dass jede Äusserung von mir von Journalisten geschäftlich verwertet wird. Ich muss mich sehr abschliessen.

Den Artikel in die Südd. Monatshefte kann ich unmöglich schreiben. Ich wäre schon froh, wenn ich mit meinen Briefschulden fertig würde. Eine Art Erklärung in Nauheim wäre vielleicht dem Auslande gegenüber, überhaupt aus Gründen der Reinlichkeit, wohl am Platze. Gedruckt aber sollte so etwas keinesfalls geschehen; denn ich bin schon wieder vergnügt und zufrieden und lese nichts, was über mich gedruckt wird, ausser wirklich Sachliches.

Grebes Photogramme erscheinen bald in der Zeitschr. für Physik. Sie sind wirklich überzeugend, d. h. sie widerlegen die bisherigen Befunde über die Nichtexistenz des Verschiebungseffektes. Für eine endgültige Entscheidung der Frage der Rotverschiebung wird aber noch viel gründliche Arbeit nötig sein. Ich komme auch nach Nauheim und glaube, dass es dort recht interessant werden wird.

Indem ich Ihnen für Ihren freundlichen Brief bestens danke bin ich mit herzlichem Gruss

Ihr Einstein.

Antwort Einsteins an Sommerfeld am 6. September 1920: „Bald kam [bei mir] die Erkenntnis, daß es falsch wäre, den Kreis meiner bewährten Freunde zu verlassen."

Für das „Berliner Tageblatt" schrieb er seine Antwort an die „anti-relativitätstheoretische GmbH": „Es wird mir vorgeworfen, daß ich für die *Relativitätstheorie* eine geschmacklose Reklame betreibe. Ich kann wohl sagen, daß ich zeitlebens ein Freund des wohlerwogenen, nüchternen Wortes und der knappen Darstellung gewesen bin. Vor hochtönenden Phrasen und Worten bekomme ich eine Gänsehaut, mögen sie von sonst etwas oder von Relativitätstheorie handeln. Ich habe mich oft lustig gemacht über Ergüsse, die nun zuguterletzt mir aufs Konto gesetzt werden."

Daß es nötig war, sich auf diesem Niveau zu verteidigen, deprimierte EINSTEIN. Dazu kam Kritik von Freunden, wohlmeinenden Freunden, die freilich aus der Ferne die Wirkung der systematischen Hetzkampagne nicht zu beurteilen vermochten.

EINSTEIN resignierte. Warum sollte er sich all dem weiter aussetzen? Am 27. August 1920 meldeten die Zeitungen, daß die *Arbeitsgemeinschaft deutscher Naturforscher* mit Herrn PAUL WEYLAND an der Spitze offenbar bereits ihr Hauptziel erreicht hatte: „ALBERT EINSTEIN, angewidert von den alldeutschen Anrempelungen und den pseudowissenschaftlichen Methoden seiner Gegner, will der Reichshauptstadt und Deutschland den Rücken kehren. So also steht es im Jahre 1920 um die geistige Kultur Berlins! Ein deutscher Gelehrter von Weltruf, den die Holländer als Ehrenprofessor nach Leiden berufen, ... dessen Werk über die *Relativitätstheorie* als eines der ersten deutschen Bücher nach dem Kriege in englischer Sprache erscheint: Ein solcher Mann wird aus der Stadt, die sich für das Zentrum deutscher Geistesbildung hält, herausgeekelt. Eine Schande!"

In mehreren Briefen berichtete MAX VON LAUE nach München an ARNOLD SOMMERFELD, der damals als Vorsitzender der *Deutschen Physikalischen Gesellschaft* amtierte: „Meine Bitte, eine Resolution gegen die *Arbeitsgemeinschaft deutscher Naturforscher* zustande zu bringen, haben Sie wohl schon erhalten und hoffentlich auch schon überlegt, wie das einzuleiten ist. Wenn etwas noch geeignet ist, Ihren Eifer anzuregen, so ist es gewiß die Mitteilung, daß EINSTEIN und seine Frau fest entschlossen zu sein scheinen, wegen dieser Anfeindungen Berlin und Deutschland überhaupt bei nächster Gelegenheit zu verlassen. Dann erlebten wir zu allem sonstigen Unglück also auch noch, daß national sein wollende Kreise einen Mann vertreiben, auf den Deutschland stolz sein konnte, wie nur auf ganz wenige. Man kommt sich manchmal vor, als lebte man in einem Tollhaus."

SOMMERFELD war gleich bedeutend als Forscher wie als Universitätslehrer. Seine Studenten nannten ihn, wegen seines martialisch anmutenden Schnurrbartes, den „alten Husarenoberst“. Über die Kampagne gegen EINSTEIN war er zutiefst empört: „Mit wahrer Wut habe ich, als Mensch und als Vorsitzender der *Physikalischen Gesellschaft*, die Berliner Hetze gegen Sie verfolgt“, schrieb er an EINSTEIN: „Eine warnende Bitte an WOLF-HEIDELBERG, er möchte die Finger davon lassen, war überflüssig. Sein Name ist, wie er Ihnen inzwischen geschrieben hat, einfach mißbraucht worden. Ebenso wird es gewiß mit LENARD stehen. Eine feine Sorte, die WEYLAND-GEHRCKE! ... Von Deutschland fortgehn dürfen Sie aber nicht! Ihre ganze Arbeit wurzelt in der deutschen (+ holländischen) Wissenschaft; nirgends findet sie soviel Verständnis wie in Deutschland. Deutschland jetzt, wo es so namenlos von allen Seiten mißhandelt wird, zu verlassen, sähe Ihnen nicht gleich ... Daß Sie, ausgerechnet Sie, sich ernstlich dagegen verteidigen müssen, daß Sie abschreiben und Kritik scheuen, ist ja wirklich ein Hohn auf jede Gerechtigkeit und Vernunft ... Ich hoffe, Sie haben inzwischen schon wieder Ihr philosophisches Lachen gefunden und das Mitleid mit Deutschland, dessen Qualen sich wie überall in Progromen äußern. Aber nichts von Fahnenflucht.“

Leider trog SOMMERFELDS Hoffnung, was PHILIPP LENARD betraf. LENARDS ursprüngliche Hochachtung vor EINSTEINS wissenschaftlichen Leistungen hatte sich – wohl hauptsächlich unter dem Eindruck der Weltberühmtheit, die EINSTEIN innerhalb weniger Monate gewonnen hatte – in eine unüberbrückbare Gegnerschaft verwandelt. Aus freien Stücken setzte er sich an die Spitze der EINSTEIN-Gegner.

„Wissenschaftliche“ Kampfmethoden.

E. V. Zu dem von der Arbeitsgemeinschaft deutscher Naturforscher gegen Einsteins Relativitätstheorie veranstalteten Vortragsabend sind uns zahlreiche Zuschriften von Physikern und anderen Gelehrten zugegangen, die sich alle mit gleicher Entschiedenheit gegen die Art und Weise wenden, mit der hier Wissenschaftler eine wissenschaftliche Kontroverse führen, besonders gegen die Art, in welcher der erste Redner des Abends, Herr Paul Weyland, eine wissenschaftliche Entdeckung zu bekämpfen beliebte. Daß der zweite Redner, Professor Gehrcke sich bemühte, sachlich zu sein und sogar nicht ganz unwesentliches Material für die kritische Untersuchung der Grenzen des Relativitätsprinzips beibrachte, ist bereits erwähnt worden. Jeder wirklich wissenschaftlich Interessierte wird den lebhaften Wunsch haben, daß eine so unser ganzes Weltbild verändernde Entdeckung, deren letzte Beweise der völlig einwandfreien Deutung vielleicht teilweise noch ermangeln, gerade auch die Kritik auf den Plan ruft, damit durch Einspruch und Gegeneinwand, durch Beweis und Gegenbeweis das Problem bis auf das letzte geklärt wird. Er wird sich aber gegen die von der Arbeitsgemeinschaft deutscher Naturforscher beliebte Kampfesweise mit aller Entschiedenheit verwahren.

Wir veröffentlichen von den Zuschriften nur eine einzige, die aber durch das Gewicht der unterzeichneten Namen für viele wiegt.

„In der gestrigen Versammlung in der Philharmonie, auf der Einsteins Relativitätsprinzip beleuchtet werden sollte, sind nicht nur gegen seine Theorie, sondern zum tiefsten Bedauern der Unterzeichneten Einwände gehässiger Art auch gegen seine wissenschaftliche Persönlichkeit erhoben worden. Es kann nicht unsere Aufgabe sein, uns an dieser Stelle über die beispiellos tiefe Gedankenarbeit näher zu äußern, die Einstein zu seiner Relativitätstheorie geführt hat. Überraschende Erfolge sind bereits erzielt, die weitere Prüfung muß natürlich Sache der künftigen Forschung bleiben. Dagegen möchten wir, was gestern mit keinem Wort berührt wurde, betonen, daß, auch abgesehen von Einsteins relativistischen Forschungen, seine sonstigen Arbeiten ihm einen unvergänglichen Platz in der Geschichte unserer Wissenschaft sichern; dementsprechend kann sein Einfluß auf das wissenschaftliche Leben nicht nur Berlins, sondern ganz Deutschlands kaum überschätzt werden.

Wer die Freude hat, Einstein näher zu stehen, weiß, daß er von niemand in der Achtung fremden geistigen Eigentums, persönlicher Bescheidenheit und Abneigung gegen Reklame übertroffen wird. Es scheint uns eine Forderung der Gerechtigkeit, ungesäumt dieser unserer Ueberzeugung Ausdruck zu geben, um so mehr, als dazu gestern abend keine Gelegenheit geboten wurde.“

v. Laue. Nernst. Rubens.

Haenisch an Einstein.

Wie „W. T. B.“ meldet, hat anläßlich der jüngsten Vorgänge der preußische Unterrichtsminister folgenden Brief an Prof. Albert Einstein gerichtet:

Hochverehrter Herr Professor! Mit Empfindungen des Schmerzes und der Beschämung habe ich aus der Presse ersehen, daß die von Ihnen vertretene Lehre in der Oeffentlichkeit Gegenstand gehässiger, über den Rahmen sachlicher Beurteilung hinausgehender Angriffe gewesen und daß selbst Ihre wissenschaftliche Persönlichkeit von Verunglimpfungen und Verleumdungen nicht verschont geblieben ist.

Eine besondere Genugtuung ist es mir, daß diesem Vorgehen gegenüber Gelehrte von anerkanntem Rufe, u. a. auch hervorragende Vertreter der Berliner Universität, sich zu Ihnen bekennen, die nichtswürdigen Angriffe gegen Ihre Person zurückweisen und daran erinnern, wie Ihre wissenschaftliche Arbeit Ihnen einen unvergänglichen Platz in der Geschichte unserer Wissenschaft sichert.

Wo sich die besten für sie einsetzen, wird es Ihnen um so leichter fallen, solch häßlichem Treiben keine weitere Beachtung zu schenken. Ich darf deshalb wohl auch der bestimmten Hoffnung Ausdruck geben, daß die Gerüchte nicht der Wahrheit entsprechen, Sie wollten jener häßlichen Angriffe wegen Berlin verlassen, das Stolz darauf war und stets Stolz darauf bleiben wird, Sie hochverehrter Herr Professor, zu den ersten Zierden seiner Wissenschaft zu zählen.

Mit dem Ausdruck meiner ganz besonderen Wertschätzung
Ihr aufrichtig ergebener

Haenisch.

Solidaritätskundgebungen für Einstein (1920). Links von den Berliner Kollegen Laue, Nernst und Rubens, rechts vom preußischen Kultusminister Konrad Haenisch.

Sonnenfinsternisexpedition von Erwin Freundlich nach Sumatra zur experimentellen Prüfung der Allgemeinen Relativitätstheorie 1929.

Eine Aufnahme der Sonnenfinsternis. Durch die Ablenkung der Lichtstrahlen am Sonnenrand erscheinen die sonnennahen Sterne ein wenig verschoben.

Lenard war damals knapp sechzigjährig. Er hatte 1905 den Nobelpreis für seine *Kathodenstrahlexperimente* erhalten. Nach dem Krieg war sein Ansehen durch das Ungestüm des politischen Auftretens gesunken, und eingeweihte Kollegen hegten Zweifel an seiner Sachkompetenz in Fragen der theoretischen Physik. Trotzdem mußte Lenard als wissenschaftliche Größe ersten Ranges gelten.
Im gleichen Jahre 1905, als Lenard im Zenit seines Erfolges stand, hatte Einstein als junger Beamter am Schweizerischen Patentamt in Bern seine *Spezielle Relativitätstheorie* und zwei weitere epochemachende Arbeiten veröffentlicht. Seither hatte er sich, wie Laue, Nernst und Rubens konstatierten, „einen unvergänglichen Platz in der Geschichte unserer Wissenschaft" gesichert.
Bei der Versammlung der *Gesellschaft Deutscher Naturforscher und Ärzte* in Bad Nauheim kam es am 23. September 1920 zum Zusammenstoß. Die Diskussion über die *Relativitätstheorie* wurde zum dramatischen Zweikampf zwischen Einstein und Lenard.
Der große Saal des Badehauses in Bad Nauheim und die Galerie waren voll besetzt. Fast alle namhaften deutschen Physiker waren zugegen. Der Sonderkorrespondent des „Berliner Tageblattes" berichtete: „Planck eröffnete die Diskussion. Einstein ist der erste Redner. Unwillkürlich tritt feierliche Stille ein ... Es handelt sich zuerst um die Vorträge. Dann kommt die Generaldiskussion über die *Relativitätstheorie*. Sie ist ein Zwiegespräch zwischen Geheimrat Lenard (Heidelberg) und Einstein, der sein eigener Anwalt ist ... Es kommt Leben in die Menge. Die Blicke konzentrieren sich auf die beiden Gegner. Es ist wie ein Turnier. Lenard läßt nicht locker, aber Einstein pariert vorzüglich. Hinter mir steht Weyland, der Berliner Einstein-Töter. Auf dem Boden dieser wissenschaftlichen Versammlung hält sich Weyland im Hintergrund der Ereignisse und gibt sein Interesse nur durch nervöses Schütteln der Mähne und leise Beifallsrufe bei Lenards Worten zu erkennen."
Mit der gewohnten Sachlichkeit führte Planck den Vorsitz. Schwer empfand er seine Verantwortung. Die deutsche Wissenschaft rang um ihre Anerkennung in der Welt; ein Tumult beim Kongreß der größten wissenschaftlichen Gesellschaft des Landes – das wäre eine Katastrophe für das Ansehen des deutschen Geistes gewesen. Ruhig, ein wenig zeremoniell, erteilte er den Kontrahenten abwechselnd das Wort.
Lenard: „Ich bewege mich nicht in Formeln, sondern in den tatsächlichen Vorgängen im Raume. Das ist die Kluft zwischen Einstein und mir. Gegen seine *Spezielle Relativitätstheorie* habe ich gar nichts. Aber seine *Gravitationstheorie*? Wenn ein fahrender Zug bremst, so tritt doch die Wirkung tatsächlich nur im Zuge auf, nicht draußen, wo die Kirchtürme stehen bleiben!"

Einstein: „Die Erscheinungen im fahrenden Zug sind die Wirkungen eines Gravitationsfeldes, das induziert ist durch die Gesamtheit der näheren und ferneren Massen."
Lenard: „Ein solches Gravitationsfeld müßte doch auch anderweitig noch Vorgänge hervorrufen, wenn ich mir sein Vorhandensein anschaulich machen will."
Einstein: „Was der Mensch als anschaulich betrachtet, ist großen Änderungen unterworfen, ist eine Funktion der Zeit. Ein Zeitgenosse Galileis hätte dessen Mechanik auch für sehr unanschaulich erklärt. Diese ‚anschaulichen' Vorstellungen haben ihre Lücken, genau wie der viel zitierte ‚gesunde Menschenverstand'."
Einstein ging auf alle Einwände Lenards ein und tat das, wie die Frankfurter Zeitung berichtete, „in vornehmer, bescheidener, ja fast schüchterner und gerade dadurch überlegener Weise". Nach vier Stunden schloß Planck die Versammlung. Wenigstens waren äußerlich die akademischen Formen gewahrt geblieben. „Da die *Relativitätstheorie* es leider noch nicht zustande gebracht hat, die zur Verfügung stehende absolute Zeit von 9 bis 1 Uhr zu verlängern, muß die Sitzung vertagt werden." Einen solchen Kalauer hatte man von Planck noch nicht gehört. Es war ihm eine Last von der Seele gefallen.

Was sich da am 23. September 1920 in Bad Nauheim abspielte, waren die Begleitumstände einer wissenschaftlichen Revolution. Die *Allgemeine Relativitätstheorie* machte neue und ganz ungewohnte Aussagen über die Struktur des Makrokosmos, des Weltganzen, und parallel dazu veränderte die *Quantentheorie* die bisherigen Auffassungen über den Mikrokosmos Atom. Spätestens seit Thomas S. Kuhn und dessen Buch über „Die Struktur wissenschaftlicher Revolutionen" wissen wir, daß ein Zusammenstoß zwischen den traditionellen und den neuen Denkkategorien geradezu unvermeidlich war.
In der Geschichte der Physik ist also eine Revolution, ein Umsturz im Weltbild, nichts Einmaliges. Einmalig aber und typisch für die zwanziger Jahre war die Schärfe, mit der die Auseinandersetzung geführt wurde, und das (zumindest unterschwellige) politische Ressentiment der meisten Einstein-Gegner.
Was war nun das Ergebnis der Nauheimer Diskussion? Die Fronten hatten sich geklärt. Mit großer Mehrheit standen die deutschen Physiker auf Einsteins Seite. Besonders die Solidaritätsbeweise von Planck, Sommerfeld, Laue, Nernst und anderen hervorragenden Gelehrten hatten Einstein überzeugt. Er dachte nicht mehr daran, Deutschland und den Kreis seiner „bewährten Freunde" zu verlassen. Nur einige wenige Physiker, darunter Johannes Stark, der Nobelpreisträger von 1919, ergriffen die Partei Lenards. Ihre Versuche, die *Allgemeine Relativitätstheorie* und die *Quantentheorie* als „jüdische Blendwerke" verächtlich zu machen, scheiterten, und die Kollegen spotteten: „Was man nicht verstehen kann, sieht man drum als jüdisch an." Gegenüber der *Allgemeinen Relativitätstheorie* vermochte Lenard keine Alternative aufzuzeigen. Er blieb bei der klassischen Physik des 19. Jahrhunderts stehen.
Immer mehr traten psychopathische Züge im Verhalten Lenards hervor. Politische und wissenschaftliche Ressentiments verbanden sich zu einer Pseudo-Philosophie. Durch seine später sogenannte *Deutsche Physik* erklärte er die schlechte politische Lage wie den vermeintlichen Verfall in der Wissenschaft.
Lenard und seine Freunde entwickelten sich zu Außenseitern. Sie verloren jedes Ansehen und jeden Einfluß. So vollzog sich unter den Physikern eine Art von Selbstreinigung. Die Gelehrten überwanden auf ihre Weise den Herrschaftsanspruch des Ungeistes. Gerade weil Lenard und Stark Wissenschaft und Politik vermengten, wandten sich Arnold Sommerfeld und andere Physiker entschieden gegen die „Verquickung von Wissenschaft mit Zeitströmungen."
Sicher war es richtig, in der Wissenschaft andere als rein wissenschaftliche Argumente und Motive nicht gelten zu lassen. Auf der anderen Seite führte die gleichsam zum Dogma erhobene Trennung von Wissenschaft und Politik zu einem Rückzug des deutschen Gelehrten in seinen Elfenbeinturm. „Der politische Kampf", so meinte Max von Laue, „fordert andere Methoden und andere Naturen als die wissenschaftliche Forschung."
Weil das gebildete Bürgertum politische Enthaltsamkeit übte, beherrschten die Radikalen die politische Szene. Der deutsche Gelehrte überließ, wie Einstein sagte, „die Führung widerstandslos den Blinden und Verantwortungslosen". Johannes Stark, der beste Freund Lenards, gab, wie er stolz berichtete, seine Forschungen auf „und trat ein in die Reihe der Kämpfer hinter Adolf Hitler."
Die schweigende Mehrheit schloß sich im Laboratorium und in der Studierstube vor dem häßlichen politischen Geschehen ab. Je lauter die Rufe auf den Gassen, desto stiller die Gelehrten.

Nummer 27 7. Juli 1929

Zeitbilder

Beilage zur Vossischen Zeitung

Deutschlands große Physiker.

Streich.

Prof. Planck überreicht am Tage seines goldenen Doktorjubiläums die für Fortschritte auf dem Gebiet der theoretischen Physik geschaffene Planck-Medaille seinem Fachgenossen Albert Einstein.

Kapitel IX Die zwanziger Jahre
Vollendung der Quantentheorie

Berlin war das Zentrum der Welt. Das sagten alle, die in den zwanziger Jahren die Reichshauptstadt erlebten. Der Krieg war verloren. Aber als man die politischen und wirtschaftlichen Probleme halbwegs gelöst hatte, zeigte sich, daß die Befreiung von den geistigen Fesseln mehr zählte als die Niederlage. Theater und Film erlebten eine Glanzzeit. In der Wissenschaft hatte das Reich die Führung auf vielen anwendungsorientierten Gebieten verloren; aber in der Grundlagenforschung war die alte Stellung erhalten geblieben. Das „goldene Zeitalter der deutschen Physik“ nahm fast ungebrochen seinen Fortgang. Die großen, die Wissenschaft prägenden Persönlichkeiten wie Planck, Sommerfeld, Wien, Nernst, Haber und Willstätter wirkten weiterhin im Lande, und jüngere, kongeniale Kräfte wie Einstein, Laue, Hahn und Lise Meitner traten ihnen bald zur Seite. Berlin blieb wie vor dem Kriege das Forschungszentrum, und hochbegabte Studenten aus der ganzen Welt kamen wieder – und erst recht – in die Reichshauptstadt, um hier in die modernste Forschung eingeführt zu werden. In den zwanziger Jahren „lernte man Deutsch“, wie Erwin Schrödinger einmal sagte, „um die Physik in ihrer Muttersprache zu studieren.“

Besondere Bedeutung hatten die neuen *Kaiser-Wilhelm-Institute.* Am *Kaiser-Wilhelm-Institut für Chemie* nahm die *Radioaktivität* immer größeren Raum ein. Schließlich wurde die *Radiochemie* das Hauptarbeitsgebiet, und Otto Hahn der Direktor des Institutes. Lise Meitner übernahm die kernphysikalische Abteilung.

Ähnlich lagen die Verhältnisse am *Kaiser-Wilhelm-Institut für Physik* zwischen Einstein und Max von Laue. Einstein war der Direktor, Laue sein Stellvertreter.

Stiftung der Max-Planck-Medaille durch die Deutsche Physikalische Gesellschaft anläßlich des goldenen Doktorjubiläums von Planck und erste Verleihung 1929 an Planck und Einstein. Einstein sagte später über den zwanzig Jahre älteren Freund: „Ich habe kaum einen so tief ehrlichen und wohlwollenden Menschen gekannt. Stets setzte er sich für das ein, was er für Recht hielt, auch wenn es nicht sonderlich bequem für ihn war. Er war stets willens und fähig, neue, ihm fernliegende Überzeugungen aufzunehmen und zu würdigen, so daß es nicht ein einziges Mal zu einer Verstimmung kam. Was mich mit ihm verband, das war unsere wunschlose und aufs Dienen gerichtete Einstellung. So kam es, daß er, der an einen engeren und weiteren Kreis stark gebundene ernste Mann, mit einem Zigeuner, wie ich es war, einem Unverbundenen, der allem gern die komische Seite abgewann, durch fast zwanzig Jahre hindurch in schönster Eintracht lebte.“

Zwischen ihnen allen herrschte ein heiteres und kameradschaftliches Einverständnis. Einstein und Laue waren bekannt dafür, daß sie gerne und laut lachten. „Die Theologen haben das Glockenläuten, die Physiker ihr Lachen“, schrieb Bert Brecht. Einen Anlaß fanden sie immer.

Während der Inflation machten Laue und Hahn eine Woche Urlaub in der Ramsau bei Berchtesgaden. Zur Rückfahrt fehlte Laue eine Million Reichsmark. Otto Hahn half aus. Nach der Stabilisierung der Mark war eine Million wieder ein Vermögen, wie man es aus der Vorkriegszeit gewohnt war, und Hahn machte sich einen Spaß daraus, Laue daran zu erinnern, daß er ihm noch eine Million schulde.

Auch Einstein liebte heiteren unverkrampften Umgang mit den Freunden. Er haßte die offiziellen Feierlichkeiten. Die steife Würde und das gravitätische Pathos, wie es trotz der Revolution in Gelehrtenkreisen noch weit verbreitet war, provozierten seine Spottlust. Als die *Physikalisch-Technische Reichsanstalt* bei der Trauerfeier für Werner von Siemens einen Kranz niederlegte, formulierte die Witwe ihren Dank in papiernen Phrasen. „Für die banausische Nachwelt aufzuheben“, „auch Wertheimer zeigen“, schrieb Einstein dazu: „Dies fidele Bekenntnis einer auf Stelzen geborenen Seele zu Eurer Erbauung. Da ist süß sterben . . .“

Einstein hat aber auch sich selbst „nicht gar zu ernst genommen“; das zeigen die Scherenschnitte, die er von sich und seiner Familie gemacht hat, noch mehr aber die vielen kleinen Gelegenheitsgedichte. Als er 1928 von Emil Orlik beim Geigenspiel porträtiert wurde, setzte er spontan an:

„Daß kein Künstler von Beruf dies ist, kannst Du ermessen, weil ein solcher . . .“ – „Ist nicht so verfressen“, sollte wohl noch kommen. Wahrscheinlich befriedigte ihn aber der Rhythmus nicht und die zweite Zeile blieb unvollendet. Er fing neu an und schrieb:

„Die Wissenschaft ist auch was wert,
kein Künstler ist so wohlgenährt.“

Bei den gemeinsamen Gebirgstouren von Laue und Hahn war Einstein nie dabei. Oft hatten sie vergeblich versucht, ihn von der Faszination der Berge zu überzeugen; doch als sportliche Betätigung schätzte Einstein nur das Segeln. Seit seinem fünfzigsten Geburtstag 1929 besaß er ein Sommerhaus in Caputh bei Potsdam, an einem der Havelseen gelegen.

Laue und Hahn als Bergsteiger 1923 auf der Blaueishütte oberhalb von Berchtesgaden, Oberbayern. Von links nach rechts: Barkhausen, von Laue, Hahn, der Hüttenwirt; vorne sitzend: Bobek.

Urlaub an der Ostsee 1928. Einstein hielt nichts von der Bergsteigerei: „Wie man da oben herumlaufen kann, verstehe ich nicht", pflegte er zu sagen. Seine einzige sportliche Betätigung war das Segeln.

Aber Lise Meitner konnten die beiden „Bergfexen" überzeugen. Oft machte sie Hochtouren mit den Herren, oft wanderte sie mit Elisabeth Schiemann, einer anderen wissenschaftlichen Mitarbeiterin der *Kaiser-Wilhelm-Gesellschaft*. Manche Ferien verbrachten die beiden Frauen gemeinsam. Mit dem Rucksack stiegen sie von Hütte zu Hütte. Von den Touren mit ihren Kollegen erzählte Lise Meitner: „Wie glücklich konnte Laue sein über . . . eine schöne Landschaft, über Hochtouren im Gebirge. Ich habe eine Gletschertour in der Schweiz 1927 vom Silvaplana auf den Capütschin mit Laue, Hardenberg und Mark in Erinnerung, wo Laue überhaupt nicht mehr aus dem Scherzen und Frohsein herauskam. Und am nächsten Tag gingen die Herren auf den Piz Roseg."

Die Hochtouren waren sehr ehrgeizig geplant, wer mithalten wollte, brauchte eine gute Kondition. Wollte jemand beim Aufstieg rasten und die Aussicht betrachten, dann sagte Hahn: „Weiter! Wir sind doch keine Naturfatzken!"

Max von Laue hatte sich 1906 habilitiert, Otto Hahn 1907 und Albert Einstein 1908; Lise Meitner konnte diese letzte und höchste akademische Prüfung erst 15 Jahre später ablegen. Mit fehlender wissenschaftlicher Qualifikation hatte dies nichts zu tun: Frauen waren in Preußen vor der Revolution nicht zur Habilitation zugelassen.

Lise Meitner legte als Habilitationsschrift vor: „Über die Entstehung der *Beta-Strahl-Spektren* radioaktiver Substanzen". Das Gutachten für die Fakultät schrieb Max von Laue: „Da Fräulein Meitner zu den in der ganzen Welt anerkannten Forschern auf dem Gebiet der *Radioaktivität* gehört, liegt ihre Habilitation durchaus im Interesse der Fakultät. Ich stelle daher den Antrag, sie zum Probevortrag und Kolloquium zuzulassen und füge noch hinzu, daß ich den weitergehenden Antrag, ihr beides aufgrund . . . (ihrer besonderen Verdienste) zu erlassen, nur deswegen nicht stelle, um ihr Gelgenheit zu geben, auch auf anderen Gebieten der Physik ihr durchaus gründliches Wissen vor der Fakultät zu zeigen." Die Fakultät verzichtete aber doch auf Probevortrag und Kolloquium. So hielt Lise Meitner ihre Antrittsvorlesung an der Universität Berlin am 31. Oktober 1922, mit der sie, dem alten akademischen Brauch entsprechend, in die Gemeinschaft der Lehrenden eintrat. Ihr Thema war: „Die Bedeutung der *Radioaktivität* für kosmische Prozesse." Otto Hahn amüsierte sich köstlich, als in einer Tageszeitung das Thema verballhornt wurde zu „kosmetischen Prozessen".

Lise Meitner erhielt den Titel eines Professors. Mit der Würde des Professors hatte Lise Meitner auch die Zerstreutheit eines solchen erworben. 1922 wurde sie bei einem Kongreß von Kollegen begrüßt: „Wir haben uns ja schon früher kennengelernt." Frau Meitner erinnerte sich nicht: „Sie verwechseln mich wohl mit Otto Hahn!" Dieser erzählte die Geschichte mit großem Behagen: „Weil wir so viele Arbeiten gemeinsam veröffentlicht haben, hält sie die Verwechslung offenbar für möglich."

Mit der Aufklärung der Eigenschaften der *β-Strahlung* hatte sich Lise Meitner eine wichtige, aber schwierige Aufgabe gestellt. Die Strahlung ist die Begleiterscheinung einer radioaktiven Kernumwandlung. Es ist also möglich, daß die Elektronen aus dem Atomkern stammen.

Bunsentagung über Radioaktivität in Münster, Westfalen, 1932. Stehend von links: von Hevesy, Frau Geiger, Lise Meitner, Otto Hahn; sitzend von links: Chadwick, Geiger, Rutherford, Stefan Meyer, Przibram.

Aber auch die Atomhülle besteht aus Elektronen. Wurden nun Elektronen registriert, so blieb unklar, ob es sich um solche aus dem Kern, oder aus der Hülle handelte. Im ersten Fall sprach man von *primären*, im zweiten Fall von *sekundären β-Strahlen*.

Die Untersuchung der Energie der Elektronen mit dem Massenspektrometer ergab eine ganze Reihe von scharfen Linien. 1914 entdeckte JAMES CHADWICK neben diesem Linienspektrum noch ein kontinuierliches Energiespektrum.

Ganz im Geiste der *Quantentheorie* war LISE MEITNER davon überzeugt, daß das kontinuierliche Spektrum sekundären Ursprungs ist. Primäre Elektronen, stellte sie sich vor, verlieren Energie (und zwar in verschiedenem Maße), wenn sie nach dem Verlassen des Kerns durch das starke elektrische Feld im Innern des Atoms hindurchgehen (etwa durch Bremsstrahlung oder durch Stoß mit Hüllenelektronen).

C. D. ELLIS in Cambridge war anderer Auffassung. Eine Polemik entwickelte sich.

ELLIS erdachte ein Experiment, um seine Auffassung zu beweisen. Erreicht man durch eine geeignete Versuchsanordnung, daß die bei dem Zerfallsprozeß auftretende Energie sich vollständig in Wärme umsetzt und bestimmt man diese Wärmemenge, so gibt es zwei Möglichkeiten. Als Mittelwert über viele Einzelprozesse kann sich ergeben

1) der Maximalwert des kontinuierlichen Spektrums,

2) der Mittelwert des kontinuierlichen Spektrums.

Man fand entgegen den Erwartungen von LISE MEITNER den Mittelwert. Damit aber war der Zerfall rätselhafter als je zuvor. NIELS BOHR erklärte: Der geheiligte, bis auf die Zeiten von JULIUS ROBERT MAYER und HERMANN VON HELMHOLTZ zurückgehende Energiesatz ist außer Kraft gesetzt.

LISE MEITNER hielt das mit Recht für unmöglich. Mit ihrem Mitarbeiter WALTER ORTHMANN wiederholte sie die Versuche. Sie war überzeugt, daß irgendwelche Energien dem Nachweis entgangen waren. Wahrscheinlich, so meinte sie, treten mit den Elektronen noch *γ-Quanten* auf, und diese bringen den Energiesatz wieder in Ordnung.

Aber es gelang nicht, die Strahlen zu finden. Diese oft wiederholten und sehr genauen Messungen von LISE MEITNER lieferten WOLFGANG PAULI die Grundlage für seine *Neutrino-Hypothese.* Wenn definitiv *γ-Quanten* auszuschließen sind, dann muß eben, das war sein ungewöhnlicher Schluß, ein anderes neutrales Teilchen auftreten. Am 4. Dezember 1930 begann in Tübingen ein Kongreß über *Radioaktivität,* an dem HANS GEIGER und LISE MEITNER teilnahmen.

WOLFGANG PAULI konnte nicht selbst von Zürich herüberkommen, aber er gab einem Mitarbeiter einen Brief mit. Adressiert war dieser Brief an die „Lieben radioaktiven Damen und Herren". Hier sprach PAULI zum ersten Mal seine berühmt gewordene *Neutrino-Hypothese* aus. LISE MEITNER hat diesen Brief PAULIS Zeit ihres Lebens sorgfältig bewahrt.

Wieder in Berlin, tröstete OTTO HAHN die Kollegin: Auch ihm sei eine Reihe von Entdeckungen entgangen. Entscheidend war ja nur, daß man gemeinsam dem Ziel näher kam. War es nicht eine wunderbare Zeit? Jeder Tag fast brachte eine neue Erkenntnis.

Arbeitsmöglichkeiten hatten sie in der Tat hervorragende. Wie es bei der Gründung der *Kaiser-Wilhelm-Gesellschaft* die Absicht gewesen war, konnten sie wirklich ihre Arbeitskraft ungeteilt der Wissenschaft zuwenden. LISE MEITNER hielt gar keine Vorlesungen, und OTTO HAHN nur, weil es ihm Spaß machte. So verbrachten sie wie gewohnt den größten Teil ihrer Zeit im Institut, diesem Prachtbau im Wilhelminischen Stil.

Anders ALBERT EINSTEIN und MAX VON LAUE. Die saßen zu Hause, ihre Wohnung war ihr Arbeitsplatz. Zum Bau des *Institutes für physikalische Forschung* war es durch den Kriegsausbruch nicht mehr gekommen. Das Institut existierte nur im juristischen Sinne. Und dennoch konnte auch dieses Institut eine segensreiche Tätigkeit für die Wissenschaft entfalten.

Für ihr Institut hatten EINSTEIN und LAUE einen (nicht unbeträchtlichen) Etat. Als theoretische Physiker benötigten sie selbst keine „Sachmittel" und kamen mit Papier und Bleistift aus. Aber auch für in manchen Punkten noch ergänzt werden könnte. Ich hoffe aber bei Ihnen auch so auf Verständniss und würde mich natürgemäss ausserordentlich freuen, wenn Sie in der Lage wären die Sache als eine gute anzusehen und mich von den Geldsorgen zu befreien.

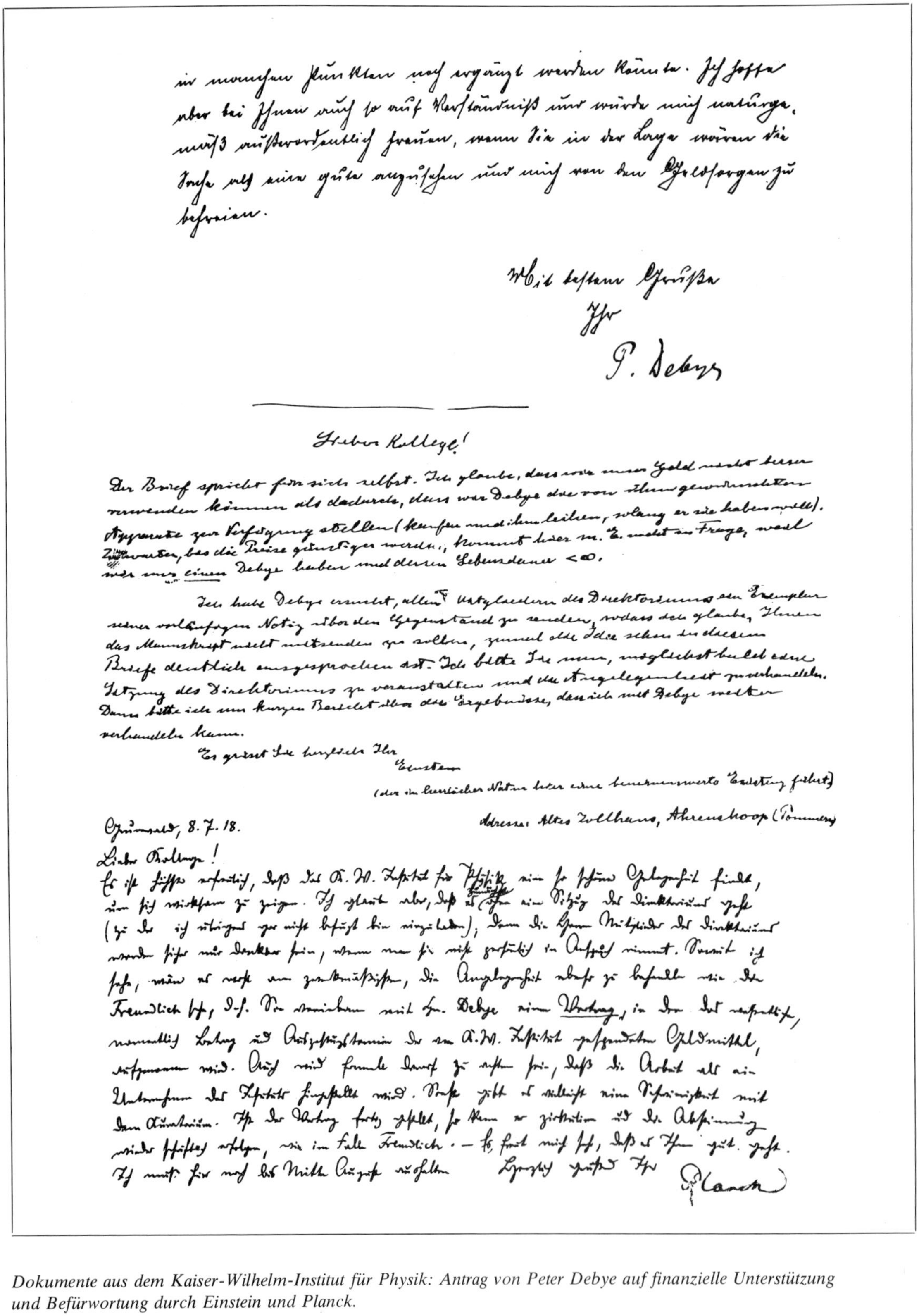

Mit besten Grüssen
Ihr
P. Debye

Lieber Kollege!

Der Brief spricht für sich selbst. Ich glaube, dass wir unser Geld nicht besser verwenden können als dadurch, dass wir Debye die von ihm gewünschten Apparate zur Verfügung stellen (kaufen und ihm leihen, solang er sie haben will). Zuwarten, bis die Preise günstiger werden, kommt hier m. E. nicht in Frage, weil wir nur einen Debye haben und dessen Lebensdauer $< \infty$.

Ich habe Debye ersucht, allen Mitgliedern des Direktoriums ein Exemplar seiner vorläufigen Notiz über den Gegenstand zu senden, sodass ich glaube, Ihnen das Manuskript nicht mitsenden zu sollen, zumal die Idee schon in diesem Briefe deutlich ausgesprochen ist. Ich bitte Sie nun, möglichst bald eine Sitzung des Direktoriums zu veranstalten und die Angelegenheit zu verhandeln. Dann bitte ich um kurzen Bericht über das Ergebnis, damit ich mit Debye weiter verhandeln kann.

Es grüsst Sie herzlich Ihr
Einstein
(der in herrlicher Natur hier eine bemerkenswerte Erholung feiert)

Adresse: Altes Zollhaus, Ahrenshoop (Pommern)

Grunewald, 8.7.18.

Lieber Kollege!

Es ist höchst erfreulich, daß das K.W. Institut für Physik eine so schöne Gelegenheit findet, um sich wirksam zu zeigen. Ich glaube aber, daß es auch ohne eine Sitzung des Direktoriums geht (zu der ich übrigens gar nicht befugt bin einzuladen); denn die Herren Mitglieder des Direktoriums werden sicher nur dankbar sein, wenn man sie nicht gründlich in Anspruch nimmt. Darum, ich hoffe, wäre es wohl am zweckmäßigsten, die Angelegenheit ebenso zu behandeln wie die Freundlich'sche, d.h. Sie vereinbaren mit Hrn. Debye einen Vertrag, in dem das Nähere festgesetzt, namentlich Leihung und Rückzahlungstermin der vom K.W. Institut gespendeten Geldmittel, aufgenommen wird. Auch wird formell darauf zu achten sein, daß die Arbeit als ein Unternehmen des Instituts hingestellt wird. Sonst gibt es vielleicht eine Schwierigkeit mit dem Kuratorium. Ist der Vertrag fertig gestellt, so kann er zirkulieren und die Abstimmung würde schriftlich erfolgen, wie im Falle Freundlich. — Es freut mich sehr, daß es Ihnen gut geht. Ich muß hier noch bis Mitte August aushalten. Herzlich grüßt Ihr Planck

Dokumente aus dem Kaiser-Wilhelm-Institut für Physik: Antrag von Peter Debye auf finanzielle Unterstützung und Befürwortung durch Einstein und Planck.

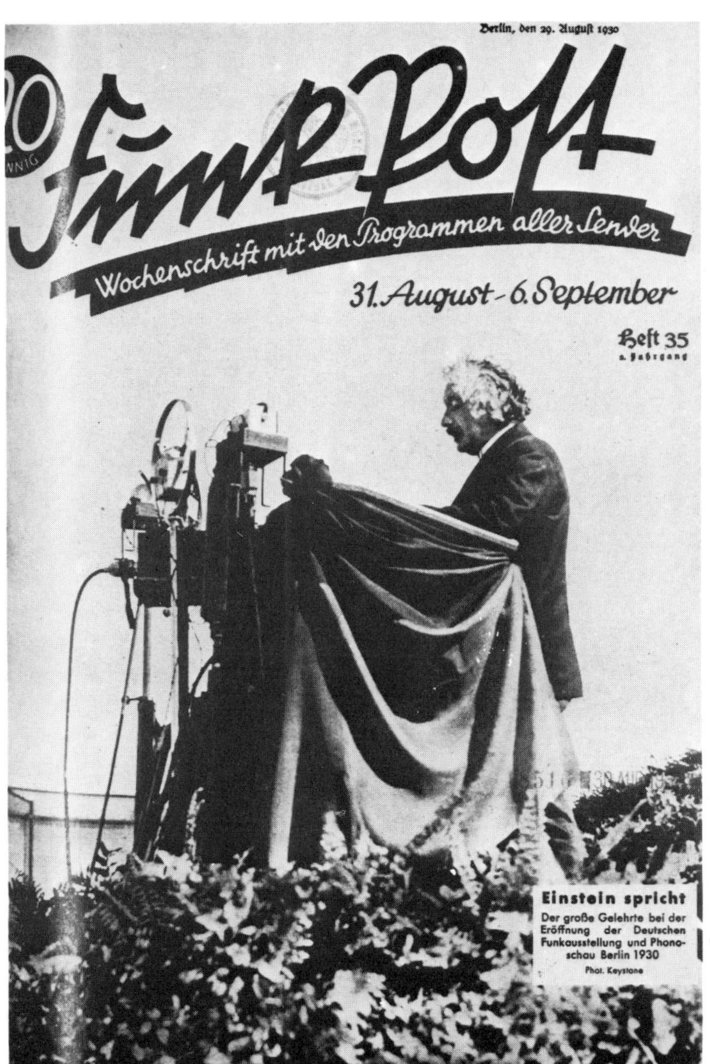

Berlin, den 29. August 1930

Funk Post

Wochenschrift mit den Programmen aller Sender

31. August - 6. September

Heft 35

Einstein spricht

Der große Gelehrte bei der Eröffnung der Deutschen Funkausstellung und Phonoschau Berlin 1930

Phot. Keystone

Titelseite der „Funkpost", Heft 3, Berlin 1930: Einstein bei der Eröffnung der Deutschen Funkausstellung und Phonoschau. Seinen Vortrag begann er mit den Worten: „Liebe An- und Abwesende!" Für Einstein gehörten auch Wissenschaft und Technik zu den Bildungsgütern: „Sollen sich alle schämen, die gedankenlos sich der Wunder der Wissenschaft und Technik bedienen und nicht mehr davon erfaßt haben, als eine Kuh von der Botanik der Pflanzen, die sie mit Wohlbehagen frißt."

Einstein (rechts) begleitet seine Stieftochter Margot und Dimitri Marianoff an ihrem Hochzeitstag (1930).

Notgemeinschaft der Deutschen Wissenschaft: Tagung des sogenannten Hoshi-Elektrophysik-Ausschusses, Berlin 1924. Der Ausschuß erhielt seinen Namen nach dem japanischen Industriellen Hajime Hoshi, der die deutsche Wissenschaft während der Inflationszeit durch eine Yen-Spende wesentlich unterstützte. Sitzend links: Fritz Haber; Mitte: Max Planck; rechts Richard Willstätter; stehend der zweite von rechts: Otto Hahn.

Runde der Berliner Physiker um einen amerikanischen Gast in der Wohnung Max von Laues. Von links nach rechts: Nernst, Einstein, Planck, Millikan, Laue. Einstein fühlte sich in Berlin wissenschaftlich gut aufgehoben. „Heimat" ist ihm die Stadt allerdings nicht geworden. ▷

Solvay-Kongreß 1927. Einstein hatte sich vergeblich gegen die Ausformung und erkenntnistheoretische Deutung der Quantentheorie gesträubt, die 1925 bis 1927 vor allem Werner Heisenberg und Niels Bohr geleistet haben. Die Entwicklung ging über Einstein hinweg. Wieder wurde der Wendepunkt durch einen Solvay-Kongreß markiert. In der ersten Reihe von links: Langmuir, Planck, Madame Curie, Lorentz, Einstein; in der letzten Reihe von rechts: Brillouin, Fowler, Heisenberg, Pauli.

„Personalmittel“ konnten sie ihr Geld nicht ausgeben: Beiden lag es nicht, mit einer großen Zahl von Schülern zu arbeiten. Viel lieber wollten sie allein, jeder für sich, über die ewig geheimnisvolle Welt reflektieren.

So führten EINSTEIN und LAUE aus, was FRIEDRICH SCHMIDT-OTT, dem zuständigen Referenten im Preußischen Kultusministerium, schon bei der Gründung der *Kaiser-Wilhelm-Gesellschaft* als Aufgabe vorgeschwebt hatte: Die gezielte Förderung der Forschung nicht nur in eigenen Instituten, sondern auch durch finanzielle Unterstützung anderer, schon bestehender Institute. Dies sollte nach dem Willen von SCHMIDT-OTT nicht nach einem „Gießkannenprinzip“ geschehen, sondern gezielt für die wirklich wichtigen Forschungsprojekte.

Schon bald nach der (juristischen) Gründung des *Kaiser-Wilhelm-Institutes für physikalische Forschung* am 1. Oktober 1917 bewährte sich diese Art der Forschungsförderung. Das Büro des Institutes „Berlin W 30, Haberlandstraße 5“ (EINSTEINS Privatwohnung) arbeitete gut. EINSTEIN war noch von seiner Tätigkeit am Patentamt in Bern geübt, das Wesentliche eines Antrages rasch zu erfassen.

Der erste Vertrag wurde mit dem jungen Astronomen ERWIN FREUNDLICH geschlossen, mit dem EINSTEIN schon seit Jahren in Verbindung stand. FREUNDLICH konnte sich nun ganz der Aufgabe widmen, die *Allgemeine Relativitätstheorie* durch astronomische Beobachtungen zu prüfen.

FRIEDRICH SCHMIDT-OTT regte die Gründung einer Organisation an, die für das Ganze der deutschen Wissenschaft das leisten sollte, was bisher schon EINSTEIN mit seinem *Kaiser-Wilhelm-Institut* in beschränktem Umfange für die Physik geleistet hatte. Diese „Notgemeinschaft der Deutschen Wissenschaft“ hat dann seit 1920 eine segensreiche Wirkung entfaltet und existiert noch heute unter dem Namen „Deutsche Forschungsgemeinschaft“.

Auch nach Gründung der „Notgemeinschaft“ förderte das *Kaiser-Wilhelm-Institut für Physik* weiterhin wichtige physikalische Arbeiten. Das ging so vor sich, daß die Kollegen an EINSTEIN oder LAUE Anträge richteten. So beantragte PETER DEBYE am 2. Juli 1918 Mittel, um „Röntgenstrahlen beliebiger Wellenlänge von genügender Intensität“ zu erzeugen. Er wollte Aufschluß gewinnen über die „interatomistische Ursache der Zerstreuung“. „Der Brief spricht für sich selbst“, schrieb EINSTEIN auf den Antrag: „Ich glaube, daß wir unser Geld nicht besser verwenden können.“

Einer der fleißigsten Antragsteller war MAX BORN. So wurde vom 1. Oktober 1924 bis 1. April 1926 ein Stipendium für PASCUAL JORDAN vom *Kaiser-Wilhelm-Institut für Physik* bezahlt; anschließend übernahm die Notgemeinschaft die Finanzierung.

Die von MAX BORN angeleiteten jungen Quantenphysiker wie WERNER HEISENBERG, WOLFGANG PAULI und PASCUAL JORDAN hatten sich schon in jungen Jahren für EINSTEINS *Spezielle Relativitätstheorie* begeistert.

Sitzung der Preußischen Akademie der Wissenschaften. Max Planck links neben dem Redner mit der Amtskette als „beständiger Sekretar" der Akademie. Einstein auf der linken Seite hinten.

Wichtig waren für sie nicht nur die Aussagen dieser Theorie, nämlich die Revision der traditionellen Begriffe von Raum und Zeit; Vorbild für sie wurde auch die Methode EINSTEINS. Wie es EINSTEIN beispielhaft vorgeführt hatte, verlangten sie nun auch für eine Theorie des Atoms, daß die benutzten Begriffe wenigstens im Prinzip meßbar seien und daß sie Beziehungen aufdecken zwischen Größen, die unabhängig voneinander gemessen werden. „Die schönste Leistung der *Relativitätstheorie* war", so urteilte WOLFGANG PAULI, „die Meßergebnisse von Maßstäben und Uhren, die Bahnen der frei fallenden Massenpunkte und die der Lichtstrahlen miteinander in eine feste, innige Verbindung gebracht zu haben."
Hier fand auch HEISENBERG den Ansatz zur (später sogenannten) *Göttinger Quantenmechanik:* „Bekanntlich läßt sich gegen die formalen Regeln, die allgemein in der *Quantentheorie* zur Berechnung beobachtbarer Größen (zum Beispiel der Energie im Wasserstoffatom) benutzt werden, der schwerwiegende Einwand erheben, daß jene Rechenregeln als wesentlichen Bestandteil Beziehungen enthalten zwischen Größen, die ... prinzipiell nicht beobachtet werden können (wie zum Beispiel Ort, Umlaufszeit des Elektrons), daß also jenen Regeln offenbar jedes anschauliche physikalische Fundament mangelt."
„HEISENBERG hat ein großes Quantenei gelegt", kommentierte EINSTEIN: „In Göttingen glauben sie daran (ich nicht)." HEISENBERG war erstaunt über die Ablehnung. Seinen Ansatz hatte er als Verwirklichung der Ideen EINSTEINS empfunden.
EINSTEIN ging einen anderen Weg. 1905 hatte er sich mit der Strahlung befaßt; 1925 interessierte er sich für die Eigenschaften des Gases. Seine Schlüsse von 1925 waren nicht minder revolutionär: Er demonstrierte in seinen Formeln *Interferenzeffekte* zwischen Molekülen. Auch die Materie muß, das war EINSTEINS Ergebnis, Welleneigenschaften besitzen. „Die Doppelnatur des Lichtes als Lichtwelle und Lichtquant überträgt sich auf das Elektron und weiterhin auf alle Materie; neben ihre korpuskulare Natur stellt sich, theoretisch und experimentell als gleichberechtigt, ihre Wellennatur." So erfaßte später ARNOLD SOMMERFELD in seinem Lehrbuch „Atombau und Spektrallinien" diese Erkenntnis prägnant in Worte.
Zur Stütze seiner Ansicht verwies EINSTEIN auf die Dissertation von LOUIS DE BROGLIE. „Wie durch Energie und Impuls ist ein Teilchen auch durch Frequenz und Wellenlänge gekennzeichnet." Diese Gedanken vermittelte EINSTEIN an ERWIN SCHRÖDINGER, der sie 1926 zu einer Theorie ausgestaltete.
In welchem Verhältnis stehen die beiden Theorien? Die mathematische Äquivalenz konnte gezeigt werden – aber um so schärfer blieb die Kluft in der erkenntnistheoretischen Auffassung.
Wieder war es eine *Solvay-Tagung* in Brüssel, die als „Gipfel- und Krisenkonferenz" die Entscheidung brachte. Auf dem 5. Kongreß 1927 legte NIELS BOHR (unterstützt von HEISENBERG, PAULI und anderen) die sogenannte *Kopenhagener Interpretation* vor, mit der *Heisenbergschen Unschärferelation.* Vergeblich bemühte sich EINSTEIN, einen Fehler aufzudecken. „Schachspielartig", berichtete ein Teilnehmer, brachte „EINSTEIN immer neue Beispiele. Gewissermaßen Perpetuum mobile 2. Art, um die Ungenauigkeitsrelationen zu durchbrechen.

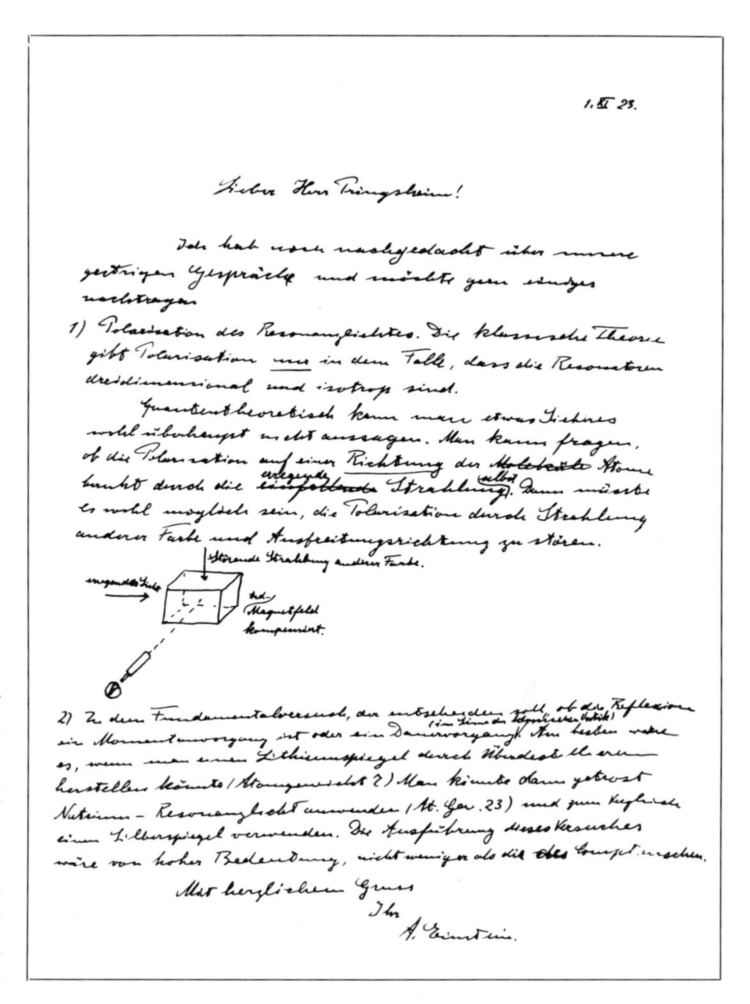
1.XI.23.

Lieber Herr Pringsheim!

Ich habe noch nachgedacht über unsere gestrigen Gespräche und möchte gern einiges nachtragen.

1) Polarisation des Resonanzlichtes. Die klassische Theorie gibt Polarisation nur in dem Falle, dass die Resonatoren dreidimensional und isotrop sind.
Quantentheoretisch kann man etwas Sicheres wohl überhaupt nicht aussagen. Man kann fragen, ob die Polarisation auf einer Richtung der Atome beruht durch die erregende Strahlung selbst. Dann müsste es wohl möglich sein, die Polarisation durch Strahlung anderer Farbe und Ausbreitungsrichtung zu stören.

2) Zu dem Fundamentalversuch, der entscheiden soll, ob die Reflexion (im Sinne der klassischen Optik) ein Momentanvorgang ist oder ein Dauervorgang. Am besten wäre es, wenn man einen Lithiumspiegel durch Niederschlagen herstellen könnte (Atomgewicht 7). Man könnte dann getrost Natrium-Resonanzlicht anwenden (At. Gew. 23) und zum Vergleich einen Silberspiegel verwenden. Die Ausführung dieses Versuches wäre von hoher Bedeutung, nicht weniger als die des Compton'schen.

Mit herzlichem Gruss
Ihr
A. Einstein.

Brief Einsteins an den Berliner Physiker Peter Pringsheim vom 1. November 1923. Der Brief zeigt, wie Einstein eingebunden war in das Fachgespräch zwischen den Kollegen.

BOHR stets aus einer dunklen Wolke von philosophischem Rauchgewölke die Werkzeuge heraussuchend, um Beispiel nach Beispiel zu zerbrechen."
Mit der „Kopenhagener Deutung" der *Quantentheorie* hat sich EINSTEIN (wie auch MAX VON LAUE) nie abfinden können. Immer wieder betonte er, daß man „die Realität" doch nicht „auf Wahrscheinlichkeitsgesetze" zurückführen dürfe. Trotzdem hat EINSTEIN den Protagonisten der Kopenhagener Schule, WOLFGANG PAULI, später als seinen eigentlichen Nachfolger angesehen, der in der Physik vollenden sollte, was ihm zu schaffen nicht mehr vergönnt sei.
In früheren Jahren hatte EINSTEIN einen untrüglichen Sinn für die physikalische Wirklichkeit besessen; immer waren von ihm die wesentlichsten „facts" zur Grundlage seiner großen Theorien gemacht worden. Als es aber seit Ende der zwanziger Jahre sein wissenschaftliches Hauptanliegen wurde, Gravitation und Elektrodynamik zu einer „einheitlichen Feldtheorie" zusammenzufassen, begannen in seinen

Runde der Berliner Physiker. Von den neun Männern sind im Laufe der Jahre fünf mit dem Nobelpreis ausgezeichnet worden. Albert Einstein (links sitzend), James Franck (auf dem Sofa in der Mitte), Fritz Haber (rechts auf der Sofalehne sitzend), Otto Hahn (rechts) und Gustav Hertz (stehend rechts oben).

Ansätzen mehr und mehr die „formalen Gesichtspunkte" zu überwiegen. Dabei hatte er von diesen noch 1917 auf einer Postkarte an FELIX KLEIN gesagt, daß sie „fast stets als heuristische Hilfsmittel versagten." In einem an EINSTEIN gerichteten Brief hat PAULI Ende 1929 dessen neue Theorie vernichtend kritisiert: „Erstens ist zu rügen, daß schon in der ersten Näherung das eine System der *Maxwellschen Gleichung* nur in differenzierter Form herauskommt. Zweitens existiert kein Integral für Gesamtenergie und Gesamtimpuls ... Und wo bleibt ferner die Deutung der Periheldrehung des Merkur und der Lichtablenkung durch die Sonne? Die scheint doch bei Ihrem weitgehenden Abbau der *Allgemeinen Relativitätstheorie* verloren zu gehen. Ich halte jedoch an der schönen Theorie fest, selbst wenn sie von Ihnen verraten wird!" Für alle Welt und insbesondere für die Karikaturisten, war EINSTEIN das „Super-Gehirn". Wie in den frühen Sagen der Völker Menschen eine Rolle spielen, die sich durch Körperkräfte auszeichnen wie SIEGFRIED oder Listenreichtum wie ODYSSEUS, so war nun EINSTEIN in un-

serem von der Wissenschaft geprägten Zeitalter ein Mensch von sagenhafter Geisteskraft: EINSTEIN hat eine neue Idee – und die Kollegen werden verrückt oder begehen Selbstmord, weil sie nichts begreifen.
Die Wirklichkeit war freilich erschütternd anders: Zwanzig Jahre lang, von 1905 bis 1925, hatte EINSTEIN die Physik mit seinen Ideen geprägt. Dann aber war seine Schöpferkraft gebrochen.
Diesen Bruch wie bei EINSTEIN hat es für seine gleichaltrigen Freunde nicht gegeben. OTTO HAHN, LISE MEITNER und MAX VON LAUE beschäftigten sich mit konkreten Problemen, *Kernisometrie*, *β-Strahlspektrum* und *Supraleitung* beispielsweise. Da bedarf es nicht jedesmal einer genialen Inspiration, um zum Ziel zu gelangen. Notfalls genügt es, ohne allzu große Originalität gelernte Methoden anzuwenden.
Wie zur physikalischen Realität verlor EINSTEIN auch die Verbindung zu den ihm nahestehenden Menschen. Es war sicher nicht leicht für seine Frau ELSA, mit EINSTEIN verheiratet zu sein. „Ich bin ein richtiger Einspänner", sagte er von sich, „der dem Staat, der Heimat, dem Freundeskreis, ja selbst der engen Familie nie mit ganzem Herzen angehört hat, sondern all diesen Bindungen gegenüber ein nie sich legendes Gefühl der Fremdheit und des Bedürfnisses nach Einsamkeit empfunden hat." Dieses „Bedürfnis nach Einsamkeit" läßt sich sehr gut verstehen, vor allem aufgrund der übergroßen Neugier seiner Mitmenschen. EINSTEIN hat sich oft mit dem Märchenkönig MIDAS verglichen: Diesem wurde alles, was er berührte, zu Gold. Was dem Naiven als unwahrscheinliches Glück scheint, erwies sich als schrecklicher Fluch. „Mir geht es so wie MIDAS", sagte EINSTEIN oft, „mit dem Unterschied, daß sich alles in Zeitungsgeschrei verwandelt."
Sein Ruhm war längst ins Legendäre gewachsen. Als er 1930 Amerika besuchte, schien der ganze Kontinent außer Rand und Band: „Ankunft in New York. War ärger als die phantastischste Erwartung. Scharen von Reportern kamen bei Long Island auf's Schiff. Dazu ein Heer von Photographen, die sich wie ausgehungerte Wölfe auf mich stürzten. Die Reporter stellten ausgesucht blöde Fragen, die ich mit billigen Scherzen beantwortete, die mit Begeisterung aufgenommen wurden."
Die humorvollen Lebensweisheiten, die er in den Interviews von sich gab, und die spontan-witzigen Bemerkungen machten ihn zum gesuchten Objekt der Zeitungsleute. Seine ungespielte Bescheidenheit und das völlige Desinteresse an der äußeren Erscheinung prägten unverwechselbar sein Bild in der Öffentlichkeit. EINSTEIN wurde die Personifizierung des weltfremden Genies, dessen Gedankenflügen kein gewöhnlicher Sterblicher zu folgen vermag.
Die Antike und insbesondere das Mittelalter liebten die Allegorie: Ein abstrakter Begriff ließ sich auf diese Weise sinnlich erfassen. Als im 20. Jahrhundert die theoretische Physik immer unanschaulicher wurde, da trat das in der ganzen Welt in immer neuen Pressephotos verbreitete Bild EINSTEINS an die Stelle der für den Laien unverständlichen Theorie. Wie früher etwa die Astronomie durch die Göttin URANIA dargestellt wurde, eine der neun Musen, in der Hand den Himmelsglobus, so versinnbildlichte nun ALBERT EINSTEIN die Abstraktheit der modernen theoretischen Physik.

Einstein und Charlie Chaplin 1931: Gemeinsam fuhren sie nach Los Angeles, um in der Stadt der Uraufführung des Films „City Lights" beizuwohnen. Sie wurden von der Menge erkannt und begeistert begrüßt. Chaplin kommentierte: „Ihnen applaudieren die Leute, weil Sie keiner versteht, und mir, weil mich jeder versteht."

Ankunft Einsteins in New York 1921. Die „Publicity" brach über Einstein wie eine Naturkatastrophe herein. „Habe ich denn etwas von einem Scharlatan oder Hypnotiseur an mir, das die Menschen wie zu einem Zirkusclown zieht?" fragte sich Einstein, der bescheidene Mann, der nichts anderes wollte, als in Ruhe seine Arbeit tun zu können.

Wahlversammlung der deutschen Wissenschaft für Adolf Hitler am 11. November 1933 in Leipzig. Man erkennt am Vorstandstisch ganz rechts den Chirurgen Ferdinand Sauerbruch und als Vierten von links den Philosophen Martin Heidegger. An der Versammlung nahmen auch der Kunsthistoriker Wilhelm Pinder und der Anthropologe Eugen Fischer teil.

Kapitel X Denk' ich an Deutschland in der Nacht

„Machtergreifung" in der Wissenschaft

EINSTEIN war für die Nationalsozialisten nicht einfach nur ein Wissenschaftler jüdischer Abstammung. Die Verehrung für ihn in allen Schichten des Volkes hatten EINSTEIN in der Öffentlichkeit Gehör und damit politischen Einfluß verschafft. Als überzeugter Demokrat und Pazifist war er den Bestrebungen der Nationalsozialisten und Deutschnationalen entgegengetreten und diente deshalb seit Jahren als Zielscheibe einer Hetzkampagne. Die Machtergreifung HITLERS am 30. Januar 1933 bot die Möglichkeit der „Abrechnung". Auch hier benutzten die Nationalsozialisten die ihnen eigenen Mittel. Am 2. März 1933 wurde EINSTEIN, zusammen mit einer Reihe von Künstlern und Schriftstellern, vom „Völkischen Beobachter", der Parteizeitung der NSDAP, heftig angegriffen.

Glücklicherweise blieb der Welt das Schauspiel eines im Konzentrationslager geschundenen EINSTEIN erspart. Am Tag der Machtergreifung befand er sich außer Landes und damit in Sicherheit. Er war mit seiner Frau ELSA zu Besuch in den Vereinigten Staaten. Zweck der von einer amerikanischen Stiftung finanzierten Reise sollte – Ironie der Geschichte – die „Verbesserung der deutsch-amerikanischen Beziehungen" sein. Die Tragweite der aus Deutschland kommenden Nachrichten hat EINSTEIN sofort begriffen.

Auch OTTO HAHN hielt sich damals in den USA auf. Er war von der *Cornell University* in Ithaca im Staate New York für ein Semester als Gastprofessor eingeladen. OTTO HAHN verachtete die Nationalsozialisten und nie hatte er HITLER seine Stimme gegeben. Als ihn aber amerikanische Journalisten nach dem Reichstagsbrand interviewten und viele Fragen – bohrende Fragen – über die Ausnahmegesetze, die die Grundrechte aufhoben, über Zeitungsverbote, über die Verhaftungen stellten, da fühlte er sich doch verpflichtet, über Deutschland und die Regierung nur Gutes zu sagen.

Er hätte es so gerne selbst geglaubt. Gespräche mit seinem Freund RUDOLF LADENBURG, der schon vor Jahren aus Berlin in die Vereinigten Staaten ausgewandert war, halfen ihm, die Ereignisse besser zu verstehen. Naiv blieb er trotzdem. Im April 1933 fuhr er nach Washington zum deutschen Botschafter HANS LUTHER, einem früheren Reichsminister und Reichskanzler der Weimarer Republik, um seine Bedenken vorzutragen. Das waren Illusionen. HANS LUTHER war ebenso ohne Einfluß wie er selbst.

Als einziger hatte EINSTEIN, der überzeugte Pazifist, verstanden, daß gegen das Dritte Reich nur politische Härte und Festigkeit helfen könne. Am 10. März 1933 gab er einer amerikanischen Journalistin ein Interview. Er sagte: „Solange mir eine Möglichkeit offen steht, werde ich mich nur in einem Land aufhalten, in dem politische Freiheit, Toleranz und Gleichheit aller Bürger vor dem Gesetz herrschen. Zur politischen Freiheit gehört die Freiheit der mündlichen und schriftlichen Äußerung politischer Überzeugung, zur Toleranz die Achtung vor jeglicher Überzeugung eines Individuums. Diese Bedingungen sind gegenwärtig in Deutschland nicht erfüllt. Es werden dort diejenigen verfolgt, die sich um die Pflege internationaler Verständigung besonders verdient gemacht haben."

In der deutschen Presse fand dieses Interview ein negatives Echo. Mit Bestürzung verfolgten die Kollegen die Konfrontation zwischen EINSTEIN und der neuen „nationalen Regierung". „Ich erfahre mit tiefer Bekümmernis allerlei Gerüchte", schrieb MAX PLANCK, „die sich über Ihre öffentlichen und privaten Kundgebungen politischer Art in dieser unruhigen und schwierigen Zeit gebildet haben. Ich bin nicht in der Lage, ihre Bedeutung zu prüfen. Nur das eine sehe ich ganz klar, daß diese Nachrichten es allen denen, die Sie schätzen und verehren, außerordentlich schwer machen, für Sie einzutreten."

Am 29. März verlangte der im Kultusministerium eingesetzte Reichskommissar von der *Preußischen Akademie* die Nachprüfung der Zeitungsberichte über die Kritik EINSTEINS am Dritten Reich – und gegebenenfalls ein Disziplinarverfahren. Eine Vermittlung schien PLANCK ausgeschlossen: „Denn es sind hier zwei Weltanschauungen aufeinander geplatzt, die sich miteinander nicht vertragen. Ich habe weder für die eine noch für die andere volles Verständnis. Auch die Ihrige ist mir fern, wie Sie sich erinnern werden von unseren Gesprächen über die von Ihnen propagierte Kriegsdienstverweigerung."

Zwanzig Jahre zuvor hatte PLANCK den damals noch jungen EINSTEIN an die Akademie nach Berlin geholt. Die Achtung, die beide Männer für einander empfanden, war zur Freundschaft geworden. Bei aller Verschiedenheit – der politischen Ansicht, des Alters, des Temperaments – hegten sie eine schwer bestimmbare, aber unzweifelhaft tiefgehende gegenseitige Verehrung. So wurde es PLANCK schwer, EINSTEIN zu einem freiwilligen Austritt aus der Akademie aufzufordern,

Albert Einstein

aber die Pflicht schien es ihm zu gebieten. Von München aus, auf dem Wege nach Sizilien in den Urlaub, schrieb PLANCK an den nun so weit entfernten Freund. Nur PLANCK, der EINSTEIN berufen und nie einen Zweifel an seiner wissenschaftlichen Bedeutung geduldet hatte, durfte es wagen, dieses Ansinnen zu stellen. Jedoch hatte EINSTEIN schon von sich aus auf sein Amt verzichtet: „Ich habe mir schon gedacht, daß es der Akademie lieber ist (oder wenigstens ihren besseren Mitgliedern), wenn ich meine Stellung niederlege."

Das Ziel schien erreicht: Die Trennung von dem für die neue Regierung „untragbaren" EINSTEIN war vollzogen, und die Akademie hatte doch, wenigstens nach außen hin, ihre Würde wahren können. Aber die Gelehrten hatten das Netz zu fein gesponnen; so vornehm machten es die Nazis nicht. Das Kultusministerium übermittelte den „dringenden Wunsch" nach einer öffentlichen Stellungnahme. In Abwesenheit der drei anderen Sekretare verfaßte der Rechtsgelehrte ERNST HEYMANN die schmachvolle Erklärung, daß die Akademie keinen Anlaß habe, „den Austritt EINSTEINS zu bedauern."

Diese Erklärung war der Beitrag der Akademie zum „Tag des Juden-Boykotts". An diesem 1. April 1933, an dem die Akademie ihre Stellungnahme zum Fall EINSTEIN veröffentlichte, wurden von der Berliner SA die Universität und die Technische Hochschule besetzt, jüdische Professoren und Assistenten aus ihren Institutsräumen gewiesen, beschimpft und mißhandelt. SA-Mannschaften drangen in Gerichtssäle ein und unterbrachen die jüdischen Richter. In der Stadt wurde die Bevölkerung am Betreten jüdischer Geschäfte gehindert. Bei den Willkürmaßnahmen fungierten SA und SS als „Hilfspolizei", handelten also im Auftrag und mit Zustimmung der neuen Machthaber.

Über diese Vorkommnisse empfanden viele deutsche Gelehrte Empörung und Scham; aber sie verbargen ihre Gefühle. Dem sensiblen und leicht erregbaren MAX VON LAUE fehlte die kluge Selbstbeherrschung. Er konnte – und wollte sich nicht beruhigen. Mit Entschiedenheit sprach er gegen die von HEYMANN im Alleingang verfaßte offizielle Verlautbarung; er beanstandete, daß kein einziges Mitglied der mathematisch-physikalischen Klasse, zu der EINSTEIN gehörte, geschweige denn MAX PLANCK und HEINRICH VON FICKER, die zuständigen Klassensekretäre, gefragt worden waren. LAUE bereitete einen Antrag vor – Behandlung des Falles in einer außerordentlichen Plenarsitzung – und bemühte sich, möglichst viele Unterschriften zu erhalten. Wie viele Ausreden mag er da gehört haben? Schließlich fand er zwei Kollegen, die sich ihm anschlossen.

Das Telegramm LAUES an PLANCK nach Taormina: „Persönliche Anwesenheit hier dringend erwünscht" war vergeblich – PLANCK war davon überzeugt, daß LAUE sich grundlos aufregte.

So fiel LAUES Antrag durch. Die Akademie billigte die Erklärung gegen EINSTEIN und sprach HEYMANN den „Dank für sein sachgemäßes Handeln" aus. Von den ehemaligen Kollegen wurde die Trennung von EINSTEIN als ein unter den veränderten politischen Bedingungen unvermeidlicher Akt verstanden. Man war der Auffassung, daß es sein mußte und daß es gefährlich wäre, sich zu sträuben. Die Mehrheit billigte sogar auch, daß die Trennung unter dem von der Akademie öffentlich erhobenen Vorwurf der „Greuelhetze" erfolgte.

In der ruhmvollen Geschichte der im Jahre 1700 gegründeten *Preußischen Akademie der Wissenschaften* hatte es bisher im wesentlichen nur eine einzige dunkle Episode gegeben: Im Jahre 1751 war von der Akademie das korrespondierende Mitglied SAMUEL KÖNIG der Fälschung eines Briefes des Philosophen GOTTFRIED WILHELM LEIBNIZ bezichtigt worden, um die vermeintliche Priorität des Akademie-Präsidenten MAUPERTUIS an einer wichtigen Entdeckung, dem „Prinzip

Max von Laue

Einstein mit seiner Sekretärin Helene Dukas (ganz links) und seiner Stieftochter Margot in Princeton. „Ich hab' mich überm Teich behaglich eingerichtet", schrieb Einstein an den alten Freund Max von Laue: „Doch denke ich oft, daß der kleine Kreis von Menschen, der früher harmonisch verbunden war, wirklich einzigartig gewesen ist."

Zimmerhof, Südtirol
26. VIII. 34.

Lieber Einstein!

Wie lange ist es her, dass wir nichts direkt von einander gehört haben! Und was ist alles seitdem passiert! Zuletzt sahen wir uns 1930 in Caputh. Es scheint so, als ob der Taumel, in dem die Welt seit 1914 lebt, immer weiter geht.

Ich schreibe diesen Brief aus Italien. Wenn ich ihn von Deutschland aus schriebe, würde er kaum in Ihre Hände gelangen. Auch so werden Sie ihn verspätet erhalten, da Sie wohl gegenwärtig in Europa sind.

Leider kann ich meine Landsleute nicht entschuldigen angesichts all des Unrechts, das Ihnen und vielen anderen angetan worden ist; auch nicht meine Collegen von der Berliner und Münchener Akademie. Viel Schuld hat die politische Unreife des deutschen Volkes, viel Schuld auch die Politik unserer Kriegsgegner. [illegible] das nationale Gefühl, das bei mir [illegible] gründlich durch Misstrauen [illegible] wird. Ich hätte jetzt nichts mehr dagegen, wenn Deutschland als Macht zugrunde ginge und in einem befriedeten Europa aufginge.

Vielleicht interessiert es Sie, dass ich meine allgemeine Hörervorlesung über Elektrodynamik wie in früheren Jahren ins Vierdimensionale ausklingen liess und mit einer Einführung in die spec. Rel.-Th. krönte. Die Studenten waren begeistert, nicht einer opponierte. Ebenso bei der Sommervorlesung über Optik, die ich mit Ihrer Optik bewegter Medien einleitete. [Wollen Sie daraus entnehmen, dass der deutsche Student der geistigen Tyrannei längst überdrüssig ist, in die ihn eine kleine Gruppe von „Führern" einspannen möchte, und dass er sich nach der freien Luft des Geistes sehnt.] Nicht ein einziges Mal ist die Nennung Ihres Namens beanstandet worden.

Wie frei mag die Luft jetzt in dem schönen Princeton wehen! Eigentlich haben Sie die Aufgabe, zusammen mit Weyl, den ich zu grüssen bitte, die allgemeine Rel.-Th. noch zu einer neuen Höhe zu führen! In Einklang zu bringen mit den Bedürfnissen der Mikromechanik! Dass sie für die Mechanik des Kosmos die unentbehrliche Grundlage ist, bezweifelt heute kein Vernünftiger.

Dieser Brief bedarf keiner Antwort, zumal [illegible] nicht erreichen. Sollten Sie mir etwas zu sagen haben, so tun Sie es durch London, unter Vermeidung Ihres Namens. Übrigens würde ich vom 15ten bis 26ten Oktober in Genf sein, Adr. Prof. J. Weigle, Faculté des Sciences.

Ich würde sehr glücklich sein, wenn wir uns trotz allem einmal wieder sehen könnten! Ihr getreuer

A. Sommerfeld

Brief Sommerfelds an Einstein aus Südtirol vom 26. August 1934.

der kleinsten Aktion", zu verteidigen. Mehr noch als damals im Fall „Samuel König" erniedrigte sich nun die Akademie im Fall „Albert Einstein". Einsichtige, wie Max von Laue und Max Planck, konnten sich gegen die mit Blindheit geschlagene Mehrheit nicht durchsetzen. Wie sich damals – vor fast zweihundert Jahren – der zu Unrecht angegriffene Samuel König in einem würdigen „appel au public" an die Öffentlichkeit wandte, so wies jetzt Albert Einstein die ungerechtfertigten Vorwürfe der Akademie zurück. Neben einem offiziellen Schreiben richtete er einen zweiten, persönlichen Brief an Max Planck:

„Ich habe mich an keiner ‚Greuelhetze' beteiligt. Ich nehme zugunsten der Akademie an, daß sie eine derartige verleumderische Äußerung nur unter äußerem Druck getan hat. Aber auch in diesem Fall wird es ihr kaum zum Ruhme gereichen, und mancher von den Besseren wird sich dessen heute schon schämen. Sie haben wahrscheinlich gehört, daß man mir auf Grund derartiger falscher Anklagen meinen Besitz in Deutschland beschlagnahmt hat . . . Wie das Ausland über die mir gegenüber angewandten Praktiken denkt, können Sie sich leicht vorstellen. Es wird wohl eine Zeit kommen, in der sich anständige Menschen in Deutschland unter anderem auch dessen schämen, in wie niedriger Weise man mir gegenüber sich verhalten hat. Ich muß jetzt doch daran erinnern, daß ich Deutschlands Ansehen in all diesen Jahren nur genützt habe und daß ich mich niemals daran gekehrt habe, daß – besonders in den letzten Jahren – in der Rechtspresse systematisch gegen mich gehetzt wurde, ohne daß es jemand für der Mühe wert gehalten hat, für mich einzutreten."

Biographen haben berichtet, Einstein sei in Abwesenheit zum Tode verurteilt worden, und man hätte eine hohe Summe, 20 000 Reichsmark, als Kopfpreis ausgesetzt. Das ist nicht richtig; es handelt sich dabei um eine spätere Legendenbildung. Es bleibt aber genug des Unrechts. Die beiden Stieftöchter Einsteins, Ilse und Margot, wurden polizeilich verhört, die Berliner Stadtwohnung und das Landhaus in Caputh durchsucht. Darüber berichtete Helene Dukas, die Sekretärin Einsteins: „Die ‚Vernehmung' fand statt in der Wohnung von Dr. Rudolf Kayser, Einsteins Schwiegersohn. Frau Ilse Kayser war gerade bettlägerig, Margot Einstein wohnte dort in diesen Tagen. Es kamen ein Polizeibeamter – in Zivil – und zwei uniformierte SA-Leute, die aber nur dabeistanden. Die Fragen stellte der Polizei-Beamte, dem offensichtlich die Sache gegen den Strich ging. Er fragte wegen ‚Material für Greuelpropaganda' und ob sie kürzlich von ihrem Vater gehört hätten. Margot gab keine Antwort, ebenso ihr Schwager – nur, daß sie nichts wüßten. Dabei lag auf dem Tisch ein Brief Einsteins, in dem er sich über Hitler lustig gemacht hatte. Der Polizeibeamte sagte dann: ‚Da Sie ja anscheinend kürzlich nichts von Ihrem Vater gehört haben, wissen Sie wohl auch nichts', und verabschiedete sich höflich. Zur gleichen Zeit fand auch eine ‚Haussuchung' in der Einsteinschen Wohnung statt, wo aber nur die Hausangestellte war, die sie in die verschiedenen Zimmer führte. Mitgenommen wurde weiter nichts. Was beschlagnahmt wurde, waren die Bankkonten, Frau Einsteins Safe etc., ebenso das Haus in Caputh, in dem dann der ‚Bund Deutscher Mädel' hauste, ebenso Professor Einsteins Segelboot, das in Caputh lag."

Einsteins Landhaus in Caputh bei Potsdam an den Märkischen Seen gelegen. Seit 1929 verbrachte er hier mit Vorliebe die heißen Sommermonate. 1933 wurde das Haus sofort beschlagnahmt.

Das geschah im Jahre 1933 dem Manne, den die Welt als einen neuen NEWTON verehrte, dem Manne, dem die deutsche Naturwissenschaft zum guten Teil ihr „goldenes Zeitalter" verdankte, dem Manne, dem zuliebe nach dem Ersten Weltkrieg viele Ausländer wieder Beziehungen zu Deutschland angeknüpft hatten.

Nach der Rückkehr PLANCKS aus Sizilien beschäftigte sich die Akademie am 11. Mai 1933 noch einmal mit dem „Fall EINSTEIN". In der ehrlichen Überzeugung, daß die Mitglieder der Akademie eine besondere Loyalitätspflicht besitzen, sagte PLANCK, es sei „tief zu bedauern, daß Herr EINSTEIN selber durch sein politisches Verhalten sein Verbleiben unmöglich gemacht hat." Aber ebenso unmißverständlich gab er zu Protokoll: „Ich glaube, im Sinne meiner akademischen Fachkollegen sowie der überwältigenden Mehrheit aller deutscher Physiker zu sprechen, wenn ich sage: Herr EINSTEIN ist nicht nur einer unter vielen hervorragenden Physikern, sondern Herr EINSTEIN ist der Physiker, durch dessen in unserer Akademie veröffentlichten Arbeiten die physikalische Erkenntnis in unserem Jahrhundert eine Vertiefung erfahren hat, deren Bedeutung nur an den Leistungen JOHANNES KEPLERS und ISAAC NEWTONS gemessen werden kann. Es liegt mir vor allem deshalb daran, dies auszusprechen, damit nicht die Nachwelt einmal auf den Gedanken kommt, daß die akademischen Fachkollegen Herrn EINSTEINS noch nicht imstande waren, seine Bedeutung für die Wissenschaft zu begreifen."

In einer großen Zahl von deutschen wissenschaftlichen Institutionen hatte EINSTEIN mitgewirkt. Mit dem Austritt aus der *Preußischen Akademie* wurden all die vielen Fäden zerrissen, die ihn mit dem geistigen Leben des Landes verbunden hatten. Von sich aus – wo nicht freiwillig, dann auf Wink von oben – begannen nun auch die anderen Körperschaften, ihr Verhältnis zu EINSTEIN zu überprüfen. Doch EINSTEIN war es leid, nun eine lange und unerquickliche Korrespondenz aufzunehmen, in die sich womöglich wieder die Presse mischen würde. So schrieb EINSTEIN an MAX VON LAUE: „Ich habe erfahren, daß meine nicht geklärte Beziehung zu solchen deutschen Körperschaften, in deren Mitgliederverzeichnis mein Name noch steht, manchem meiner Freunde in Deutschland Ungelegenheiten bereiten könnte. Deshalb bitte ich Dich, gelegentlich dafür zu sorgen, daß mein Name aus den Verzeichnissen dieser Körperschaften gestrichen wird. Hierher gehört zum Beispiel die *Deutsche Physikalische Gesellschaft,* die *Gesellschaft des Ordens Pour le Mérite.* Ich ermächtige Dich ausdrücklich, dies für mich zu veranlassen. Dieser Weg dürfte der richtige sein, da so neue theatralische Effekte vermieden werden."

Die Vertreibung EINSTEINS, des „Papstes der Physik", aus Berlin und sein Umzug in die Neue Welt wurden weithin beachtet – und symbolisch verstanden: nun war die führende Rolle, die Deutschland in der Physik innegehabt hatte, beendet und auf die Vereinigten Staaten übergegangen.

Schlag auf Schlag verwandelte sich der Rechtsstaat in eine Diktatur. Am 7. April 1933 wurde das „Gesetz zur Wiederherstellung des Berufsbeamtentums" erlassen. Dies war reine Willkür. Die Verbeamtung der Professoren war „auf Lebenszeit" erfolgt. Dieses verbriefte Recht wurde jetzt durch einen Federstrich beseitigt. Die Entlassung konnte nach Paragraph 4 erfolgen, einem Gummiparagraphen, der die weidlich benutzte Möglichkeit zur politischen Erpressung und Einschüchterung bot. Der gegen die jüdischen Beamten gerichtete Paragraph 3 traf wissenschaftlich hochqualifizierte Gelehrte, die sich häufig aufgrund ihres Glaubens oder ihrer Abstammung keineswegs als „Nicht-Deutsche" fühlten, sondern ebenso national dachten wie die Mehrzahl der Bürger.

Nach diesem Gesetz mußte den nach mehr als zehnjähriger Dienstzeit entlassenen Beamten ein Ruhegeld gezahlt werden, und Frontkämpfer des Ersten Weltkrieges konnten überhaupt nicht entlassen werden. An diese Bestimmungen hielt man sich aber nur in den ersten Monaten. Dann gab es keine „Milde" mehr. Juden waren rechtlos. Wo sollten sie sich beschweren?

So wurden unter der wahnwitzigen Parole, Deutschland groß zu machen, die Größten aus dem Lande gejagt. Der Aderlaß für die deutsche Wissenschaft war ungeheuer. Genaue Zahlen über die Emigration gibt es nicht. Aus einer unvollständigen Aufstellung von 1937 geht hervor, daß von 7758 Mitgliedern des Lehrkörpers der deutschen Universitäten und Technischen Hochschulen allein bis zum Wintersemester 1934/35 1145 Professoren und Dozenten, das heißt 15%, entlassen worden waren. In der Physik lagen die Zahlen höher, so daß insgesamt, nach dem geistigen Gewicht gemessen, etwa ein Viertel der Intelligenz das Land verlassen hat. Auf die geistige Emigration folgte, teilweise ursächlich bedingt, ein scharfer Rückgang der Studentenzahlen an den deutschen Hochschulen auf die Hälfte, von 112000 im Jahre 1929 auf 56000 im Jahre 1939.

Mit Scham und ohnmächtiger Wut sahen die deutschen Gelehrten zu, wie Kollegen fast über Nacht das Land verlassen mußten, Kollegen, mit denen sie jahrelang in der gleichen Fakultät gesessen, gemeinsame Lehrveranstaltungen und Forschungsprojekte durchgeführt und in deren Häusern sie oft Gastfreundschaft genossen hatten.

Besonders tragisch war der Fall FRITZ HABER. Mit der Überzeugung, in Krieg und Frieden das Richtige für sein Vaterland getan zu haben, hatte HABER, der „Vater des Gaskrieges" im Ersten Weltkrieg, jahrelang die Ächtung durch die Weltöffentlichkeit getragen. Als er aber erlebte, daß nach 1933 von der neuen „nationalen Regierung" alle vom Auslande verurteilten „Kriegsverbrecher" als Heroen und Märtyrer gefeiert wurden, er dagegen – wegen seiner jüdischen Abstammung – abermals verstoßen war, da verlor er das früher sprichwörtliche Selbstvertrauen.

„Ich habe keinen anderen Institutsdirektor gekannt, für den das Institut so sehr ein Teil seiner selbst war. So war denn auch, als er es 1933 aufgeben mußte, die Wunde unheilbar", berichtete MAX VON LAUE: „Ich habe mit eigenen Augen den wochenlangen Kampf angesehen, in welchem Haber sich zu seinem Rücktrittsgesuch durchrang. Die Anfälle von Angina pectoris, an denen er seit mehreren Jahren schon litt, häuften sich, und ich erinnere mich, wie er nach einem solchen Anfall seufzte: ‚Es ist schlimm mit solcher Krankheit. Man stirbt davon so langsam'."

Fast täglich waren MAX VON LAUE und LISE MEITNER bei HABER, und diese erzählte später: „Ich war voll Bewunderung über LAUES Einfühlungsvermögen und die Herzenswärme, mit der er HABER seine schwierige Situation zu erleichtern suchte."

In dieser Zeit schrieb ALBERT EINSTEIN an MAX BORN, ein Emigrant an den anderen: „Du weißt, daß ich nie besonders günstig über die Deutschen dachte (in moralischer und politischer Beziehung). Ich muß aber gestehen, daß sie mich doch überrascht haben durch den Grad ihrer Brutalität und Feigheit." EINSTEIN wußte nicht, daß PLANCK entschlossen war, persönlich bei ADOLF HITLER zu intervenieren: „Nach der Machtergreifung durch HITLER hatte ich als der Präsident der *Kaiser-Wilhelm-Gesellschaft* die Aufgabe, dem Führer meine Aufwartung zu machen. Ich glaubte, diese Gelegenheit benutzen zu sollen, um ein Wort zu Gunsten meines jüdischen Kollegen FRITZ HABER einzulegen, ohne dessen Verfahren zur Gewinnung des Ammoniaks aus dem Stickstoff der Luft der vorige Krieg von Anfang an verloren gewesen wäre. HITLER antwortete mir wörtlich: ‚Gegen die Juden an sich habe ich gar nichts. Aber die Juden sind alle Kommunisten, und diese sind meine Feinde, gegen sie geht mein Kampf.' Auf meine Bemerkung, daß es doch verschiedenartige Juden gäbe ... darunter alte Familien mit bester deutscher Kultur, und daß man doch Unterschiede machen müsse, erwiderte er: ‚Das ist nicht richtig. Jud ist Jud; alle Juden hängen wie Kletten zusammen. Wo ein Jude ist, sammeln sich sofort andere Juden aller Art an. Es wäre die Aufgabe der Juden selber gewesen, einen Trennungsstrich zwischen den verschiedenen Arten zu ziehen. Das haben sie nicht getan, und deshalb muß ich gegen alle Juden gleichmäßig vorgehen.' Auf meine Bemerkung, daß es aber geradezu eine Selbstverstümmelung wäre, wenn man wertvolle Juden nötigen würde auszuwandern, weil wir ihre wissenschaftliche Arbeit nötig brauchen und diese sonst in erster Linie dem Ausland zugute komme, ließ er sich nicht weiter ein, erging sich in allgemeinen Redensarten und endete schließlich: ‚Man sagt, ich leide gelegentlich an Nervenschwäche. Das ist eine Verleumdung. Ich habe Nerven wie Stahl.' Dabei schlug er sich kräftig auf das Knie, sprach immer schneller und schaukelte sich in eine solche Wut hinauf, daß mir nichts übrig blieb, als zu verstummen und mich zu verabschieden."

PLANCKS Antrittsbesuch war das erste und letzte Mal, daß der „Führer und Reichskanzler" einen prominenten Wissenschaftler zum Vortrag empfing. HITLER hatte sich nie um Grundlagenforschung gekümmert, er hat ihre Bedeutung für den modernen Industriestaat nicht begriffen. Und noch schlimmer: Er besaß Ressentiments. Die Verachtung, die ihm persönlich vor 1933 von Gelehrten entgegengebracht worden war, hatte er nicht vergessen.

Ungerührt sah das Staatsoberhaupt, der Führer der „nationalen Regierung", wie das kostbarste Gut der Nation, das intellektuelle Potential, verschleudert wurde. Während eine rücksichtslose Machtpolitik begann, die dem Reich die Weltherrschaft bringen sollte, wurde in ideologischer Verblendung gleichzeitig der Hauptpfeiler, auf den sich die Weltstellung Deutschlands gründete, untergraben.

Um den völligen Zusammenbruch des von der Kündigungswelle besonders schwer geschädigten HABERschen Instituts zu verhindern, setzte PLANCK im Einvernehmen mit HABER als kommissarischen Leiter OTTO HAHN ein. Er holte ihn mit einem Telegramm aus den Vereinigten Staaten zurück nach Berlin. Am 21. Juli 1933 übernahm OTTO HAHN seine neue Aufgabe. Wenige Tage später wurde vom Kultusministerium ein Chemiker namens GERHARD JANDER zu HABERS Nachfolger erklärt. Von ihm hatte man in der *Kaiser-Wilhelm-Gesellschaft*, wo man über die wirklichen Fachleute genau Bescheid wußte, noch nie gehört. Er war, wie sich herausstellte, ein wissenschaftlich bedeutungsloser Privatdozent aus Greifswald. Dafür war er politisch als Deutschnationaler hervorgetreten.

[illegible] 23 III. 34

Lieber alter Kamerad!

Wie hab' ich mich mit jeder Nachricht von Dir und über Dich gefreut. Ich hab nämlich immer gefühlt und gewusst, dass Du nicht nur ein Kopf sondern auch ein Kerl bist. Noch besser sieht mans in der Beleuchtung der Scheinwerfer, wenns auch den Betroffenen in den Augen blendet. Wenn Du wünschest, dass ich etwas thue oder Du auch nur glaubst, dass ich es eventuel könnte, so lass mich's wissen. Ich kann mir denken, dass Dir die species minorum gentium nichts innerlich anhaben kann, und schliesslich ist man ja keine Pflanze, sondern ein bewegliches Biest. Ich hab mich überm Teich behaglich eingerichtet, doch denke ich oft, dass der kleine Kreis von Menschen, der früher harmonisch verbunden war, wirklich einzigartig gewesen ist und in dieser menschlichen Sauberkeit kaum mehr von mir angetroffen werden wird. Dagegen gestehe ich offen, dass ich dem weiteren Kreise keine Träne nachweine; er war mehr amüsant für den unbeteiligten Zuschauer als liebenswert. Des Holländischen Freundes tragisches Schicksal hat mich sehr getroffen; für die Mimose ist heute schwer ein geeigneter Platz zu finden.

An den grossen neuen Entdeckungen kann ich mich nur wenig erfreuen, weil

---

Brief Einsteins an Max von Laue vom 23. März 1934: „Ich hab' immer gefühlt und gewußt, daß Du nicht nur ein Kopf, sondern auch ein Kerl bist."

Walther Nernst und Lise Meitner: Ernste Gespräche am Rand einer Feier der Kaiser-Wilhelm-Gesellschaft. Es handelte sich vermutlich um das Jubiläum anläßlich des 25. Gründungstages am 10. Januar 1936, das eine Demonstration der Unabhängigkeit der Gesellschaft gegenüber dem nationalsozialistischen Staate war.

Kapitel XI Die Völkerwanderung von unten
Physik und Politik im Dritten Reich

Rasch zerfiel das einst so berühmte *Kaiser-Wilhelm-Institut für Physikalische Chemie* – die Forschungsanlage, die alle Welt bewundert und die die Alliierten während des Ersten Weltkrieges mehr gefürchtet hatten als zehn deutsche Divisionen.
Mit Haber waren es neun Nobelpreisträger, die das Land verließen. Ihre Namen und ihr Schicksal sind der Welt bekannt. Wer aber waren die, die nun auf die freigewordenen Stellen einrückten?
Da waren zuerst die rücksichtslosen Draufgänger wie Rudolf Mentzel und Erich Schumann, Senkrechtstarter ohne Gewissen, die sich entschlossen in den Dienst der Partei oder der Wehrmacht stellten. Ihrem Tatendrang eröffnete sich nun, da das unterste zuoberst gekehrt wurde, ein weites Betätigungsfeld.
Da gab es die Kriecher, die Drittrangigen, die unter normalen Verhältnissen nie etwas geworden wären, die sich jetzt rechtzeitig der neuen Richtung anpaßten und für ihre „Haltung" vom neuen Staat belohnt wurden. Zu dieser Gruppe gehörte Gerhard Jander. Dazu gehörte Theodor Weich, der „den Weg zur Futterkrippe als Professor für theoretische Physik" fand, wie Heisenberg sagte: „Da er nie eine Arbeit über theoretische Physik veröffentlicht hat, ist der Fall auch für Unbeteiligte völlig klar." Dazu gehörte Wilhelm Müller, der 1941 die Nachfolge des großen Arnold Sommerfeld antreten sollte, und dazu gehörte noch mancher, der so unbedeutend war, daß ihm die Geschichte die Wohltat des raschen Vergessens hat zukommen lassen. Viele, die als Privatdozenten Jahre mit Warten verbracht hatten, konnten in eine begehrte Beamtenstelle einrücken. Andere, die bisher als außerplanmäßige oder außerordentliche Professoren ohne rechte Anerkennung geblieben waren, wurden Ordinarien und Institutsdirektoren. In den Fakultäten führten nun die kleinen Geister, die früher im Schatten gestanden hatten, das große Wort.
Am stärksten davon überzeugt, daß nunmehr alles nach ihrem Willen geschehen müsse, waren die fanatischen Antisemiten. Sie waren sozusagen die „alten Kämpfer" auf dem Gebiete der Wissenschaft. Seit Jahren hatten sie gegen den vermeintlichen Judengeist in der Wissenschaft polemisiert. Es waren die großen Hasser, die alle ihre Mißerfolge auf die bösen Absichten von „Juden und Judengenossen" zurückführten, es waren die im Leben Zu-kurz-gekommenen, denen der Nationalsozialismus als „Weltanschauung" wie auf den Leib geschnitten war. Zu diesen bisherigen Außenseitern, die nun plötzlich seit dem 30. Januar 1933 im Zentrum der Macht standen, gehörten die beiden Physiker und Nobelpreisträger Philipp Lenard und Johannes Stark.

Am 1. Mai 1933 wurde Stark als Präsident der *Physikalisch-Technischen Reichsanstalt* eingesetzt. Im „Völkischen Beobachter" kommentierte Philipp Lenard die Ernennung: „Eine entschiedene Abkehr bedeutet sie von der schon als unvermeidlich betrachteten Vorherrschaft des – am kürzesten – Einstein-mäßig zu nennenden Denkens... Nun ist Stark... obenan an so wichtiger Stelle. Viele... werden diesen hier wirksam gewordenen Entschluß des Reichsinnenministers Frick schon begriffen haben... Es war dunkel geworden in der Physik, und zwar schon von oben herab... Das hervorragendste Beispiel schädlicher Beeinflussung der Naturforschung von jüdischer Seite hat Herr Einstein geliefert mit seiner aus guten, schon vorher dagewesenen Erkenntnissen und einigen willkürlichen Zutaten mathematisch zusammengestoppelten ‚Theorie', die nun schon allmählich in Stücke zerfällt... Man kann hierbei selbst mit gediegener Leistung dastehenden Forschern den Vorwurf nicht ersparen, daß sie den ‚Relativitätsjuden' in Deutschland überhaupt erst haben festen Fuß fassen lassen... (Die) an hervorragender Stelle tätigen Theoretiker hätten diese Entwicklung schon besser leiten dürfen... Jetzt hat sie Hitler geleitet. Der Spuk ist verfallen; der Fremdgeist verläßt bereits sogar freiwillig Universitäten, ja das Land..."
Seit der berüchtigten Naturforscherversammlung in Bad Nauheim im Jahre 1920 hatten Lenard und Stark gegen die *Relativitäts-* und die *Quantentheorie* ständig neue Angriffe gerichtet, aus denen die Physiker den Schluß zogen, daß die beiden Nobelpreisträger die physikalischen Grundlagen der neuen Theorie nicht verstanden hatten. Ihre abstruse Rassenideologie wurde zum Gespött der Kollegen.
Die Zeit, in der man sich über wissenschaftlich abwegige Auffassungen lustig machen konnte, war im Jahre 1933 vorbei. Einige der maßgebenden Begründer der modernen theoretischen Physik, wie Einstein und Born, hatten als Juden und „Feinde des deutschen Volkes" das Land verlassen müssen, und ihre unversöhnlichen Gegner konnten sich mit Recht ihrer langjährigen geistigen Verbundenheit mit Adolf Hitler und den anderen „Führern" in Partei und Staat rühmen. Der *Relativitätstheorie* und der *Quantentheorie*, die zu den bedeutendsten intellektuellen Leistungen des 20. Jahrhunderts gehören, Leistungen, die zum größten Teil in Deutschland vollbracht worden waren, drohte als „jüdischen Geistesprodukten" die Verfemung. Wie es in der Physik weitergehen sollte, mußte sich auf der Physikertagung in Würzburg im September 1933 zeigen. Johannes Stark hatte ein Grundsatzreferat angekündigt.

Johannes Stark

MAX VON LAUE, der Vorsitzende der Gesellschaft, nahm die Herausforderung an. Er eröffnete den Kongreß mit einer sorgfältig vorbereiteten Rede über die genau 300 Jahre zurückliegende Verurteilung GALILEIS durch die Inquisition. Die Zuhörer verstanden, daß mit dem GALILEI, von dem er sprach, EINSTEIN gemeint war.
„GALILEI muß bei den ganzen Prozeßverhandlungen innerlich die Frage gestellt haben: Was soll das alles? Ob ich, ob irgendein Mensch es nun behauptet oder nicht, ob politische, ob kirchliche Macht dafür ist oder dagegen, das ändert doch nichts an den Tatsachen! Wohl kann Macht deren Erkenntnis eine Zeitlang aufhalten, aber einmal bricht diese doch durch! Und so ist es ja auch gekommen. Der Siegeszug der *Kopernikanischen Lehre* war unaufhaltsam ... Aber bei aller Bedrükkung konnten sich ihre Vertreter aufrichten an der sieghaften Gewißheit, die sich ausspricht in dem schlichten Satz: Und sie bewegt sich doch!"
Unmittelbar danach ergriff JOHANNES STARK das Wort. Verärgert, mit ein paar poltrigen Sätzen, kommentierte er die Ausführungen LAUES. Dann fand er zum vorbereiteten Text seiner Rede zurück. Wie nun der Führer die Verantwortung für das deutsche Volk trug, wollte er für die Physiker die „Verantwortung" übernehmen. Für den Ausbau der Reichsanstalt entwickelte er gigantische Pläne. Hand in Hand mit der von ihm beherrschten Reichsanstalt als Steuerungszentrum sollte die Wissenschaft in Deutschland neu organisiert werden.
Die Rede hinterließ einen verheerenden Eindruck. Auch wer von den Kollegen womöglich Sympathien für das „Führerprinzip" besaß, lehnte den Anspruch STARKS ab, dieser Führer zu sein. STARK wollte sich zum Vorsitzenden der *Deutschen Physikalischen Gesellschaft* wählen lassen und dann dieses Amt mit dem des Präsidenten der *Physikalisch-Technischen Reichsanstalt* verschmelzen; dieser Plan hatte nun keine Chance mehr. Zum neuen Vorsitzenden wurde statt dessen der Industriephysiker Dr. KARL MEY vorgeschlagen, der zugleich Vorsitzender der *Deutschen Gesellschaft für Technische Physik* war: ein geschickter Schachzug, denn die Zusammenführung von Universitäts- und Industriephysikern war ein altes Anliegen. STARK zog seine Kandidatur zurück. Am 20. September 1933 wurde MEY fast einstimmig zum neuen Vorsitzenden gewählt.
Die Schlappe bei der Würzburger Physikertagung ließ STARK keine Ruhe. Die erstrebte Führerposition in der Wissenschaft wollte er sich nun mit Hilfe seiner politischen Beziehungen aufbauen. Er beanspruchte die Aufnahmen in die *Preußische Akademie*, wo durch die „Säuberungen" Plätze freigeworden waren. Wie im „Fall EINSTEIN" griffen die Behörden massiv ein.
LAUE hatte früher MAX PLANCK als seinen großen akademischen Lehrer verehrt, und nun waren beide enge Freunde und beide Mitglieder der *Preußischen Akademie.* Es ist ganz sicher, daß PLANCK und LAUE eine Aussprache unter vier Augen miteinander führten. PLANCK vertrat die Auffassung, daß man der Regierung nachgeben müsse: „Der Nationalsozialismus ist wie ein Sturm, der über unser Land braust", meinte er: „Wir können nichts tun, als uns beugen wie die Bäume im Wind." Widerstand hielt PLANCK für sinnlos; denn die Regierung habe genügend Mittel und Wege, ihr Ziel – und dann auf eine für die Akademie schmerzhaftere Weise – zu erreichen. Diesem Standpunkt hielt LAUE entgegen, daß es nicht um die Person STARKS gehe, sondern um die Freiheit der Forschung. Auch wenn man unterliege, so sei es besser, überhaupt etwas getan zu haben, als kampflos die alten Ideale aufzugeben. Die Niederlage sei jedoch keineswegs schon besiegelt: Wenn man beherzt vorgehe, so könne das auch auslösend und befreiend wirken.
Kraft zur Opposition schöpfte LAUE aus dem Bewußtsein, zur internationalen Gemeinschaft der Physiker zu gehören. Er hatte viele Freunde unter den ausländischen Kollegen und hielt die Verbindungen so gut es ging aufrecht. Besonders wichtig waren ihm die Kontakte zu Emigranten. Kamen ausländische Besucher, gab er ihnen Briefe mit an EINSTEIN, an LADENBURG, an SCHRÖDINGER. Eigene Reisen ins Ausland benutzte er regelmäßig dazu, den Freunden ausführlich zu schreiben. Durch diesen Gedankenaustausch wußte LAUE, daß er nicht allein stand mit seinem Urteil, und er lernte – was damals nicht so selbstverständlich war – die politischen Ereignisse nicht nur vom nationalen Standpunkt aus zu beurteilen.

Fritz Haber. 1908 entwickelte er mit seinem „Reagenzglas für Hochdruck“ das berühmte Verfahren, um aus dem Stickstoff der Luft und dem Wasserstoff des Wassers Ammoniak zu gewinnen. Nachdem Carl Bosch das Verfahren 1913 in großtechnische Dimensionen „übersetzt“ hatte, konnte man mit dem „Haber-Bosch-Verfahren“, wie man sagte, „Brot aus Luft“ gewinnen: Das Ammoniak war in Form von Ammoniumsalzen oder in oxydierter Form als Salpeter ein wichtiger Stickstoffdünger. Im Ersten Weltkrieg wurde Haber, der deutsche Patriot, zum „Vater des Gaskampfes“. Als 1933 die von den Alliierten sogenannten „Kriegsverbrecher“ von den Nationalsozialisten zu Helden und Märtyrern hochstilisiert wurden, blieb Haber ausgeschlossen, aus dem einzigen Grunde, weil er Jude war.

Wichtiger noch war für LAUE die Lehre des Königsberger Philosophen IMMANUEL KANT. Die berühmte *Kritik der reinen Vernunft* prägte seine wissenschaftliche Weltanschauung, die *Kritik der praktischen Vernunft* seine menschliche Haltung. Der Maßstab für ihn war der Kategorische Imperativ: „Handle so, daß die Maxime deines Willens jederzeit zugleich als Prinzip einer allgemeinen Gesetzgebung gelten könne.“

In der Sitzung der *Preußischen Akademie* am 14. Dezember 1933 erhob LAUE Einspruch gegen die Wahl von JOHANNES STARK. Es gab eine heftige Diskussion. Schließlich wurde die Wahl auf die nächste Sitzung vertagt. An diesem 11. Januar 1934 zogen MAX PLANCK, FRIEDRICH PASCHEN und KARL WILLY WAGNER ihren Antrag zurück. Damit war die Aufnahme STARKS abgelehnt.

Wie schon das Auftreten bei der Physikertagung in Würzburg, so war die erneute Aktion LAUES ein Signal. Zwar war PLANCK das allseits verehrte Oberhaupt der deutschen Wissenschaftler und jeder kannte seine Haltung, zumal er es bei Gelegenheit (so seiner persönlichen Intervention bei HITLER gegen die Entlassung der jüdischen Gelehrten) nicht an Deutlichkeit hatte fehlen lassen, aber PLANCK war alt und stand bei gesetzlosen Übergriffen der Regierung in seiner eingewurzelten Ehrfurcht vor der Staatsautorität den Ereignissen oft hilflos gegenüber. „PLANCK war ein tragischer und nicht romantischer Held, ein ‚braver‘ Mann und das Gegenteil eines Revolutionärs“, schrieb PETER PAUL EWALD: „Die einzige Tellsfigur war LAUE, und deshalb war er, nicht PLANCK, Vorbild für mich und viele andere. Dies ist der Grund, den ich erst jetzt recht verstehe, warum EINSTEIN es 1936 ablehnte, daß ich (auch) PLANCK und SOMMERFELD, ebenso wie LAUE, Grüße von ihm brächte.“ Auf einer Reise in die Vereinigten Staaten hatte EWALD ALBERT EINSTEIN in Princeton besucht. Beim Abschied gab es folgenden Dialog: EINSTEIN: „Grüßen Sie LAUE.“ – EWALD: „Soll ich auch PLANCK und SOMMERFELD grüßen?“ – EINSTEIN: „Grüßen Sie LAUE.“

Nach den Verhandlungen in der Akademie ging die nächste Auseinandersetzung um das Andenken FRITZ HABERS. Als gebrochener Mann, verfemt in Deutschland als Jude, verfemt im Ausland als Vater des Gaskrieges, war HABER in die Emigration gegangen. Verbittert starb er am 29. Januar 1934 in Basel.

In der *Preußischen Akademie* sprach MAX BODENSTEIN einen würdigen Nachruf und in der Zeitschrift „Die Naturwissenschaften“ schrieb MAX VON LAUE: „THEMISTOKLES ist in die Geschichte eingegangen nicht als der Verbannte des Perserkönigs, sondern als der Sieger von Salamis. HABER wird in die Geschichte eingehen als der geniale Erfinder des Verfahrens, Stickstoff mit Wasserstoff zu verbinden, ... als Mann, ... der Brot aus Luft gewann und einen Triumph errang im Dienste seines Landes und der ganzen Menschheit.“

Diese Worte mißfielen JOHANNES STARK: „Die Auffassung, welche ich von dem Vergleich HABERS mit THEMISTOKLES habe, wird von allen nationalsozialistischen Physikern geteilt. Sie liegt um so mehr nahe, als Herr VON LAUE sich auf der Würzburger Tagung durch den Vergleich EINSTEINS mit GALILEI eine ähnliche Verdächtigung der nationalsozialistischen Regierung geleistet hat.“

In ultimativer Form forderte STARK das Ausscheiden LAUES aus dem Vorstand der *Deutschen Physikalischen Gesellschaft.* Aber die Physiker ließen sich nicht erpressen. Sie wiesen das Ansinnen ab.
Nach den aufregenden Monaten in Berlin ging LAUE mit Frau und Tochter zum Skifahren in die Schweiz. Auf der Dachterrasse des Eden-Hotels in Lenzerheide genoß er die Märzsonne. Aber die Feinde ließen ihm auch hier keine Ruhe. In den Urlaub platzte die Nachricht von einer Denunziation bei der NSDAP: „Es geht eine Hetze gegen mich los. Der eigentliche Grund ist jedenfalls folgender: Ich gehöre seit langem dem Verband ehemaliger Offiziere des Infanterie-Regiments 138 an. Dieser Verband hat jetzt seine Mitglieder aufgefordert, der SA-Reserve II beizutreten. Ich habe das abgelehnt mit der Begründung, ich übernähme mit dem Beitritt unter Umständen Verpflichtungen, die ich mit meinem Gewissen nicht vereinbaren könne. Und das haben mir die Nazis mit Recht übelgenommen. Mit Recht; denn ich habe ihnen hier den Feind genannt, an dem sie, so hoffe ich zuversichtlich, eines nicht zu fernen Tages scheitern werden."
LAUE erwog ernstlich die Emigration. Aber es gelang PLANCK, ihn umzustimmen. Es gehörte Mut dazu, nach Deutschland zurückzukehren. Er war ein Freund EINSTEINS, er hatte die nationalsozialistische Regierung „verleumdet" und stand „bewährten Parteigenossen" (nun „alte Kämpfer" genannt) im Wege. Das Reichsministerium für Erziehung, Wissenschaft und Volksbildung befaßte sich mit dem Fall. LAUE kam schließlich, möglicherweise durch eine Intervention PLANCKS, mit einer einfachen „Zurechtweisung" davon. Sein hauptsächlicher Schutz war wohl der Nobelpreis. Der Minister wußte, daß sein Vorgehen gegen den international bekannten Forscher im Ausland unliebsames Aufsehen zur Folge gehabt hätte. Wenn für LAUE der Nobelpreis ein Schild war – so mag man jetzt fragen – warum hat dann dieses bei EINSTEIN nicht geholfen? Auch EINSTEIN war ja Nobelpreisträger – und eine Weltberühmtheit obendrein.
EINSTEIN war seit den zwanziger Jahren für die Menschen zu einem Begriff und zu einer moralischen Instanz geworden. Jeder halbwegs informierte Bürger kannte ihn als kompromißlosen Gegner des Nationalsozialismus. Sich von dem „frechen Juden" nichts mehr bieten zu lassen, erforderte nach Meinung der Nazis das schärfste Mittel, „es koste, was es wolle", wie es im Jargon des Regimes hieß.
LAUE aber war ein Begriff nur als Fachwissenschaftler; der Streit um ihn betraf nur den Kreis der Physiker. Erst durch eine „Maßregelung" wäre im Ausland Aufsehen entstanden. So ging Bernhard Rust, der Schwächste und vorsichtigste aller Reichsminister, den Weg des geringsten Widerstandes.
Daß das Verfahren gegen LAUE wie das Hornberger Schießen ausgehen würde, stand damals aber keineswegs schon fest. Es waren lange Monate quälender Ungewißheit.
Warum ging LAUE nicht in die Emigration? Er hing an Deutschland, seinem geschundenen Vaterland, und sah seine Aufgabe hier. Er wollte den Geist seiner Wissenschaft bewahren. Sein Mut gab ein Beispiel. Die *Deutsche Physikalische Gesellschaft* weigerte sich, die „Konsequenzen" zu ziehen und LAUE aus dem Vorstand zu entlassen. Auch die Drohung STARKS, dann selbst aus der Gesellschaft auszutreten, fruchtete nichts. Aus den Akten ist zu entnehmen, daß MAX VON LAUE nach wie vor im Vorstand blieb; JOHANNES STARK aber wird im Mitgliederverzeichnis nicht mehr genannt.
„Wie hab' ich mich mit jeder Nachricht von Dir und über Dich gefreut. Ich hab' nämlich immer gefühlt und gewußt, daß Du nicht nur ein Kopf, sondern auch ein Kerl bist", schrieb ALBERT EINSTEIN. Der aufmerksame und skeptische Beobachter meinte, sicherlich nicht zu Unrecht, daß in der großen Masse der Mitläufer, „die scientists keine Ausnahme bilden (in der großen Mehrzahl) und *wenn* sie anders sind, so ist es nicht auf die Verstandesfähigkeit, sondern auf das menschliche Format zurückzuführen, wie bei LAUE."
In der gespannten Atmosphäre beschloß PLANCK, zum einjährigen Todestag FRITZ HABERS eine Gedächtnisfeier abzuhalten. Er leitete persönlich die Vorbereitungen. Zwischen dem 10. und 13. Januar 1935 gingen die Einladungen hinaus: „Die einleitenden Worte spricht der Präsident der *Kaiser-Wilhelm-Gesellschaft,* Geheimrat Professor Dr. MAX PLANCK, Gedächtnisreden halten Professor Dr. OTTO HAHN, Oberst a.D. JOSEF KOETH, Professor Karl FRIEDRICH BONHOEFFER . . ."
Nun brach der Sturm los. Allen Universitätsangehörigen wurde auf Weisung von Minister RUST die Teilnahme untersagt, die Redner erhielten Sprechverbot. „BONHOEFFER und ich", berichtete OTTO HAHN, „bekamen von den Rektoren unserer Universitäten Leipzig und Berlin Mitteilung, daß wir nicht sprechen dürften. Ich selbst war aber vor kurzem aus der Berliner Universität ausgetreten. So konnte ich dies dem Rektor sagen. Er erwiderte, dann habe er kein Recht, mir Anweisungen zu geben."
„Stets setzte sich PLANCK für das ein, was er für Recht hielt, auch wenn es nicht sonderlich bequem für ihn war." So urteilte EINSTEIN. Und in der Tat. Es war nicht sonderlich bequem. Getreu seiner Maxime: „Jeden Schritt vorher überlegen, dann aber sich nichts gefallen lassen", hielt PLANCK an dem einmal gefaßten Beschluß fest – allen Pressionen zum Trotz. Zu LISE MEITNER sagte er: „Diese Feier werde ich machen, außer man holt mich mit der Polizei heraus."
Am 29. Januar 1935 kam PLANCK selbst zum *Kaiser-Wilhelm-Institut für Chemie*, um OTTO HAHN und LISE MEITNER zum HARNACK-Haus der Gesellschaft zu begleiten. Am Schwarzen Brett hingen die Anschläge: Allen Mitgliedern der *Kaiser-Wilhelm-Institute,* allen Universitätsangehörigen, allen Mitgliedern der in der *Reichsgemeinschaft der technisch-wissenschaftlichen Arbeit* zusammengeschlossenen Vereine (also überhaupt allen Wissenschaftlern) war es verboten, an der „Gedächtnisfeier für den Juden FRITZ HABER" teilzunehmen.
Der große Saal des HARNACK-Hauses war fast voll besetzt. Viele Chemiker, die es selbst nicht gewagt hatten, ließen sich durch ihre Frauen vertreten. Aber es waren doch auch zahlreiche Gelehrte gekommen und besonders zahlreich die Herren aus der Industrie.
Die Feier verlief würdig und eindrucksvoll. Seine Begrüßungsansprache schloß PLANCK mit den Worten: „HABER hat uns die Treue gehalten, wir werden HABER die Treue halten."
OTTO HAHN ging zweimal ans Vortragspult. Zuerst hielt er seine eigene Gedächtnisrede. Dann, nach den Worten von Oberst KOETH, las er das Manuskript BONHOEFFERS vor. „In manchen Kreisen hat mir die HA-

Die Kaiser-Wilhelm-Gesellschaft
zur Förderung der Wissenschaften

beehrt sich

in Gemeinschaft mit der

Deutschen Chemischen Gesellschaft
und der Deutschen Physikalischen Gesellschaft

zu einer

Gedächtnisfeier für Fritz Haber

am Dienstag, den 29. Januar 1935, 12 Uhr mittags,
im Harnack-Haus, Berlin-Dahlem, Ihnestraße 16–20,
einzuladen.

1. Andante con moto (Thema mit Variationen)
   aus dem Quartett Nr. 14 von Franz Schubert

2. Einleitende Worte

   Geheimrat Prof. Dr. Max Planck, Präsident der Kaiser-Wilhelm-Gesellschaft zur Förderung der Wissenschaften

3. Gedächtnisreden

   Prof. Dr. Otto Hahn, Direktor des Kaiser-Wilhelm-Instituts für Chemie

   Oberst a. D. Dr.-Ing. e. h. Joseph Koeth

   Prof. Dr. Karl-Friedrich Bonhoeffer, Auswärtiges wissenschaftliches Mitglied des Kaiser-Wilhelm-Instituts für physikalische Chemie und Elektrochemie

4. Cavatine (adagio molto espressivo)
   aus dem Quartett op. 130 von Ludwig van Beethoven

   Die Mitglieder des Philharmonischen Orchesters:
   Konzertmeister Siegfried Borries (1. Violine), Karl Höver (2. Violine), Reinhard Wolf (Viola), Wolfram Kleber (Cello).

Uniform oder dunkler Anzug

Einladung zur Gedächtnisfeier für Fritz Haber am 29. Januar 1935. Die Nazis schämten sich nicht, Fritz Haber, der in Krieg und Frieden seinem Vaterland gedient hatte, auch noch über den Tod hinaus zu verfolgen. Aber trotz aller Verbote führte Planck die Feier durch.

Berlin, 27.6.34.

Euer Excellenz!

Mit tiefem Bedauern habe ich von Ihrem Rücktritt vom Präsidium der Notgemeinschaft gehört. Die überwiegende Mehrzahl der deutschen Physiker, ins besondere die Mitglieder des physikalischen Fachausschußes, teilen dies Bedauern. Denn Siehaben Ihr Amt in fast 15 Jahren in einer Weise geführt, die es jedem Nachfolger schwer macht, Ihnen gleich zu kommen. Unter den jetzigen Umständen noch dazu wird der Wechsel im Präsidium, fürchte ich, den Auftakt bilden zu schweren Zeiten für die deutsche Wissenschaft, und die Physik wird wohl den ersten und schwersten Stoß zu erleiden haben. Leicht kann es dann dahin kommen, daß ich mich mit der Bitte um einen Rat an Sie wende. Ich rechne darauf, daß Sie mir diesen nicht versagen werden.

Mit hochachtungsvollem Gruß

Ihr ganz ergebener

M. v. Laue

Brief Laues an den im Juni 1934 durch nationalsozialistische Willkür entlassenen Präsidenten der Forschungsgemeinschaft, Friedrich Schmidt-Ott.

BER-Feier persönlich im Ansehen genützt", erzählte HAHN später. „Das Institut war dagegen nach außen hin, den amtlichen Stellen gegenüber, wohl deutlich geschwächt. Hinzu kam, daß man auch sonst merkte, daß ich vieles nicht für richtig hielt. Zur Maifeier ging ich niemals mit. Nur einmal bei einem Aufmarsch mit LAUE ein Stück lang in den Straßen, und, als wir von ‚politischen' Mitgliedern gesehen worden waren, verdrückten wir uns wieder."

Am 23. Juni 1934 war FRIEDRICH SCHMIDT-OTT, als Präsident der Notgemeinschaft „Freund, Patron und Haushalter der deutschen Wissenschaft", aus dem Amt entlassen worden. In alter Verbundenheit hatte sich sogleich MAX VON LAUE gemeldet: „Mit tiefem Bedauern habe ich von Ihrem Rücktritt gehört. Die überwiegende Mehrzahl der deutschen Physiker, insbesondere die Mitglieder des physikalischen Fachausschusses, teilen dies Bedauern ... Denn Sie haben Ihr Amt in fast 15 Jahren in einer Weise geführt, die es jedem Nachfolger schwer macht, Ihnen gleich zu kommen. Unter den jetzigen Umständen noch dazu wird der Wechsel im Präsidium, fürchte ich, den Auftakt bilden zu schweren Zeiten für die deutsche Wissenschaft, und die Physik wird wohl den ersten und schwersten Stoß zu erleiden haben."

So kam es auch. Zum Nachfolger SCHMIDT-OTTS wurde ausgerechnet JOHANNES STARK eingesetzt. Satzungsgemäß hätte der Präsident von der Versammlung der Rektoren und Akademie-Vertreter gewählt werden müssen, weshalb der Register-Richter bei der Eintragung Schwierigkeiten machte. LAUE berichtete: „Da wollte das Reichskultusministerium noch nachträglich die Zustimmung der Hochschulen und Akademien zur Ernennung STARKS zum Präsidenten der Notgemeinschaft ... Nun sind die Hochschullehrer durch Einführung des Führerprinzips völlig mundtot gemacht, so daß an der Zustimmung der Hochschulen, daß heißt der von der Regierung eingesetzten Rektoren, nicht zu zweifeln war (die Universität München hat trotzdem dagegen gestimmt). Aber bei den Akademien gelten noch die alten Satzungen – und von den fünf reichsdeutschen Akademien haben vier gegen STARK gestimmt; von Heidelberg weiß ich nichts Näheres. Natürlich schiebt STARK mir dieses Ergebnis in die Schuhe, und er hat damit sicher nicht so ganz Unrecht."

STARK war durchgefallen. Das Bürgerliche Gesetzbuch schreibt bei schriftlichen Wahlen Einstimmigkeit vor. Trotzdem stellte der Reichskultusminister BERNHARD RUST rechtswidrig fest, daß STARK in seinem Amte bestätigt sei.

Der Außenseiter hatte damit eine einflußreiche Doppelposition gewonnen, als Präsident der *Physikalisch-Technischen Reichsanstalt* und Präsident der *Deutschen Forschungsgemeinschaft,* wie die bisherige Notgemeinschaft nun genannt wurde. STARK war jetzt der „Treuhänder der deutschen Forschung". Anstatt sich aber mit den beantragten Projekten gewissenhaft auseinanderzusetzen – wozu in den zwanziger Jahren ein effektives Prüfungsverfahren entwickelt worden war –, entschied STARK kurz und bündig. In den Akten der Forschungsgemeinschaft häuften sich die Anträge, bei denen unter den Befürwortungen der Sachverständigen der Satz steht: „Präsident STARK verfügt Ablehnung". Das war das nach dem Willen der Nationalsozialisten auch der Wissenschaft aufoktroyierte „Führerprinzip".

Mit ADOLF HITLER als Reichskanzler, BERNHARD RUST als Reichsminister für Erziehung, Wissenschaft und Volksbildung, JOHANNES STARK als Präsident der Forschungsgemeinschaft und anderen „Führern" nimmt es nicht wunder, daß die Physik in Deutschland in eine „schwere Krise" geriet, wie eine von HEISENBERG verfaßte Denkschrift Anfang 1936 konstatierte.

Und dies war das Ergebnis von nur dreijähriger nationalsozialistischer Wissenschaftspolitik: (1) Ein Großteil der hervorragenden Gelehrten und Nachwuchskräfte hatte in die Emigration gehen müssen, so daß es nun die größten Schwierigkeiten bereitete, freiwerdende Stellen qualifiziert zu besetzen; (2) die im Lande gebliebenen Wissenschaftler waren in politische Querelen aller Art verwickelt und dadurch in ihrer Arbeitsfähigkeit eingeschränkt; (3) im Ministerium und in der Forschungsgemeinschaft, wo die Weichen für die zukünftige Entwicklung gestellt wurden, regierte die Ignoranz.

Das Krebsgeschwür für die deutsche Wissenschaft war aber die nationalsozialistische Ideologie. Nun haben GOLO MANN und andere Historiker mit Recht festgestellt, daß es überhaupt keine nationalsozialistische Weltanschauung gegeben hat. Tatsächlich steckte der aus Pseudo-Philosophie, Ressentiments und Schlagworten nach Gesichtspunkten der politischen Demagogie zusammengesetzte Nationalsozialismus voll innerer Widersprüche und bildete alles andere als ein logisch geschlossenes Gedankengebäude. Der verschwommene Nationalsozialismus ließ zunächst überall die verschiedenartigsten Auffassungen zu. Es war deshalb nicht von vornherein ausgemacht, ob eine und gegebenenfalls welche Ansicht, unter Verfemung aller anderen, zur allein „wahrhaft nationalsozialistischen" erklärt werden würde. So faßten in der Malerei junge Künstler den *Expressionismus* als spezifisch deutsche Leistung, als künstlerische Entsprechung der nationalsozialistischen „deutschen Revolution" auf. Erst 1937 definierte der Führer persönlich das „Wesen deutscher Kunst" – und der *Expressionismus* verfiel als „entartet" der Verbannung.

Die Ideologie des Dritten Reiches auf dem Gebiete der Naturforschung (oder vielmehr das, was im Selbstverständnis des Regimes als „Ideologie" angesehen wurde) nannte sich *Deutsche Physik*. Unter diesem Titel legte PHILIPP LENARD 1936/37 vier Bände Experimentalphysik vor, aufgebaut auf seinen jahrzehntelangen Vorlesungen. Das Vorwort beginnt mit dem Kriegsruf des Verfassers: „*Deutsche Physik* wird man fragen. – Ich hätte auch arische Physik oder Physik der nordisch gearteten Menschen sagen können, Physik der Wirklichkeits-Ergründer, der Wahrheit-Suchenden, Physik derjenigen, die Naturforschung begründet haben. – ‚Die Wissenschaft ist und bleibt international!' wird man mir einwenden wollen. Dem liegt aber immer ein Irrtum zugrunde. In Wirklichkeit ist die Wissenschaft, wie alles, was die Menschen hervorbringen, rassisch, blutmäßig, bedingt."

Gegen die moderne Physik (in deren Mittelpunkt die *Quanten-* und die *Relativitätstheorie* stehen) wollten LENARD und STARK eine Physik aufbauen, in der diese Theorien keine Geltung haben sollten. Etwas Neues zu schaffen vermochten sie aber nicht. Ihre *Deutsche Physik* war die alte Physik des 19. Jahrhunderts, wie sie sie in ihrer Jugend gelernt hatten, erweitert um einige neue Erfahrungstatsachen (die aber im Rahmen der *Deutschen Physik* nicht erklärt werden konnten). Die moderne Physik war der *Deutschen Physik*, wissenschaftlich gesehen, unvergleichlich überlegen. Im Dritten Reich aber – einer Zeit, in der häufig gerade das Absurdeste und Gemeinste zur Wirklichkeit wurde – mußte man durchaus damit rechnen, daß trotzdem die Physik LENARD-STARKSCHER Prägung zur weltanschaulich richtigen und deshalb einzig erlaubten Denkrichtung erklärt werden würde. An Anzeichen dafür mangelte es nicht. In den „Nationalsozialistischen Monatsheften" und dem „Völkischen Beobachter" wurde die Forderung erhoben, den „Judengeist endlich auch aus der deutschen Wissenschaft auszumerzen": „EINSTEIN ist heute aus Deutschland verschwunden ... Aber leider haben seine deutschen Freunde und Förderer noch die Möglichkeit, in seinem Geiste weiterzuwirken. Noch steht sein Hauptförderer PLANCK an der Spitze der *Kaiser-Wilhelm-Gesellschaft,* noch darf sein Interpretator und Freund, Herr VON LAUE, in der *Berliner Akademie der Wissenschaften* eine physikalische Gutachterrolle spielen, und der theoretischen Formalist WERNER HEISENBERG, Geist vom Geiste EINSTEINS, soll sogar durch eine Berufung ausgezeichnet werden."

In einem besonders scharfen Angriff im „Schwarzen Korps", der SS-Zeitschrift, wurden die führenden theoretischen Physiker Deutschlands als „Statthalter des Einsteinschen Geistes" geschmäht. Daß sie und viele andere tatsächlich „Statthalter des Einsteinschen Geistes" gewesen waren, dürfen wir heute als Ehrenrettung der deutschen Wissenschaft betrachten.

HEISENBERG, nach dem „Schwarzen Korps" der „OSSIETZKY der Physik", verfaßte einen an das Ministerium RUST gerichteten Einspruch gegen die ideologischen Angriffe, der von Hunderten von Physikern unterschrieben wurde. SOMMERFELD berichtete an EINSTEIN, daß er zwar politisch, nicht aber geistig aus Deutschland ausgebürgert sei: „Nicht ein einziges Mal ist [in der Vorlesung] die Nennung Ihres Namens beanstandet worden. Wollen Sie daraus entnehmen, daß der deutsche Student der geistigen Tyrannei längst überdrüssig ist, in die ihn eine kleine Gruppe von ‚Führern' einspannen möchte, und daß er sich nach der freien Luft des Geistes sehnt."

MAX VON LAUE setzte sich öffentlich mit der STARK-LENARDSCHEN Physik auseinander. „Sehr vielen Dank für Ihre großartige Besprechung von LENARD Band 2", schrieb ihm WALTHER NERNST: „Sehr treffend finde ich, daß Sie über den Titel *Deutsche Physik* nichts sagen, sondern nur auf das Verschweigen gerade deutscher Physiker, wie RÖNTGEN und PLANCK, hinweisen; durch nichts konnte der blödsinnige Gesamttitel stärker ad absurdum geführt werden!"

In Sommer 1935 wurde LAUE zu Gastvorträgen in die Vereinigten Staaten eingeladen und erhielt, zu seiner eigenen Überraschung, dazu die Erlaubnis des Ministeriums. „Bitte sagen Sie an alle bekannten Kollegen meine herzlichen Grüße", gab ihm PLANCK mit auf den Weg, „und erwecken Sie überall Verständnis für die Schwierigkeiten, mit denen wir hier zu kämpfen haben, aber auch für den guten Willen, den wir aufzubringen suchen, ihrer Herr zu werden. Es werden ja auch wieder ruhigere und normalere Zeiten kommen."

Im Januar 1936 stand das 25jährige Jubiläum der *Kaiser-Wilhelm-Gesellschaft* bevor. Es kennzeichnet die damalige Ausnahmesituation, daß PLANCK statt mit stolzer Freude mit schweren Sorgen dem Festtag entgegensah. Schon längst hatten die deutschen Universitäten ihr Selbstbestimmungsrecht eingebüßt; sie waren vom Ministerium ernannten Rektoren unterstellt worden, die im Sinne des Führerprinzips handelten. Würden die Nazis bei Gelegenheit des Jubiläums die „Gleichschaltung" der Gesellschaft bekanntgeben? Wenn in den offiziellen Festreden eine solche Ankündigung kommen sollte – wie mußte dann er als Präsident der Gesellschaft handeln, um den letzten Rest der Unabhängigkeit zu bewahren?

„Im ganzen ging es besser als in der gespannten politischen Atmosphäre von Berlin erwartet werden konnte", berichtete die New York Times: „Die Regierungssprecher glorifizierten das Reich, aber sie äußerten keine Drohungen. Andererseits stand die Nazi-Presse einer Organisation, die immer noch einigen ‚Nicht-Ariern' ermöglicht, ihre Forschungen weiterzuführen, feindlich gegenüber. MAX PLANCK ging, zu seiner unvergänglichen Ehre, so weit wie es der gesunde Menschenverstand erlaubte. Er verteidigte die alten wissenschaftlichen Prinzipien und wiederholte seine Überzeugung, daß Persönlichkeit und Sachverstand in der wissenschaftlichen Forschung mehr zählen als Rasse oder Diktatur. Wird es der Gesellschaft möglich sein, ihre Arbeit im alten freiheitlichen Geiste fortzusetzen? Sie ist keine private Institution mehr. Sie wird teilweise vom Staat finanziert, und in den Verwaltungsgremien sitzen Regierungsvertreter. Trotz MAX PLANCKS Einfluß hat sie ihre hervorragenden Persönlichkeiten verloren. Wo ist FRITZ HABER? Tot in einem Flüchtlingsgrab. Wo sind EINSTEIN, FRANCK, PLAUT, FAJANS, FREUNDLICH? Vertrieben oder entlassen. Wo sind die unbekannten ‚nicht-arischen' Assistenten? Niemand weiß es. Das Schicksal selbst von solchen Berühmtheiten wie OTTO WARBURG und OTTO MEYERHOF ist eingestandenermaßen höchst unsicher. Daß einige hervorragende ‚Nicht-Arier' geblieben sind, haben wir MAX PLANCK zu verdanken. Mit dem Schicksal der Universitäten vor uns ist die Zukunft der *Kaiser-Wilhelm-Gesellschaft* und ihrer Institute dunkel. Eine Organisation, für die nur das Können gilt, die es ablehnt, sich durch Ideen von Rasse und Religion beeinflussen zu lassen, und die an das Recht des Genies glaubt, seinen eigenen Weg zu gehen, hat keinen Platz in einem von Fanatikern beherrschten totalitären Staat. Wie die Dinge liegen, leistet die deutsche Wissenschaft den letzten Widerstand in der Verteidigung der Integrität der *Kaiser-Wilhelm-Gesellschaft.*"

PLANCK war nicht glücklich über den Artikel: „Ich halte derartige Notizen in der ausländischen Presse für sehr gefährlich und würde mich nicht wundern, wenn gerade das, was wir vermeiden wollen, nämlich die Hinlenkung der öffentlichen Aufmerksamkeit auf Männer wie MEYERHOF und WARBURG, durch einen solchen Artikel direkt in Szene gesetzt würde."

Auch LISE MEITNER wirkte noch immer als Abteilungsdirektorin am *Kaiser-Wilhelm-Institut für Chemie.* Als österreichische Staatsangehörige war sie zwar vorerst nicht von den nationalsozialistischen Rassengesetzen betroffen, aber trotzdem als Jüdin manchen Anfeindungen ausgesetzt. Ende 1936 hatte LAUE eine Idee: LISE MEITNER für den Nobelpreis vorzuschlagen.
Bei ihm hatte es sich glänzend bewährt. Der Preis würde auch für LISE MEITNER ein ausgezeichnetes Schutzschild sein. „Der Plan", meinte auch PLANCK, „ist mir sehr sympathisch. Ich habe ihn schon im vorigen Jahr ausgeführt, insofern ich für den Chemiepreis 1936 die Teilung zwischen HAHN und MEITNER vorschlug. Aber ich bin von vornherein mit jedem Modus des Vorschlags einverstanden, den Sie in dieser Richtung mit Herrn HEISENBERG verabreden."
LISE MEITNER und OTTO HAHN standen PLANCK persönlich nahe; aber er hätte sie niemals für den Nobelpreis benannt, wenn er nicht von ihren wissenschaftlichen Pionierarbeiten auf dem Gebiete der *Kernphysik* vollkommen überzeugt gewesen wäre. Scherzhaft meinte er einmal, „daß der Jahrgang 1879 für die Physik besonders prädestiniert sei: 1879 seien EINSTEIN, LAUE und HAHN geboren – und auch LISE MEITNER müsse man dazurechnen, nur sei sie als vorwitziges kleines Mädchen schon im November 1878 zur Welt gekommen, sie habe ihre Zeit nicht abwarten können."
Inzwischen war aber auch von anderen der Nobelpreis als eine Möglichkeit erkannt worden, zugunsten politisch Gefährdeter einzugreifen. CARL VON OSSIETZKY, dem deutschen Pazifisten, der im Konzentrationslager Esterwegen fast zu Tode gequält worden war, wurde Ende 1936 der Friedenspreis verliehen. Die Nazis schäumten. Gehässige Angriffe gegen die Nobelstiftung waren an der Tagesordnung. Schließlich wurde deutschen Staatsangehörigen die Annahme des Preises überhaupt verboten. „Ja, der Nobelpreis!", schrieb PLANCK an MAX VON LAUE: „Es könnte einem das Herz umdrehen, wenn man an den krassen Unverstand auf deutscher Seite denkt."
Nach dem Anschluß Österreichs an das Deutsche Reich am 13. März 1938 galten die Rassengesetze des Dritten Reiches nun auch für die ehemals österreichischen Staatsbürger. Erneut verlor eine große Zahl hervorragender Gelehrter ihre Stellungen; andere verließen ihre Heimat freiwillig, um drohenden Schikanen zuvorzukommen. WOLFGANG PAULI in Zürich, selbst ein gebürtiger Wiener, setzte sich, wo er konnte, für die Emigranten ein. „Sie können sich denken", antwortete ihm EINSTEIN, „daß bei der beispiellosen Härte des gegenwärtigen jüdischen Schicksals meine Bereitwilligkeit zu helfen eine unbedingte ist."
Es war außerordentlich schwierig, Stellen zu finden. „Keine Fakultät beruft einen Mann über fünfzig – und einen Juden erst recht nicht." So schilderte EINSTEIN die Lage in den Vereinigten Staaten, und so war es im Prinzip auch in anderen Ländern.
Was sollte mit LISE MEITNER geschehen? Der einflußreiche schwedische Physiker MANNE SIEGBAHN in Stockholm erklärte sich bereit, einen Arbeitsplatz zur Verfügung zu stellen.
Wie vordem MAX PLANCK war auch CARL BOSCH, seit 1937 neuer Präsident der *Kaiser-Wilhelm-Gesellschaft*, LISE MEITNER in Freundschaft verbunden. Am 20. Mai 1938 wandte er sich an den Reichsinnenminister, um eine legale Ausreise zu ermöglichen. Nach einem Monat kam die negative Antwort. Aus dem Präsidialbüro der *Kaiser-Wilhelm-Gesellschaft* wurde der Text an LISE MEITNER durchtelefoniert. Um bei irgendwelchen „Maßnahmen" nicht sofort gefunden zu werden, war LISE MEITNER ins Hotel Adlon gezogen. Hier notierte sie auf dem Briefpapier des Hotels im Stenogramm die Antwort des Ministeriums.
„Es gingen dann Briefe und Telegramme in die Schweiz, nach Holland etc. etc. Die Nervosität wurde immer größer", berichtete OTTO HAHN: „Im Juli kam dann ein Telegramm von COSTER aus Groningen ... Er hatte an einer kleinen Grenzübergangsstelle erreicht, daß die LISE ohne Visum, von COSTER begleitet, die Grenze nach Holland überschreiten könne. Die Schwierigkeit war ja, daß sie noch ihren österreichischen Paß hatte und der nun notwendige deutsche den Judenvermerk bekommen hätte. COSTER blieb eine Nacht in Berlin. Es wurde, ohne irgendjemand etwas zu sagen, am Abend ein Handkoffer gepackt ... Sie schlief, soviel ich mich erinnere, die Nacht vor ihrer Abreise bei uns in der Altensteinstraße; COSTER selbst traf erst auf der Bahn mit ihr zusammen. Dann reisten beide ab; wir zitterten, ob sie durchkomme oder nicht. Einen Tag später kam das verabredete Telegramm. – Nun mußte noch im Institut jeder Argwohn über das Verschwinden vermieden werden. Deshalb sagte ich, sie sei plötzlich nach Wien zu ihrer erkrankten Schwester gefahren."
Als Dreißigjähriger war OTTO HAHN stolz gewesen, ein Deutscher zu sein. So wie er hatte auch MAX VON LAUE empfunden und die ganze Generation. Sie hatten gemeint, daß Deutschland in besonderem Maße berufen sei, der Welt kulturellen und wissenschaftlichen Fortschritt zu bringen.
Jetzt, mit sechzig Jahren, mußten sie sich ihres Vaterlandes schämen. „Leider kann ich meine Landsleute nicht entschuldigen", schrieb ganz in ihrem Sinne ARNOLD SOMMERFELD an EINSTEIN, „angesichts all des Unrechts, das Ihnen und vielen anderen angetan worden ist; auch nicht meine Kollegen von der Berliner und Münchner Akademie. Viel Schuld hat die politische Unreife, Leichtgläubigkeit und Unvernunft des deutschen Volkes."
Gegen immer neue Angriffe während der ganzen zwölf finsteren Jahre bewahrten einige deutsche Physiker den alten Geist ihrer Wissenschaft. An der Spitze der Kämpfer stand MAX VON LAUE, der „Ritter ohne Furcht und Tadel" und „Resolute Champion of Freedom", wie er später in den Vereinigten Staaten genannt wurde. „Ich bin mir bewußt", schrieb EINSTEIN, „daß Du Dich wundervoll gehalten hast in diesen unsagbar schweren Jahren, daß Du keine Kompromisse gemacht hast und Deinen Freunden und Überzeugungen treu geblieben bist wie nur ganz wenige."

Explosion der Plutonium-Bombe über der japanischen Stadt Nagasaki am 9. August 1945.

Kapitel XII Die Tür zum Atomzeitalter
Physik wird Weltgeschichte

Lise Meitner's Briefe waren ein Spiegel ihrer Verzweiflung: „Ich komme mir wie eine aufgezogene Puppe vor", schrieb sie, „die automatisch gewisse Dinge tut, freundlich dazu lächelt und kein wirkliches Leben in sich hat."

Auf der Flucht hatte sie nur das Nötigste mitnehmen können. Jetzt brauchte sie ihre Bücher, ihre Instrumente und ihre Planskizzen, um wieder forschen zu können. Arbeit war das einzige, was ihr helfen konnte. Otto Hahn ging selbst in die zuständigen Ämter, aber dort machte man sich einen Spaß daraus, die „Nicht-Arierin" zu schikanieren. Der Gedanke, bedrückte ihn, daß Lise Meitner nun meinen könnte, er würde sich nicht genügend um die Angelegenheit kümmern. Dabei tat er sein möglichstes, rannte herum, telefonierte und machte sich unbeliebt, weil er sich so für „Lise Sarah Meitner" einsetzte. Eine besonders lächerliche Verordnung hatte verfügt, daß Juden als zweiten Vornamen Isidor und Jüdinnen Sarah annehmen mußten.

Die Nazis hatten keine Ahnung von der Wissenschaft. Die *Radiochemie* war ein modernes Forschungsgebiet zwischen Physik und Chemie, und es war eine besondere Stärke des Hahnschen Institutes, daß die Physikerin Lise Meitner als Abteilungsleiterin mitwirkte.

Zu lange hatte sich Otto Hahn der Entlassung widersetzt. Nun drohte ein Disziplinarverfahren. Er grüßte nicht mit „Heil Hitler", und bei Einstellungen bevorzugte er die jungen Leute, die es ebenso hielten. Bei der verbotenen Trauerfeier für Fritz Haber hatte er eine Rede gehalten. Was mochte sich noch alles in seiner Personalakte angesammelt haben?

Otto Hahn, Direktor des *Kaiser-Wilhelm-Instituts für Chemie* in Berlin-Dahlem, Thielallee 63-67, hatte im Dezember 1938 eine Lebenskrise. Der alte Rheumatismus meldete sich wieder, wie immer, wenn es dem Winter zuging. Vielleicht sah er deshalb alles so negativ. Wie lange würde ihm der Sohn Hanno noch bleiben? Jeder konnte sehen, daß der Krieg vor der Tür stand. Hanno würde einer der ersten sein. Freude machte ihm allerdings noch immer die wissenschaftliche Arbeit, dies konnte er auch in der schlechtesten Stimmung nicht leugnen. Seine geliebte *Radiochemie* hatte er in Deutschland eingeführt, und auf diesem Gebiet war er der Meister. Aber jetzt hatte er Angst. Er galt als „unzuverlässig" im Sinne des Dritten Reiches. Es gab genügend Streber, die seine Stellung haben wollten. Und dann? Er konnte nicht am Schreibtisch zu Hause arbeiten wie sein Freund Max von Laue. Wenn man dem ein altes Briefkuvert gab und einen Bleistift, hatte er alles, war er brauchte. Otto Hahns Platz war im Laboratorium. Die radioaktiven Präparate kosteten ein Vermögen. Ohne sein Institut war es mit der Forschung für ihn zu Ende.

Otto Hahn war sechzig Jahre alt. War die Situation für einen sechzigjährigen Wissenschaftler tatsächlich besser als die einer Ballettänzerin mit sechzig? Er dachte an den gleichaltrigen Albert Einstein. Bis zum Jahre 1933 hatten sie sich bei vielen Gelegenheiten in Berlin getroffen – offiziellen und privaten. Immer war Hahn voller Bewunderung gewesen für seinen Freund Einstein. Scheinbar mühelos hatte er geniale Theorien produziert, eine nach der anderen. Jetzt aber war sein Gehirn „ausgeleiert", wie er den alten Freunden schrieb. Tatsächlich war ihm wohl schon seit zehn Jahren nichts rechtes mehr eingefallen. Lise Meitner hatte erzählt, daß Wolfgang Pauli sich schon über ihn lustig machte.

Otto Hahn konnte noch arbeiten. Und er wollte arbeiten. Die Arbeit war sein Leben. Im Dezember 1938 machte er seine Experimente – mit mehr Erfahrung und mehr innerer Beteiligung als je zuvor: Vielleicht waren es die letzten Versuche, die man ihm erlaubte.

Doch seine Resultate waren seltsam. Seit Wochen saß er nun schon mit seinem Mitarbeiter Fritz Strassmann an der Untersuchung. Sie bestrahlten Uran mit Neutronen. Welche neuen Elemente entstehen dabei? Irgend etwas konnte nicht stimmen. Doch hundertprozentig sichere Ergebnisse waren so schwierig zu erhalten. In diesem Falle handelte es sich nur um winzigste Substanzmengen. Die Chemiker der alten Schule schüttelten hier ohnehin nur den Kopf. Es war, als kippe man in New York eine Flasche Whisky ins Meer und erhielte dann, nachdem sich der Whisky schön im Atlantik verteilt hätte, den Auftrag, aus einer bei Helgoland entnommenen Probe den Alkoholgehalt nachzuweisen.

Uran wird mit Neutronen bombardiert. Welche neuen Elemente werden gebildet? Das war die große Frage. Die Antwort, die Hahn und Strassmann am 15. Dezember 1938 gaben, war: aus Uran entsteht Radium.

Aber die Physiker waren skeptisch. Bisher hatte man immer nur die Verwandlung eines Atoms in Nachbaratome beobachtet. Das Uran hatte die Ordunggszahl 92, sozusagen war also „92" die Hausnummer in der Straße der Atome. Radium aber trug die Nummer 88. Die Nummer 93 hätte man sich als Ergebnis denken können, vielleicht auch 90, nicht aber 88.

Es mußte aber doch Radium sein. Um mit so winzigen Stoffmengen, die man auch mit der feinsten Waage nicht nachweisen kann, zu arbeiten, braucht man eine „Trägersubstanz". Hahn und Strassmann nahmen Barium als Träger. Chemisch war dieses Element mit Radium eng verwandt, und deswegen blieb das Radium beim „Fällen" (wie der Chemiker sagt) immer brav auf dem Träger.

Die im vorhergehenden gebrachten Ergebnisse zusammenfassend haben wir also drei als Ra II, Ra III und Ra IV bezeichnete isomere Erdalkalimetalle festgestellt. Ihre Halbwertszeiten sind 14 ± 2 Minuten, 86 ± 6 Minuten, 250—300 Stunden. Es wird aufgefallen sein, daß der 14-Minuten-Körper nicht als Ra I, die weiteren Isomeren nicht als Ra II und Ra III bezeichnet worden sind. Der Grund liegt darin, daß wir an ein noch instabileres „Ra" glauben, obgleich es bisher nicht nachgewiesen wurde. In unserer ersten Mitteilung über die neuen Umwandlungsprodukte haben wir ein Actinium von etwa 40 Minuten Halbwertszeit angegeben und

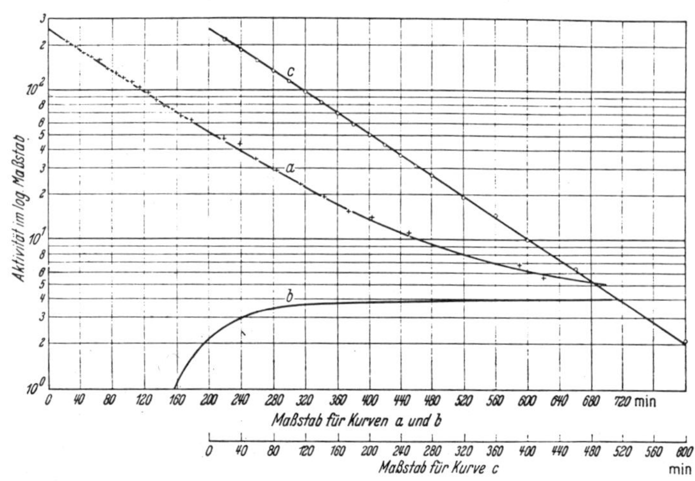

Fig. 3. Bestimmung der Halbwertszeit von Ra III nach 2,5-stündiger Bestrahlung. $a =$ Ra III [2,5 Std. bestrahlt]. 3 Std. n. Bestr. wurde Ac abgetrennt. $b = \sim$ Zunahmekurve v. langem Ac aus Ra III v. 86 Min. H.Z. $c = a - b =$ Ra III. H.Z. $= \sim 86$ Min.

als nächstliegende Annahme die gemacht, daß dieses instabilste Actiniumisotop aus dem instabilsten Radiumisotop entsteht. Nun haben wir in der Zwischenzeit festgestellt, daß das aus dem 14-Minuten-Radium (früher 25 Minuten) entstehende „Actinium" eine ungefähre Halbwertszeit von 2,5 Stunden hat (früher mit 4 Stunden angegeben). Das obenerwähnte instabilere Actiniumisotop ist aber ebenfalls vorhanden. Seine Halbwertszeit ist etwas kleiner als früher angegeben, — wohl unter 30 Minuten. Da dieses „Actiniumisotop" weder aus dem 14-Minuten-, noch aus dem 86-Minuten-Körper, noch aus dem langlebigen „Ra" entstehen kann, — da außerdem dieses „Actiniumisotop" schon nach 5 Minuten langer Bestrahlung des Urans nachweisbar ist, ist die einfachste Annahme für seine Entstehung ein „Radiumisotop", dessen Halbswertszeit kürzer als 1 Minute sein muß. Mit einer größeren Halbwertszeit als eine Minute hätten wir es nämlich nachweisen müssen; wir haben sehr danach gesucht. Wir bezeichnen deshalb diese bisher unbekannte, mit einer stärkeren Strahlenquelle wohl zweifellos nachweisbare Muttersubstanz des instabilsten „Actiniumisotops" als „Ra I".

Das in unserer ersten Mitteilung gebrachte Schema muß dadurch eine gewisse Korrektur erfahren. Das folgende Schema trägt dieser Änderung Rechnung und gibt für die Anfangsglieder der Reihen die nunmehr genauer bestimmten Halbwertszeiten:

„Ra I"? $\xrightarrow[<1\,\text{Min.}]{\beta}$ Ac I $\xrightarrow[<30\,\text{Min.}]{\beta}$ Th?

„Ra II" $\xrightarrow[14 \pm 2\,\text{Min.}]{\beta}$ Ac II $\xrightarrow[\sim 2{,}5\,\text{Std.}]{\beta}$ Th?

„Ra III" $\xrightarrow[86 \pm 6\,\text{Min.}]{\beta}$ Ac III $\xrightarrow[\sim\,\text{mehrere Tage?}]{\beta}$ Th?

„Ra IV" $\xrightarrow[250-300\,\text{Std.}]{\beta}$ Ac IV $\xrightarrow[<40\,\text{Std.}]{\beta}$ Th?

Die große Gruppe der „Transurane" steht bisher in keinem erkennbaren Zusammenhang mit diesen Reihen.

Die in dem vorliegenden Schema mitgeteilten Umwandlungsreihen sind in ihren *genetischen* Beziehungen wohl zweifellos als richtig anzusehen. Von den am Ende der isomeren Reihen als „Thorium" angegebenen Endgliedern haben wir auch schon einige nachweisen können. Aber da über ihre einzelnen Halbwertszeiten noch keine genauen Angaben gemacht werden können, haben wir bei ihnen vorerst überhaupt auf eine Angabe verzichtet.

Nun müssen wir aber noch auf einige neuere Untersuchungen zu sprechen kommen, die wir der seltsamen Ergebnisse wegen nur zögernd veröffentlichen. Um den Beweis für die chemische Natur der mit dem Barium abgeschiedenen und als „Radiumisotope" bezeichneten Anfangsglieder der Reihen über jeden Zweifel hinaus zu erbringen, haben wir mit den aktiven Bariumsalzen fraktionierte Kristallisationen und fraktionierte Fällungen vorgenommen, in der Weise, wie sie für die Anreicherung (oder auch Abreicherung) des Radiums in Bariumsalzen bekannt sind.

Bariumbromid reichert das Radium bei fraktionierter Kristallisation stark an, Bariumchromat bei nicht zu schnellem Herauskommen der Kriställchen noch mehr. Bariumchlorid reichert weniger stark an als das Bromid, Bariumkarbonat reichert etwas ab. Entsprechende Versuche, die wir mit unseren von Folgeprodukten gereinigten aktiven Bariumpräparaten gemacht haben, *verliefen ausnahmslos negativ: Die Aktivität blieb gleichmäßig auf alle Bariumfraktionen verteilt,* wenigstens soweit wir dies innerhalb der nicht ganz geringen Versuchsfehlermöglichkeiten angeben können. Es wurden dann ein paar Fraktionierungsversuche mit dem Radiumisotop ThX und mit dem Radiumisotop $MsTh_1$ gemacht. Sie verliefen genau so, wie man aus allen früheren Erfahrungen mit dem Radium erwarten sollte. Es wurde dann die „Indikatorenmethode" auf ein Gemisch des gereinigten langlebigen „Ra IV" mit reinem, radiumfreien $MsTh_1$ angewandt: das Gemisch mit Bariumbromid als Trägersubstanz wurde fraktioniert kristallisiert. *Das $MsTh_1$ wurde angereichert, das „Ra IV" nicht,* sondern seine Aktivität blieb bei gleichem Bariumgehalt der Fraktionen wieder gleich. Wir kommen zu dem Schluß: Unsere „Radiumisotope" haben die Eigenschaften des Bariums; als Chemiker müßten wir eigentlich sagen, bei den neuen Körpern handelt es sich nicht um Radium, sondern um Barium;

Originalveröffentlichung von Otto Hahn und Fritz Strassmann (letzte und vorletzte Seite) in der Zeitschrift „Die Naturwissenschaften", Jahrgang 27 (1939), Seite 14 bis 15.

denn andere Elemente als Radium oder Barium kommen nicht in Frage.

Schließlich haben wir auch einen Indikatorversuch mit unserem rein abgeschiedenen „Ac II" (H.Z. rund 2,5 Stunden) und dem reinen Actiniumisotop $MsTh_2$ gemacht. Wenn unsere „Ra-Isotope" kein Radium sind, dann sind die „Ac-Isotope" auch kein Actinium, sondern sollten Lanthan sein. Nach dem Vorgehen von Mme CURIE[1] haben wir eine Fraktionierung von Lanthanoxalat, das die beiden aktiven Substanzen enthielt, aus salpetersaurer Lösung vorgenommen. Das $MsTh_2$ fand sich, wie von Mme CURIE angegeben, in den Endfraktionen stark angereichert. Bei unserem „Ac II" war von einer Anreicherung am Ende nichts zu merken. In Übereinstimmung mit CURIE und SAVITCH[2] über ihren allerdings nicht einheitlichen 3,5-Stunden-Körper finden wir also, daß das aus unserem aktiven Erdalkalimetall durch β-Strahlenemission entstehende Erdmetall kein Actinium ist. Den von CURIE und SAVITCH angegebenen Befund, daß sie die Aktivität im Lanthan anreicherten, der also gegen eine Gleichheit mit Lanthan spricht, wollen wir noch genauer experimentell prüfen, da bei dem dort vorliegendem Gemisch eine Anreicherung vorgetäuscht sein könnte.

Ob die aus den „Ac-La-Präparaten" entstehenden, als „Thor" bezeichneten Endglieder unserer Reihen sich als Cer herausstellen, wurde noch nicht geprüft.

Was die „Trans-Urane" anbelangt, so sind diese Elemente ihren niedrigeren Homologen Rhenium, Osmium, Iridium, Platin zwar chemisch verwandt, mit ihnen aber nicht gleich. Ob sie etwa mit den noch niedrigeren Homologen Masurium, Ruthenium, Rhodium, Palladium chemisch gleich sind, wurde noch nicht geprüft. Daran konnte man früher ja nicht denken. Die Summe der Massenzahlen Ba + Ma, also z. B. 138 + 101, ergibt 239!

Als Chemiker müßten wir aus den kurz dargelegten Versuchen das oben gebrachte Schema eigentlich umbenennen und statt Ra, Ac, Th die Symbole Ba, La, Ce einsetzen. Als der Physik in gewisser Weise nahestehende „Kernchemiker" können wir uns zu diesem, allen bisherigen Erfahrungen der Kernphysik widersprechenden, Sprung noch nicht entschließen. Es könnten doch noch vielleicht eine Reihe seltsamer Zufälle unsere Ergebnisse vorgetäuscht haben.

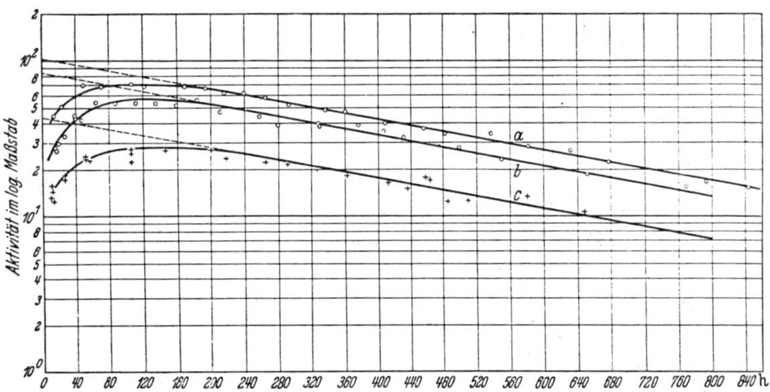

Fig. 4. Bestimmung der Halbwertszeit von Ra IV bei verschiedener Bestrahlungszeit und -art.

a = Ra IV [∾4 Tage bestrahlt] } verstärkt,
b = Ra IV [∾2,6 „ „] } ←········→ Ra-Abtrennung 15 Std. nach Ende der Bestrahlung,
c = Ra IV [∾2,6 „ „] unverstärkt,

a H.Z. = ∾311 Stunden, b H.Z. = ∾310 Stunden, c H.Z. = ∾300 Stunden.

Es ist beabsichtigt, weitere Indikatorenversuche mit den neuen Umwandlungsprodukten durchzuführen. Insbesondere soll auch eine gemeinsame Fraktionierung der aus Thor durch Bestrahlen mit schnellen Neutronen entstehenden, von MEITNER, STRASSMANN und HAHN[1] untersuchten Radiumisotope mit unseren aus dem Uran entstandenen Erdalkalimetallen versucht werden. An Stellen, denen starke künstliche Strahlenquellen zur Verfügung stehen, könnte dies allerdings wesentlich leichter geschehen.

Zum Schlusse danken wir Frl. CL. LIEBER und Frl. I. BOHNE für ihre wirksame Hilfe bei den sehr zahlreichen Fällungen und Messungen.

[1] Mme PIERRE CURIE, J. Chim. physique etc. **27**, 1 (1930).
[2] I. CURIE u. P. SAVITCH, C. r. Acad. Sci. Paris **206**, 1643 (1938).
[1] L. MEITNER, F. STRASSMANN u. O. HAHN, l. c.

Besprechungen.

STUBBE, H., **Spontane und strahleninduzierte Mutabilität.** (Probleme der theoretischen und angewandten Genetik und deren Grenzgebiete, redigiert von W. F. REINIG.) Leipzig: Georg Thieme 1937. 190 S. und 12 Abbild. 13 cm × 21 cm. Preis kart. RM 6.80.

Nach 10 Jahren emsiger Arbeit hat die experimentelle Mutationsforschung heute ein Stadium erreicht, das dazu berechtigt, die Ergebnisse dieser Forschungen zusammenfassend darzustellen und einem größeren Leserkreis näherzubringen. Nachdem erst kürzlich von TIMOFÉEFF-RESSOVSKY eine Darstellung der experimentellen Mutationsforschung gegeben wurde, behandelt STUBBE dieses Gebiet in den „Problemen der Genetik". Er versucht, sich auf die spontane und die strahleninduzierte Mutabilität zu beschränken, doch ergeben sich verschiedene Schwierigkeiten, wenn man die spontane Mutabilität behandeln will, ohne auf die Frage der Abhängigkeit der Mutationsrate von verschiedenen physiologischen Bedingungen einzugehen. Wenn auch erst wenig brauchbare Ergebnisse auf diesem Gebiet vorliegen, so kann doch an den hier aufgeworfenen Problemen nicht vorbeigegangen werden. Sie werden denn auch vom Verf. angeschnitten bei der Behandlung der Abhängigkeit der „Mutationsrate"

Letters to the Editor

The Editor does not hold himself responsible for opinions expressed by his correspondents. He cannot undertake to return, or to correspond with the writers of, rejected manuscripts intended for this or any other part of NATURE. *No notice is taken of anonymous communications.*

NOTES ON POINTS IN SOME OF THIS WEEK'S LETTERS APPEAR ON P. 247.

CORRESPONDENTS ARE INVITED TO ATTACH SIMILAR SUMMARIES TO THEIR COMMUNICATIONS.

Disintegration of Uranium by Neutrons: a New Type of Nuclear Reaction

ON bombarding uranium with neutrons, Fermi and collaborators[1] found that at least four radioactive substances were produced, to two of which atomic numbers larger than 92 were ascribed. Further investigations[2] demonstrated the existence of at least nine radioactive periods, six of which were assigned to elements beyond uranium, and nuclear isomerism had to be assumed in order to account for their chemical behaviour together with their genetic relations.

In making chemical assignments, it was always assumed that these radioactive bodies had atomic numbers near that of the element bombarded, since only particles with one or two charges were known to be emitted from nuclei. A body, for example, with similar properties to those of osmium was assumed to be eka-osmium ($Z = 94$) rather than osmium ($Z = 76$) or ruthenium ($Z = 44$).

Following up an observation of Curie and Savitch[3], Hahn and Strassmann[4] found that a group of at least three radioactive bodies, formed from uranium under neutron bombardment, were chemically similar to barium and, therefore, presumably isotopic with radium. Further investigation[5], however, showed that it was impossible to separate these bodies from barium (although mesothorium, an isotope of radium, was readily separated in the same experiment), so that Hahn and Strassmann were forced to conclude that *isotopes of barium* ($Z = 56$) *are formed as a consequence of the bombardment of uranium* ($Z = 92$) *with neutrons.*

At first sight, this result seems very hard to understand. The formation of elements much below uranium has been considered before, but was always rejected for physical reasons, so long as the chemical evidence was not entirely clear cut. The emission, within a short time, of a large number of charged particles may be regarded as excluded by the small penetrability of the 'Coulomb barrier', indicated by Gamov's theory of alpha decay.

On the basis, however, of present ideas about the behaviour of heavy nuclei[6], an entirely different and essentially classical picture of these new disintegration processes suggests itself. On account of their close packing and strong energy exchange, the particles in a heavy nucleus would be expected to move in a collective way which has some resemblance to the movement of a liquid drop. If the movement is made sufficiently violent by adding energy, such a drop may divide itself into two smaller drops.

In the discussion of the energies involved in the deformation of nuclei, the concept of surface tension of nuclear matter has been used[7] and its value has been estimated from simple considerations regarding nuclear forces. It must be remembered, however, that the surface tension of a charged droplet is diminished by its charge, and a rough estimate shows that the surface tension of nuclei, decreasing with increasing nuclear charge, may become zero for atomic numbers of the order of 100.

It seems therefore possible that the uranium nucleus has only small stability of form, and may, after neutron capture, divide itself into two nuclei of roughly equal size (the precise ratio of sizes depending on finer structural features and perhaps partly on chance). These two nuclei will repel each other and should gain a total kinetic energy of *c.* 200 Mev., as calculated from nuclear radius and charge. This amount of energy may actually be expected to be available from the difference in packing fraction between uranium and the elements in the middle of the periodic system. The whole 'fission' process can thus be described in an essentially classical way, without having to consider quantum-mechanical 'tunnel effects', which would actually be extremely small, on account of the large masses involved.

After division, the high neutron/proton ratio of uranium will tend to readjust itself by beta decay to the lower value suitable for lighter elements. Probably each part will thus give rise to a chain of disintegrations. If one of the parts is an isotope of barium[5], the other will be krypton ($Z = 92 - 56$), which might decay through rubidium, strontium and yttrium to zirconium. Perhaps one or two of the supposed barium-lanthanum-cerium chains are then actually strontium-yttrium-zirconium chains.

It is possible[5], and seems to us rather probable, that the periods which have been ascribed to elements beyond uranium are also due to light elements. From the chemical evidence, the two short periods (10 sec. and 40 sec.) so far ascribed to ^{239}U might be masurium isotopes ($Z = 43$) decaying through ruthenium, rhodium, palladium and silver into cadmium.

In all these cases it might not be necessary to assume nuclear isomerism; but the different radioactive periods belonging to the same chemical element may then be attributed to different isotopes of this element, since varying proportions of neutrons may be given to the two parts of the uranium nucleus.

By bombarding thorium with neutrons, activities are obtained which have been ascribed to radium and actinium isotopes[8]. Some of these periods are approximately equal to periods of barium and lanthanum isotopes[5] resulting from the bombardment of uranium. We should therefore like to suggest that these periods are due to a 'fission' of thorium which is like that of uranium and results partly in the same products. Of course, it would be especially interesting if one could obtain one of these products from a light element, for example, by means of neutron capture.

Originalveröffentlichungen von Lise Meitner und Otto Robert Frisch in der englischen Zeitschrift „Nature", Band 143 (1939), Seiten 239 und 471.

assuming that the density excess due to this production is equal throughout the whole curve to the excess observed at $r = 25$ cm.; this limit, certainly inferior to the actual value, is 6×10^{-25} cm.^{2}.

Our measurements yield no information on the energy of the neutrons produced. If, among these neutrons, some possess an energy superior to 2 Mev., one might hope to detect them by a (n,p) process, for example, by the $^{32}S(n,p)^{32}P$ reaction. An experiment of this kind, Ra γ - Be still being used as the primary neutron source, is under way.

The interest of the phenomenon observed as a step towards the production of exo-energetic transmutation chains is evident. However, in order to establish such a chain, more than one neutron must be produced for each neutron absorbed. This seems to be the case, since the cross-section for the liberation of a neutron seems to be greater than the cross-section for the production of an explosion. Experiments with solutions of varying concentration will give information on this question.

H. VON HALBAN, JUN.
F. JOLIOT.
L. KOWARSKI.

Laboratoire de Chimie Nucléaire,
Collège de France,
Paris.
March 8.

[1] Joliot, F., *C.R.*, **208**, 341 (1939).
[2] Frisch, O. R., NATURE, **143**, 276 (1939).
[3] Amaldi, E., and Fermi, E., *Phys. Rev.* **50**, 899 (1936).
[4] Amaldi, E., Hafstad, L., and Tuve, M., *Phys. Rev.*, **51**, 896 (1937).
[5] Frisch, O. R., von Halban, jun., H., and Koch, J., *Danske Videnskab. Kab.*, **15**, 10 (1938).

Products of the Fission of the Uranium Nucleus

O. Hahn and F. Strassmann[1] have discovered a new type of nuclear reaction, the splitting into two smaller nuclei of the nuclei of uranium and thorium under neutron bombardment. Thus they demonstrated the production of nuclei of barium, lanthanum, strontium, yttrium, and, more recently, of xenon and cæsium.

It can be shown by simple considerations that this type of nuclear reaction may be described in an essentially classical way like the fission of a liquid drop, and that the fission products must fly apart with kinetic energies of the order of hundred million electron-volts each[2]. Evidence for these high energies was first given by O. R. Frisch[3] and almost simultaneously by a number of other investigators[4].

The possibility of making use of these high energies in order to collect the fission products in the same way as one collects the active deposit from alpha-recoil has been pointed out by L. Meitner (see ref. 3). In the meantime, F. Joliot has independently made experiments of this type[5]. We have now carried out some experiments, using the recently completed high-tension equipment of the Institute of Theoretical Physics, Copenhagen.

A thin layer of uranium hydroxide, placed at a distance of 1 mm. from a collecting surface, was exposed to neutron bombardment. The neutrons were produced by bombarding lithium or beryllium targets with deuterons of energies up to 800 kilovolts. In the first experiments, a piece of paper was used as a collecting surface (after making sure that the paper did not get active by itself under neutron bombardment). About two minutes after interrupting the irradiation, the paper was placed near a Geiger-Müller counter with aluminium walls of 0·1 mm. thickness. We found a well-measurable activity which decayed first quickly (about two minutes half-value period) and then more slowly. No attempt was made to analyse the slow decay in view of the large number of periods to be expected.

The considerable intensity, however, of the collected activity encouraged us to try to get further information by chemical separations. The simplest experiment was to apply the chemical methods which have been developed in order to separate the 'transuranium' elements from uranium and elements immediately below it[6]. The methods had to be slightly modified on account of the absence of uranium in our samples and in view of the light element activities discovered by Hahn and Strassmann[1].

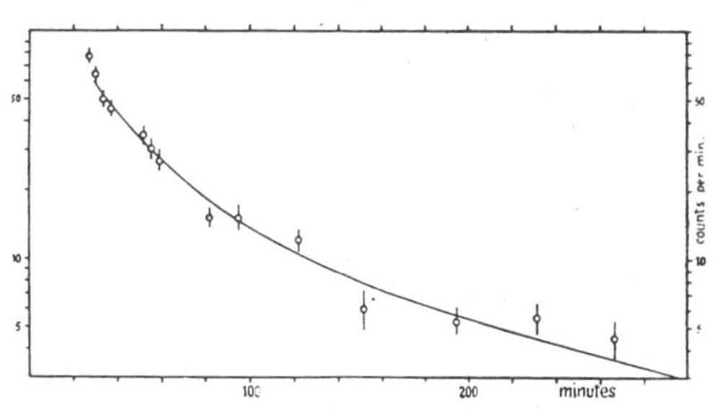

In these experiments, the collecting surface was water, contained in a shallow trough of paraffin wax. After irradiation (of about one hour) a small sample of the water was evaporated on a piece of aluminium foil; its activity was found to decay to zero. It was checked in other ways, too, that the water was not contaminated by uranium. To the rest of the water we added 150 mgm. barium chloride, 15 mgm. lanthanum nitrate, 15 mgm. platinum chloride and enough hydrochloric acid to get an acid concentration of 7 per cent. Then the platinum was precipitated with hydrogen sulphide, in the usual way; the precipitate was carefully rinsed and dried and then placed near our counter.

The results of three such experiments were found to be in mutual agreement. The decay of the activity was in one case followed for 28 hours. For comparison, a sample of uranium irradiated for one hour was treated chemically in the same way. The two decay curves were in perfect agreement with one another and with an old curve obtained by Hahn, Meitner and Strassmann under the same conditions. In the accompanying diagram the circles represent our recoil experiment while the full line represents the uranium precipitate. A comparison of the activity (within the first hour after irradiation) of the precipitate and of the evaporated sample showed that the precipitate contained about two thirds of the total activity collected in the water. After about two hours, however, the evaporated sample was found to decay considerably more slowly than the precipitate, presumably on account of the more long-lived fission products found by Hahn and Strassmann[1].

From these results, it can be concluded that the 'transuranium' nuclei originate by fission of the uranium nucleus. Mere capture of a neutron would give so little kinetic energy to the nucleus that only a vanishing fraction of these nuclei could reach the water surface. So it appears that the 'transuranium'

Otto Hahn und Fritz Strassmann vor dem sogenannten „Hahn-Tisch" im Deutschen Museum, München, in Erinnerung an die große Entdeckung vom Dezember 1938. Das Photo entstand um das Jahr 1961.

Es wurde unheimlich. Feinste Nachprüfungen, immer mit der Trägersubstanz Barium, ergaben: Der neue Stoff ließ sich *in keiner Weise* vom Barium unterscheiden. Als Chemiker kam er zu dem Ergebnis, daß der neue Stoff Barium sein müsse. Aber war das denn möglich? Die Physiker wollten nicht einmal an die Umwandlung von Uran (Ordungszahl 92) in Radium (Ordungszahl 88) glauben. Barium hatte die Ordungszahl 56! Wie soll aus der Bestrahlung von Uran mit Neutronen Barium entstehen? Das hieße ja, daß das Atom völlig zertrümmert worden wäre.

Otto Hahn ging es wie einem Gerichtsmediziner, der während der Verhandlung ein neues Beweisstück untersucht und statt der erwarteten Fingerabdrücke des Angeklagten die des Staatsanwalts findet. Was würde Lise Meitner sagen? Otto Hahn erinnerte sich an die vielen temperamentvollen Diskussionen. Zu Beginn ihrer Zusammenarbeit vor dreißig Jahren war Lise Meitner immer ganz still gewesen. Vor dem Ersten Weltkrieg hatte sie es als Frau in der Männergesellschaft sicher nicht leicht gehabt. Aber mit den Jahren war der wissenschaftliche Erfolg gekommen und mit dem Erfolg das Selbstbewußtsein. Regelmäßig diskutierten sie nach dem Institutskolloquium miteinander; sie standen dann vor dem Treppenaufgang, und Lise Meitner beendete sehr oft das Gespräch: „Hähnchen", sagte sie, oder auch „Liebes Hähnchen: Geh' nach oben, von Physik verstehst Du nichts." Im ersten Stock hatte er als Direktor die schönsten Räume. Eigentlich war das Institut ein Schloß mit dicken Mauern und Türmen. Otto Hahn liebte es. Ungeheuer gewissenhaft hatte er für sein Institut Sorge getragen und auch die Mitarbeiter dazu angehalten. An jeder Türklinke hing Toilettenpapier, neben jedem Telephon stand eine Rolle. So war es gelungen, die gefürchtete radioaktive Verseuchung zu verhindern. Doch ging es dabei in erster Linie weniger um die Gesundheit, vielmehr um die „Sauberkeit" der Versuche.

Auch diesmal konnten sich Hahn und Strassmann auf ihre Versuche verlassen. Aber als Wissenschaftler waren sie vorsichtig: Nie etwas behaupten, was man nicht ganz sicher beweisen kann! So schrieben sie am 21. Dezember 1938 in ihrer Mitteilung für die Zeitschrift „Die Naturwissenschaften":

„Wir kommen zu dem Schluß: Unsere *Radium-Isotope* haben die Eigenschaften des Bariums, denn andere Elemente als Radium oder Barium kommen nicht in Frage ... Als der Physik in gewisser Weise nahestehende Kern-Chemiker können wir uns zu diesem, allen bisherigen Erfahrungen der Kernphysik widersprechenden Sprung noch nicht entschließen. Es könnten doch noch eine Reihe seltsamer Zufälle unsere Ergebnisse vorgetäuscht haben."

Ein paar Tage später waren Otto Hahn und Fritz Strassmann völlig sicher: Aus Uran war Barium entstanden. Sie hatten das Atom gespalten.

Als erste wußte es Lise Meitner. Über die Weihnachtstage war ihr Neffe Otto Robert Frisch, auch er ein Physiker, zu ihr nach Schweden gekommen. In einem Dorf verbrachten sie das Fest mit Freunden. Als er von der Entdeckung hörte, widersprach Otto Robert Frisch, so wie sie Otto Hahn widersprochen hätte: Uran spaltet sich in Barium? Unmöglich!

Aber Otto Hahn mußte man glauben. Keiner arbeitete so sorgfältig wie er. So überlegten Lise Meitner und Otto Robert Frisch einmal, sozusagen probeweise: Angenommen, Hahn hätte recht. Was ließe sich daraus schließen?

Wenn Barium (Ordungszahl 56) ein Bruchstück ist, dann muß das zweite Bruchstück die Ordungszahl 36 haben, also ein Krypton-Atomkern sein. Die Uranspaltung muß sich also schreiben lassen:

$$_{92}\mathrm{U} + {}^{1}_{0}\mathrm{n} \rightarrow {}_{56}\mathrm{Ba} + {}_{36}\mathrm{Kr}$$

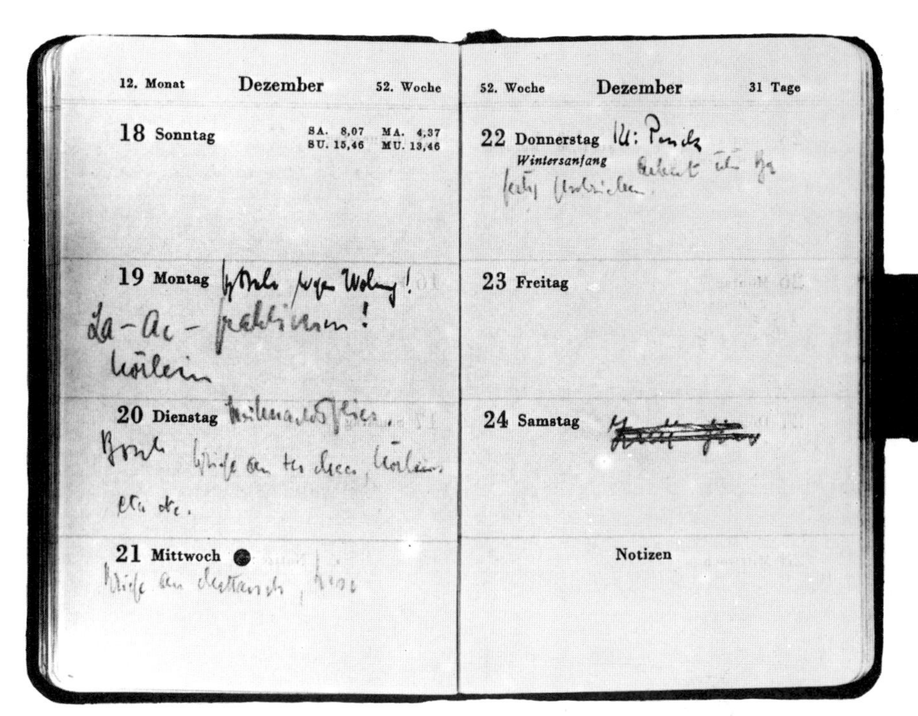

Taschenkalender von Otto Hahn. Am 19. Dezember 1938 berichtete Otto Hahn erstmalig über die „aufregenden Versuche" in einem Brief an Lise Meitner. Am 22. Dezember schloß er das Manuskript der berühmten Veröffentlichung ab.

Arbeitstisch von Otto Hahn und Fritz Strassmann. Rekonstruktion im Deutschen Museum, München. Mit dieser Versuchsanordnung wurde im Dezember 1938 die Spaltung des Urans entdeckt.

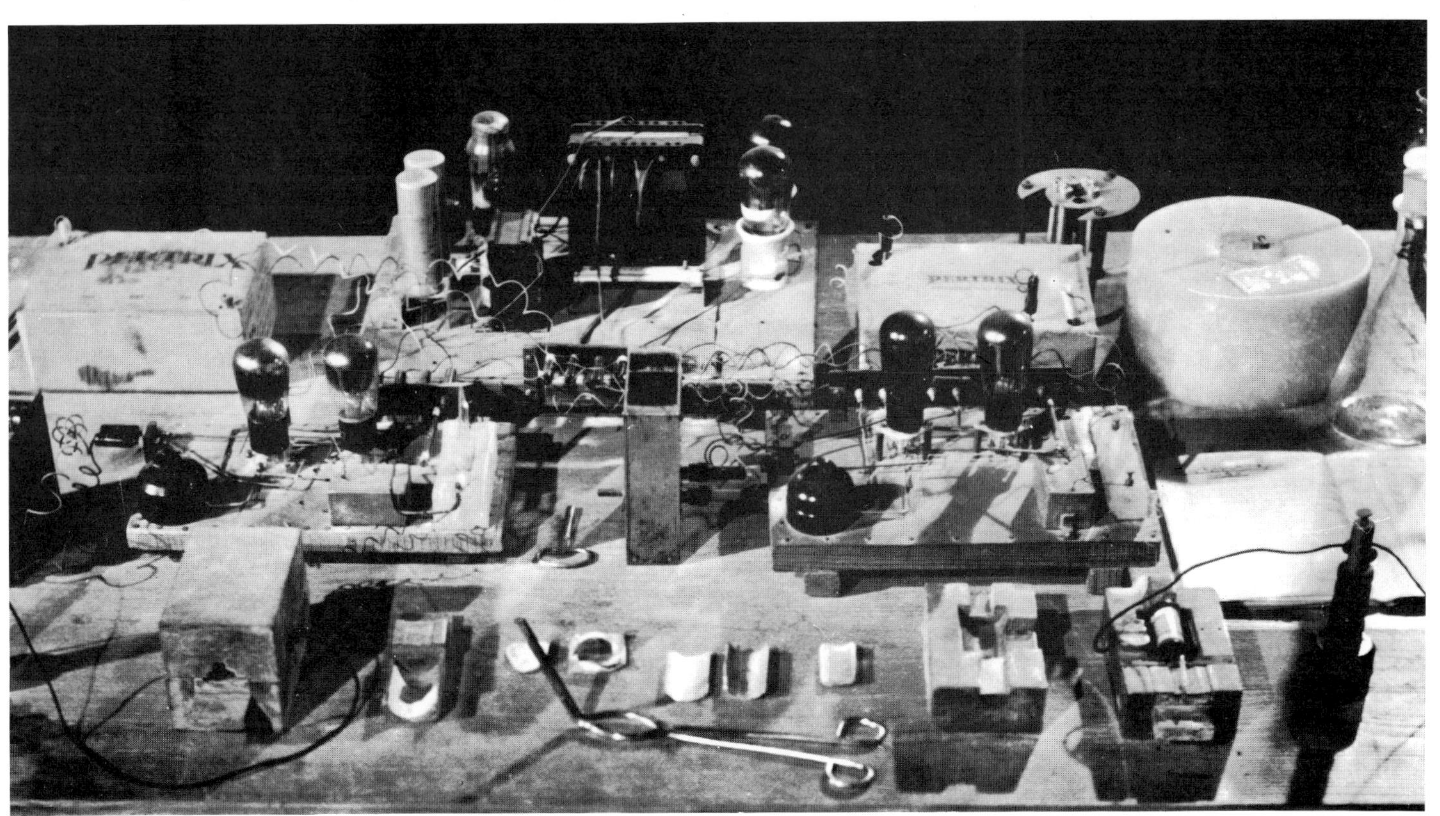

Die Massenzahlen konnte man noch nicht einsetzen. Man wußte nicht, welches Uran-Isotop zerplatzt, und man wußte vor allem nicht, welche Barium- und Krypton-Isotope entstehen. Es ließ sich aber leicht erkennen, daß es schwere Isotope mit einem Neutronen-Überschuß sein müssen.
Immerhin konnte man die Massenzahlen abschätzen. Leicht errechnete sich dann der Massendefekt, so wie es EINSTEIN schon 1907 vorgeführt hatte. Mit etwa 200 MeV war der Massendefekt, das heißt die freigesetzte Energie, höher als bei allen Kernreaktionen, die man bisher kannte.
Immer wenn damals ein Atomphysiker Probleme hatte, mit denen er nicht fertig wurde, ging er zu NIELS BOHR nach Kopenhagen. So auch OTTO ROBERT FRISCH im Auftrag von LISE MEITNER.
BOHR war auf dem Wege in die Vereinigten Staaten; er hätte fast das Schiff versäumt. Die amerikanischen Physiker erfuhren von ihm das Versuchsergebnis, die anderen lasen die Mitteilung in der Zeitschrift „Die Naturwissenschaften". In den Ländern, in denen es entsprechend ausgerüstete Institute gab, wurden die Versuche wiederholt. Die Physiker stellten unzweifelhaft fest:
1. Bei jeder Uranspaltung wird eine große Menge Energie frei.
2. Der Prozeß wird durch ein Neutron bewirkt; gleichzeitig entstehen zwei bis drei neue Neutronen.
Danach sollte es möglich sein, im Uran eine Kettenreaktion in Gang zu setzen. Wie in einem Schneeballsystem sollte sich die Zahl der Neutronen steigern – und ebenso die Zahl der gespaltenen Uranatomkerne: 1, 2, 4, 8, 16, 32, 64 ... Binnen Sekundenbruchteilen müßten dann alle vorhandenen Atomkerne des Urans gespalten werden. Das war – im Prinzip – ein Sprengstoff von unerhörter Gewalt, oder, wenn es gelänge, die Kettenreaktion „zu zähmen", ein Kraftwerk von phantastischer Leistungsfähigkeit.
Zur gleichen Zeit, als diese Reaktion von den Forschern entdeckt wurde, marschierten deutsche Truppen in Prag ein. Jetzt mußte jeder begreifen, daß es unmöglich war, mit dem „Dritten Reich" in Frieden zu leben. „Peace for our time", „Frieden für unsere Generation" hatte der englische Premierminister CHAMBERLAIN mit dem „Münchner Abkommen" vom Herbst 1938 schaffen wollen. Schon ein halbes Jahr später, im Frühjahr 1939, hatte HITLER den Vertrag gebrochen. In England begann man, sich auf den Krieg einzustellen. In Amerika waren es die Flüchtlinge aus Europa, die wußten, was von HITLER zu halten war. Den Kernphysiker LEO SZILARD überfiel ein jähes Entsetzen: Sollte Deutschland einen Vorsprung in der technischen Nutzung der *Kernenergie* gewinnen, würden die Nazis dies zu einer Erpressung größten Stils nutzen.
Man mußte die amerikanische Regierung warnen! Keine Ahnung hatte sie von dieser ungeheuren Gefahr. SZILARD war erst kürzlich nach Amerika gekommen, und außer ein paar Physikern kannte ihn niemand. Er fuhr zu EINSTEIN.
Es war inzwischen Ende Juli geworden. EINSTEIN machte Urlaub am Atlantik. Mit SZILARD saß er auf der Veranda des gemieteten Sommerhauses an der „Old Grove Road" in Peconic auf Long Island. SZILARD, ein gebürtiger Ungar, hatte lange in Deutschland gearbeitet und

Mit seinem Schreiben vom 2. August 1939 (Abbildungen Seite 101) gab Einstein, der überzeugte Pazifist, aus Furcht vor der Machthybris der Nationalsozialisten, den Anstoß zum Bau der amerikanischen Atombombe. Ende Juli 1939 verfaßten Einstein und Szilard den Brief an den amerikanischen Präsidenten Roosevelt. Bei dem Photo handelt es sich wahrscheinlich um eine am historischen Ort im Sommer 1946 nachgestellte Aufnahme.

konnte alles in der einzigen Sprache besprechen, die EINSTEIN wirklich beherrschte: in Deutsch. In dieser delikaten Angelegenheit kam es auch auf die Feinheiten an. EINSTEIN entwarf ein Schreiben, SZILARD übersetzte es ins Englische und fügte einige Abschnitte hinzu. „Einige mir im Manuskript vorliegende neue Arbeiten von E. FERMI und L. SZILARD lassen mich annehmen, daß das Element Uran in absehbarer Zeit in eine neue wichtige Energiequelle verwandelt werden könnte. Gewisse Aspekte der Situation scheinen die Aufmerksamkeit der Regierung und, wenn nötig, rasche Aktion zu erfordern. Ich halte es daher für meine Pflicht, Ihnen die folgenden Fakten und Vorschläge zu unterbreiten: Im Lauf der letzten vier Monate wurde – durch die Studien von JOLIOT in Frankreich und von FERMI und SZILARD in den Vereinigten Staaten – die Möglichkeit geschaffen, in einer großen Uranmasse atomare Kettenreaktionen zu erzeugen, wodurch gewaltige Energiemengen und große Quantitäten neuer radiumähnlicher Elemente ausgelöst würden. Es scheint jetzt fast sicher, daß dies in der allernächsten Zeit gelingen wird ..."
Schon 1907 hatte sich EINSTEIN für Reaktionen interessiert, „für welche $(M - \Sigma m)/M$ nicht allzu klein gegen 1 ist". Damals war es ihm darauf angekommen, seine Formel $E = mc^2$ experimentell zu verifizieren. An Beweisen für die Richtigkeit der Formel gab es nun keinen Mangel mehr; hundertfach, tausendfach hatte sie sich bestätigt.

Albert Einstein
Old Grove Rd.
Nassau Point
Peconic, Long Island

August 2nd, 1939

F.D. Roosevelt,
President of the United States,
White House
Washington, D.C.

Sir:

Some recent work by E.Fermi and L. Szilard, which has been communicated to me in manuscript, leads me to expect that the element uranium may be turned into a new and important source of energy in the immediate future. Certain aspects of the situation which has arisen seem to call for watchfulness and, if necessary, quick action on the part of the Administration. I believe therefore that it is my duty to bring to your attention the following facts and recommendations:

In the course of the last four months it has been made probable - through the work of Joliot in France as well as Fermi and Szilard in America - that it may become possible to set up a nuclear chain reaction in a large mass of uranium,by which vast amounts of power and large quantities of new radium-like elements would be generated. Now it appears almost certain that this could be achieved in the immediate future.

This new phenomenon would also lead to the construction of bombs, and it is conceivable - though much less certain - that extremely powerful bombs of a new type may thus be constructed. A single bomb of this type, carried by boat and exploded in a port, might very well destroy the whole port together with some of the surrounding territory. However, such bombs might very well prove to be too heavy for transportation by air.

-2-

The United States has only very poor ores of uranium in moderate quantities. There is some good ore in Canada and the former Czechoslovakia, while the most important source of uranium is Belgian Congo.

In view of this situation you may think it desirable to have some permanent contact maintained between the Administration and the group of physicists working on chain reactions in America. One possible way of achieving this might be for you to entrust with this task a person who has your confidence and who could perhaps serve in an inofficial capacity. His task might comprise the following:

a) to approach Government Departments, keep them informed of the further development, and put forward recommendations for Government action, giving particular attention to the problem of securing a supply of uranium ore for the United States;

b) to speed up the experimental work,which is at present being carried on within the limits of the budgets of University laboratories, by providing funds, if such funds be required, through his contacts with private persons who are willing to make contributions for this cause, and perhaps also by obtaining the co-operation of industrial laboratories which have the necessary equipment.

I understand that Germany has actually stopped the sale of uranium from the Czechoslovakian mines which she has taken over. That she should have taken such early action might perhaps be understood on the ground that the son of the German Under-Secretary of State, von Weizsäcker, is attached to the Kaiser-Wilhelm-Institut in Berlin where some of the American work on uranium is now being repeated.

Yours very truly,
A. Einstein
(Albert Einstein)

Jetzt war die Frage, ob sich die von Otto Hahn und Fritz Strassmann entdeckte *Kernspaltung* tatsächlich dazu eignete, technisch Energie zu gewinnen. Einstein hatte immer an eine solche Möglichkeit gedacht. Im Jahre 1919, in der großen Energiekrise nach dem Ersten Weltkrieg, hatte ihn ein Reporter des „Berliner Tageblattes" daraufhin angesprochen. Ernest Rutherford hatte damals zum ersten Mal eine Kernreaktion künstlich ausgeführt: Unter dem Beschuß von α-Teilchen (Helium-Atomkernen) verwandelte sich Stickstoff in Sauerstoff. Dies war freilich ein sehr seltenes Ereignis. Skeptisch und pragmatisch, wie er war, blieb Rutherford dabei, daß die Idee, *Atomenergie* zu gewinnen, „dog's moonshine", Phantasie und Schneegestöber sei. Einstein aber hatte schon 1919 zu Protokoll gegeben: „Es ist durchaus nicht ausgeschlossen, daß [beim Experiment von Rutherford] bedeutende Energiemengen freigemacht werden. Es wäre möglich und ist nicht einmal unwahrscheinlich, daß daraus neuartige Energiequellen von ungeheurer Wirksamkeit erschlossen werden können, aber eine unmittelbare Stütze in den bis jetzt bekannten Tatsachen hat diese Erwägung noch nicht. Es ist ja sehr schwer, Prophezeiungen zu machen, aber es liegt im Bereich der Möglichkeit. Wenn es überhaupt gelingt, auf diese Weise die innere *Atomenergie* freizumachen, so würde das wahrscheinlich für die ganze Energiebilanz ... von ungeheurer Bedeutung werden."

Jetzt war es so weit. Am 2. August 1939 unterzeichnete Einstein den Brief an den Präsidenten Roosevelt. Szilard übergab ihn einem Freund des Präsidenten. Nach einigem Hin und Her hatte Roosevelt begriffen. Zu seinem Attaché, General „Pa" Watson, sprach er die berühmt gewordenen Worte: „Pa, dies hier bedeutet: Wir müssen handeln." Aus Physik wurde Weltgeschichte.

Beim Ausbruch des Ersten Weltkrieges jubelten die Menschen; als der Zweite Weltkrieg begann, waren alle still. 1914 hatte Otto Hahn einrücken müssen, 1939 war sein Sohn Hanno an der Reihe. Max von Laue hatte seinen Sohn schon zwei Jahre zuvor nach Amerika geschickt, um ihn nicht in die Lage zu bringen, einmal für einen Hitler kämpfen zu müssen.

Im Heereswaffenamt begannen im September 1939 eine Reihe von Sitzungen: Läßt sich die Atomenergie noch in diesem Krieg einsetzen? Die Wissenschaftler waren skeptisch. Wie vage auch die Möglichkeiten seien, so hieß es, man habe die Pflicht, die nötigen Untersuchungen zu machen. Dann könne man jedenfalls durch die weitere Entwicklung nicht überrascht werden.
Das Heereswaffenamt beschlagnahmte das *Kaiser-Wilhelm-Institut für Physik.* 1917 war das Institut gegründet worden, als Direktoren hatten EINSTEIN und LAUE amtiert. Das Institut besaß aber damals Realität nur im juristischen Sinne; erst 1936, als EINSTEIN längst nach Amerika gegangen war, wurde ein Gebäude errichtet. LAUE war stellvertretender Direktor geblieben, auch als PETER DEBYE die Leitung übernommen hatte. Nun gab es abermals einen Wechsel. DEBYE ging in die Vereinigten Staaten; aufgrund seiner niederländischen Staatsbürgerschaft konnte er ungehindert ausreisen. Als Direktor des Instituts fungierte nun WERNER HEISENBERG.
LAUE hatte sich nicht für die Tätigkeit DEBYES interessiert, und er kümmerte sich auch jetzt nicht darum, was HEISENBERG mit seinem „Uran-Projekt" trieb. Auch OTTO HAHN war nicht beteiligt. Zwar stammte die grundlegende Entdeckung von ihm, aber alles andere war nun die Sache der Physiker und Ingenieure.
Nach dem großen Erfolg vom Dezember 1938 wagte es keiner mehr, ihn zu entlassen. Trotz des Krieges hielt er seine Vorträge, auch im neutralen Ausland. Die Arbeit ging weiter wie bisher.
Niemand in Deutschland ahnte, daß in den Vereinigten Staaten mit äußerster Anstrengung an der Realisierung des *Atomreaktors* und der *Atombombe* gearbeitet wurde. Mit ungeheurer Energie stampften die von den Nazis unterschätzten Amerikaner eine neue Industrie aus dem Boden. Nach dem Eintritt der USA in den Krieg verstärkten sich die Bemühungen noch.
Einen ersten und einprägsamen Eindruck der technischen Möglichkeiten der Vereinigten Staaten gaben die sich von Monat zu Monat steigernden Luftangriffe. Dem großen Angriff auf Berlin in der Nacht vom 15. auf den 16. Februar 1944 fiel auch OTTO HAHNS *Kaiser-Wilhelm-Institut für Chemie* zum Opfer. „Schaurig schön", so beobachtete MAX VON LAUE, „schlug aus dem Dachstuhl und der gesprengten Südwand des monumentalen Gebäudes ein Flammenmeer heraus."
Im Herbst 1944 wurden die Reste des Instituts nach Tailfingen in Württemberg-Hohenzollern verlagert. Auch das *Kaiser-Wilhelm-Institut für Physik* zog um in das benachbarte Hechingen. Wie in Berlin sollten die Gelehrten auch hier die Möglichkeit haben, miteinander zu diskutieren. „Wissenschaft entsteht im Gespräch", pflegte HEISENBERG zu sagen.
Fast regelmäßig trafen sich MAX VON LAUE und OTTO HAHN einmal in der Woche zum Mittagsessen in einem Dorfwirtshaus zwischen Hechingen und Tailfingen. Für die beiden nun über 65jährigen Herren ein gutes Konditionstraining. Zwanzig Jahre zuvor waren sie noch gemeinsam auf Viertausender gestiegen. Sie fühlten sich immer noch durchaus dazu in der Lage. Nur hatten sie jetzt dringendere Sorgen. Im April 1945 sollte auch das kleine Städtchen Tailfingen „bis zum letzten Mann" verteidigt werden. Aber den Frauen gelang es, die deutschen Soldaten zum Abzug zu bewegen. Doch die Panzersperren blieben geschlossen, was eine große Beunruhigung hervorrief. Da OTTO HAHN den Bürgermeister kannte, ging er am 24. April 1945 ins Rathaus. „Der Führer hat Widerstand bis zum Letzten befohlen", hieß es dort. Entschlossen erwiderte HAHN: „Der Führer kann jetzt nichts mehr befehlen. Sie wissen gar nicht, ob er sich nicht, wie schon so viele, nach Österreich oder sonstwohin verzogen hat. Retten Sie Ihre Stadt, so wird man Sie preisen, leisten Sie aber sinnlosen Widerstand, so wird man Sie verfluchen."
Am 25. April war für Tailfingen der Krieg zu Ende. Kampflos rückten alliierte Truppen ein. Es handelte sich um eine Sondereinheit aus Wissenschaftlern, Offizieren und CIC-Agenten. Ihre Aufgabe war es, festzustellen, wie weit die Deutschen mit der *Atombombe* gekommen waren. OTTO HAHN konnte dazu herzlich wenig sagen – lediglich das, was er von HEISENBERG erfahren hatte.
Unter militärischer Bewachung wurde er nach Hechingen gebracht. Eine Nacht blieb er in der Wohnung seines Freundes MAX VON LAUE. Wieder einmal war höchst ungewiß, was die nächsten Jahre bringen würden. Eine verrückte Zeit war es, in der sie lebten. LAUE und HAHN tranken Brüderschaft. Befreundet gewesen waren sie schon lange; jetzt gingen sie zum vertrauten „Du" über.
Am nächsten Tag fuhr eine lange Kolonne von Jeeps nach Heidelberg. Die kostbare Fracht waren die „egg-heads", wie die Amerikaner die deutschen Wissenschaftler bezeichneten. In den Verhören behandelten die Offiziere OTTO HAHN und MAX VON LAUE mit dem größten Respekt.
Schließlich sammelte sich eine Gruppe von zehn Gelehrten, ein Chemiker (OTTO HAHN) und neun Physiker, darunter MAX VON LAUE, WERNER HEISENBERG und CARL FRIEDRICH VON WEIZSÄCKER. Im Chaos der letzten Kriegstage wurden sie mehrfach von einem Ort zum anderen verlegt. Am 7. Mai 1945 unterzeichnete ALFRED JODL in Reims für die deutschen Streitkräfte die bedingungslose Kapitulation. Der Zufall fügte es, daß auch sie gerade in der Stadt waren. Von ihren Zimmern aus, in der Rue Gambetta, sahen sie die Kathedrale.
Ein paar Tage später waren sie in einem alten, verwahrlosten Schloß bei Versailles: „Langweilig ist's zum Steinerweichen", notierte ERICH BAGGE in seinem Tagebuch: „Als wir auf unserem 60-Quadratmeter-Platz im Park stehen, kommen für kurze Zeit zwei höhere englische Offiziere zu uns. Der eine, ein älterer Mann, geht auf Professor VON LAUE zu und fragt: ‚You are the famous Professor VON LAUE?' Alles lacht."
Um sich zu beschäftigen, richteten sie ein „Physikalisches Kolloquium" ein, wie sie es von ihren Instituten gewohnt waren. OTTO HAHN berichtete über die Helium-Methode zur Bestimmung des Erdalters. MAX VON LAUE erzählte über seinen physikalischen Werdegang. „Man erfährt manche interessante Besonderheiten aus der Geschichte der *Röntgenstrahlen-Interferenzen*", notierte BAGGE, „wie er um die Durchführung seines Versuches kämpfte, die ausbleibende Anerkennung durch SOMMERFELD, die Schwierigkeiten bei den Universitätsbehörden."

Das Kaiser-Wilhelm-Institut für Chemie nach der Zerstörung. „Ich sah in der unvergeßlichen Nacht vom 15. zum 16. Februar 1944 Otto Hahns Kaiser-Wilhelm-Institut für Chemie brennen. Schauerlich schön schlug aus dem Dachstuhl und der gesprengten Südwand des monumentalen Gebäudes ein Flammenmeer heraus." So erinnerte sich Max von Laue.

Oben: Haigerloch in Südwürttemberg-Hohenzollern. Im Felsenkeller unter der Schloßkirche baute die Arbeitsgruppe um Werner Heisenberg einen Atomreaktor auf.
Unten: Der Landsitz Farmhall in Huntingdon bei Cambridge in England. Hier verbrachten die zehn deutschen Gelehrten sechs Monate ihrer Internierung.

Am 3. Juli 1945 flogen sie mit einer Militärmaschine nach England. Der Landsitz „Farmhall", etwa 25 Meilen von Cambridge entfernt, wurde ihr Aufenthalt. „Von Anfang an war OTTO HAHN ganz selbstverständlich der Doyen der Gruppe", erzählte WALTHER GERLACH. „Schnelle Erfassung einer Situation, klares Urteil, Menschlichkeit, Humor, Schlagfertigkeit und Standhaftigkeit – alle Register standen ihm für die Verhandlungen mit den ‚Betreuern', für die Regelung von Schwierigkeiten zur Verfügung."
Spannungen gab es vor allem deshalb, weil die deutschen Gelehrten nicht verstanden, weshalb sie interniert waren. Die Unsicherheit über das Schicksal ihrer Familien war schwer zu ertragen. Aber auch die alliierten Offiziere, die für ihre Bewachung verantwortlich waren, wußten nicht viel. Es war eben „Befehl". Der Sinn wurde allen erst ein paar Wochen später einsichtig: Wenn sie isoliert waren, konnten sie nichts ausplaudern von den Möglichkeiten, die sich da neuerdings aufgetan hatten in der Physik mit *Atomreaktor* und *Atombombe*. Die Amerikaner wollten die Welt überraschen.
OTTO HAHN und MAX VON LAUE hatten jeder ein großes Zimmer für sich allein. Im Haus und im weiten Garten konnten sie sich – gegen Ehrenwort – frei bewegen. Das Essen und die Behandlung waren sehr gut. „Wir haben Bücher in drei Sprachen, täglich neue Zeitungen", schrieb OTTO HAHN nach Hause. „Abends wird gelesen oder Skat, Schach oder Bridge gespielt. Einige von uns arbeiten theoretisch; ich nicht. Dafür lerne ich auf der Schreibmaschine schreiben."
Beim Abendessen saßen sie meistens mit den beiden britischen Offizieren zusammen. Häufig bestritt OTTO HAHN die Unterhaltung. Nach ein paar Wochen kamen die alten Geschichten in einer anderen Fassung wieder, und so entstand die Bezeichnung „Cocktales". Das war ein typischer Physiker-Witz: Die von HAHN servierten „Cocktales" bedeuteten wörtlich übersetzt „HAHNS Märchen".
Während die deutschen Forscher mühsam gegen die Langeweile kämpften, feierten die amerikanischen Kollegen einen Triumph. Am 16. Juli brachten OPPENHEIMER und seine Mitarbeiter in der Wüste von Nevada die erste *Atombombe* zur Explosion. Der Versuch war ein voller Erfolg und markierte, wie es in einem späteren Bericht des amerikanischen Kriegsministeriums hieß, den „Übertritt der Menschheit in ein neues Zeitalter."
Kurz vor Weihnachten 1938 hatte OTTO HAHN die Zündschnur in Brand gesetzt, sechseinhalb Jahre hatte die Flamme gebraucht, doch sie hatte ihr Ziel gefunden. Die Explosion erschütterte die Welt. Am 6. August 1945 kam um 18 Uhr die erste Nachricht über den englischen Rundfunk:
„Präsident TRUMAN hat eine ungeheure Errungenschaft durch alliierte Wissenschaftler bekanntgegeben: Die *Atombombe* ist hergestellt. Eine ist bereits auf einen japanischen Militärstützpunkt abgeworfen worden. Sie enthält allein so viel Explosionskraft wie zweitausend unserer Zehntonnenbomben. Der Präsident hat auch angekündigt, daß die Ausnutzung der *Atomenergie* von außerordentlicher Bedeutung für die Friedenszeit sein wird."
Mit einer Flasche Gin in der Hand klopfte der Major an das Zimmer HAHNS. OTTO HAHN wollte es nicht glauben, aber der Offizier beteuer-

Die „Alsos-Mission": Die alliierte Sondereinheit hatte die Aufgabe, festzustellen, wie weit die Deutschen mit ihrem Atomenergieprojekt gekommen waren. Links: Otto Hahn wird als Gefangener abtransportiert. Rechts: Der deutsche Atomreaktor wird demontiert. Den kritischen Punkt, bei dem die Kettenreaktion sich selbst unterhält, hat aber der deutsche „Uran-Brenner" vor Kriegsende nicht mehr erreicht. Otto Hahn und Max von Laue waren an diesen Arbeiten nicht beteiligt, wurden aber trotzdem mit den Kernphysikern acht Monate interniert.

te, dies sei eine amtliche Nachricht des Präsidenten der Vereinigten Staaten. „Ich verliere fast wieder etwas die Nerven bei dem Gedanken an das neue große Elend", beschrieb HAHN seine Empfindungen, „bin aber andererseits sehr froh, daß nicht wir Deutschen, sondern die alliierten Anglo-Amerikaner dieses neue Kriegsmittel gemacht und angewandt haben."

HAHN ging sofort in den Speisesaal hinunter, wo die anderen Physiker zum Abendessen Platz genommen hatten. Für einen Augenblick saßen alle stumm, entsetzt, ungläubig; dann brach es aus ihnen hervor. Darauf hatte der CIC gewartet. Ohne daß die deutschen Physiker etwas ahnten, war vom britischen Geheimdienst eine Abhöranlage installiert worden.

Um 21 Uhr folgten alle gespannt den Nachrichten mit der gemeinsamen Erklärung von TRUMAN und CHURCHILL. Von 300.000 toten Japanern war die Rede. Sie erfuhren, daß der Bau der *Atombombe* zwei Milliarden Dollar gekostet hatte und daß 180.000 Menschen daran beteiligt waren, darunter 14.000 Physiker und Ingenieure.

Trotz der inneren Aufregung registrierte OTTO HAHN, daß sie von den Aufsicht führenden alliierten Offizieren allein gelassen wurden. Er war dankbar für ihr Taktgefühl. Doch die Offiziere hatten nur auf strikte Anweisung von General GROVES gehandelt.

Der Leiter der amerikanischen *Atombomben*-Entwicklung interessierte sich brennend dafür, wie weit die Deutschen mit ihrem Projekt gekommen waren. Hatten die Männer um HEISENBERG die Bombe nicht bauen wollen oder nicht bauen können? General GROVES las begierig die Tonbandabschriften:

HEISENBERG: „Man kann sagen, daß in Deutschland größere Mittel zum ersten Mal im Frühjahr 1942 zur Verfügung gestellt wurden, nach der Sitzung mit [dem Wissenschaftsminister] RUST, als wir ihn überzeugten, daß wir den absolut sicheren Beweis dafür hätten, daß die Sache möglich sei... Wir hätten gar nicht den moralischen Mut aufgebracht, im Frühjahr 1942 der Regierung zu empfehlen, 180.000 Mann einzustellen."

WEIZSÄCKER: „Ich glaube, es ist uns nicht gelungen, weil alle Physiker aus Prinzip gar nicht wollten, daß es gelang. Wenn wir alle gewollt hätten, daß Deutschland den Krieg gewinnt, hätte es uns gelingen können..."

HAHN: „Das glaube ich nicht, aber bin dankbar, daß es uns nicht gelungen ist."

Im historischen Rückblick muß man HAHN zustimmen: Ein Glück, daß es nicht zu einer deutschen Atombombe gekommen ist. HAHN erzählte später, daß er, als ihm die Konsequenzen seiner Entdeckung bewußt geworden waren, an Selbstmord gedacht habe.

An diesem Abend hat keiner der zehn Gelehrten schnell Schlaf finden können. Als sich MAX VON LAUE schließlich nach den langen Diskussionen um ein Uhr zurückzog, sagte er: „Als ich jung war, wollte ich Physik treiben und Weltgeschichte erleben. Die Physik habe ich getrieben, und daß ich Weltgeschichte miterlebt habe, wahrhaftig, das kann ich jetzt in meinen alten Tagen wohl sagen." LAUE sollte aber noch keine Ruhe finden: „Wir müssen etwas unternehmen, ich habe große Sorgen um OTTO HAHN. Diese Nachrichten haben ihn entsetzlich erschüttert, und ich befürchte das Schlimmste." Sie blieben noch lange wach, bis sie hörten, daß OTTO HAHN eingeschlafen war.

Die Welt war eine andere geworden. Die Menschheit hatte den Schritt über die Schwelle getan und war eingetreten in das Zeitalter des Atoms. Ohne zu wissen, was er tat, hatte OTTO HAHN die Tür geöffnet. Durch die Zerstörung Hiroshimas war das am sorgsamsten gehütete militärische Geheimnis der Vereinigten Staaten der Menschheit im

Albert Einstein mit J. Robert Oppenheimer, dem „Vater der amerikanischen Atombombe" (rechts), im „Institute for Advanced Study" (um 1950).

wahrsten Sinne des Wortes „schlagartig“ bekannt geworden. Die Internierung in Farmhall hatte ihren Zweck erfüllt; seit dem 6. August 1945 war sie sinnlos geworden.
Aber in der Menschenwelt geschieht viel Sinnloses. Immer wieder schöpften die deutschen Physiker neue Hoffnung auf baldige Entlassung, und immer wieder wurden sie enttäuscht.
Der Sommer verging, der Herbst. In den langen Monaten entwickelte sich bei den Physikern so etwas wie ein Gefängnis-Koller. „Am normalsten von allen ist immer noch Herr HAHN“, notierte einmal ERICH BAGGE, „obwohl ich das Gefühl habe, daß es bei ihm unter der Decke gehörig glimmt.“ Da ihnen auf die Frage nach ihrem rechtlichen Status der englische Major RITTNER erwiderte, sie seien „detained under His Majesty's pleasure“, nannten sie sich die „Detaineden“, die Festgehaltenen.

Besuche von britischen Kollegen zeigten, daß sie nicht vergessen waren. Am 20. August kam CHARLES DARWIN, am 9. September BLAKKETT. Zweimal trafen HAHN, HEISENBERG und LAUE in der *Royal Institution* in London mit führenden britischen Gelehrten zusammen. Es ging um den Termin der Freilassung, um den zukünftigen Wohn- und Arbeitsort, und, eng verbunden mit diesen persönlichen Problemen, um den Wiederaufbau der deutschen Wissenschaft.
Eine frohe Nachricht gab es am 16. November. Die zehn Gelehrten saßen nach dem Frühstück in ihrem „Salon“, hörten das Morgenkonzert und blätterten in den neuesten Zeitungen. Da sagte HEISENBERG plötzlich: „Herr HAHN, da lesen Sie mal“ und reichte ihm den Daily Telegraph. „Ich hab' jetzt gar keine Zeit“, erwiderte HAHN zerstreut. „Das ist aber sehr wichtig für Sie, da steht nämlich drin, daß Sie den Nobelpreis erhalten sollen.“

Die drei Nobelpreisträger Werner Heisenberg (links), Max von Laue (Mitte) und Otto Hahn in Göttingen 1946, kurz nach der Rückkehr aus Farmhall.

Am Abend wurde gefeiert. Es gab ein großes Festessen, und der englische Hauptmann steuerte zusätzlich eine Flasche Gin und Rotwein bei. Zwischen den einzelnen Gängen wurden teils lustige, teils ernste Gespräche geführt. DIEBNER und WIRTZ hatten ein altes Studentenlied umgedichtet und alle sangen den Kehrreim mit: „Und fragt man, wer ist schuld daran, so ist die Antwort: OTTO HAHN.“

„Detained since more than half a year
Sind HAHN und wir in Farmhall hier.
Wie ist das möglich, fragt man sich,
Die Story seems höchst wunderlich.
The real reasons, nebenbei,
Sind weil we worked on nuclei.
Ein jeder weiß, das Unglück kam
Infolge splitting von Uran.
Verliert man jetzt so seine Wetten,
So heißt's, you did not split the atom.
Die Energie macht alles wärmer,
Only die Schweden werden ärmer:
Auf akademisches Geheiß
Kriegt Deutschland einen Nobel-Preis.
Die Feldherrn, Staatschefs, Zeitungsknaben,
ihn every day im Munde haben.
Sogar die sweethearts in the worlds,
Sie nennen sich jetzt: Atom-Girls!
Und kommen wir aus diesem Bau,
We hope, we will be lucky now . . .“

Zum ersten Mal schienen sie zu vergessen, daß sie als Gefangene hier waren, zu vergessen, daß sie nicht wußten, wann sie wieder zu ihren Familien, in ihre Heimat, zu ihrer Arbeit zurückkehren würden. Sie lachten, und beim Lachen kamen OTTO HAHN die Tränen. Zu stark war die Anspannung gewesen in den letzten Monaten. Wie mochte es jetzt seiner Frau ergehen, die allein in Tailfingen zurückgeblieben war, und wie seinem schwerverwundeten Sohn?
WEIZSÄCKER verfaßte einen Limerick:
„Es war ein Kollegium in Schweden,
das verlieh seinen Preis nicht an jeden,
doch kriegt man ihn mal,
so ist's auch noch fatal,
denn man kommt nicht von Farmhall nach Schweden.“
Die kurze Festrede hielt MAX VON LAUE. Er zitierte, was einst THEODOR FONTANE gedichtet hatte:
„Gaben, wer hätte sie nicht? Talente, Spielzeug für Kinder.
Erst der Ernst macht den Mann, erst der Fleiß das Genie.“
OTTO HAHN genierte sich schrecklich: „Den Fleiß gebe ich zu, aber die Genialität durchaus nicht.“

NOBELSTIFTELSENS
HÖGTIDSDAG
TISDAGEN DEN 10 DECEMBER 1946
KL. 5 E. M.
I KONSERTHUSETS STORA SAL

PROGRAM

1. PRISTAGARNA INTAGA PLATS PÅ ESTRADEN.
2. FESTPOLONÄS . . . . *O. Lindberg*
   Utföres liksom de följande musiknumren av Konsertföreningens orkester under anförande av Hovkapellmästaren *Adolf Wiklund.*
3. HÄLSNINGSORD AV NOBELSTIFTELSENS ORDFÖRANDE.
4. UTDELNING AV 1946 ÅRS NOBELPRIS I FYSIK till P. W. BRIDGMAN efter anförande av Professor *A. E. Lindh.*
5. UTDELNING AV 1946 ÅRS NOBELPRIS I KEMI med hälften till J. B. SUMNER och andra hälften gemensamt till J. H. NORTHROP och W. M. STANLEY efter anförande av Professor *A. Tiselius.*
6. UTDELNING AV 1944 ÅRS NOBELPRIS I KEMI till O. HAHN efter anförande av Professor *A. Tiselius.*
7. ELEGI UR GUSTAF-ADOLF SVITEN . . . . *H. Alfvén*
8. UTDELNING AV 1946 ÅRS NOBELPRIS I FYSIOLOGI OCH MEDICIN till H. J. MULLER efter anförande av Professor *T. O. Caspersson.*
9. ROMANS . . . . *L. E. Larsson*
10. UTDELNING AV 1946 ÅRS NOBELPRIS I LITTERATUR till H. HESSE efter anförande av Svenska Akademiens Ständige Sekreterare Fil. Dr. *A. Österling.*
11. DU GAMLA, DU FRIA.

Offizielles Programm der Nobelpreisverleihungen am 10. Dezember 1946 in Stockholm.

Verleihung des Nobelpreises an Otto Hahn (links) durch den schwedischen Kronprinzen am 11. Dezember 1946 in Stockholm. ▷

Kapitel XIII Der Wiederaufbau
Gründung der Max-Planck-Gesellschaft

In den letzten Kriegsmonaten hatte Dr. Ernst Telschow die Generalverwaltung der *Kaiser-Wilhelm-Gesellschaft* nach Göttingen verlegt. Die Bilanz nach dem Zusammenbruch war niederschmetternd: der Großteil der Institute war zerstört, Mitglieder tot oder verschollen, die Gehaltszahlungen eingestellt, die Verbindungen untereinander abgerissen. Der Präsident der Gesellschaft, Generaldirektor Albert Vögler, der seit 1941 als Nachfolger von Carl Bosch amtierte, hatte nach dem Zusammenbruch seinem Leben selbst ein Ende gesetzt.
In Berlin wurde ein für die ganze Stadt zuständiger Oberbürgermeister und der Magistrat von der sowjetischen Militärverwaltung ernannt. Noch vor dem Einzug der Westalliierten setzten Oberbürgermeister und Magistrat ihrerseits Dr. Robert Havemann, einen überzeugten Altkommunisten, zum „vorläufigen Leiter der *Kaiser-Wilhelm-Gesellschaft*" ein.
Havemann erklärte am 6. Juni 1945 in einer „Anordnung": „Ich habe mein Amt mit dem heutigen Tage übernommen und übe damit die Rechte und Aufgaben des Präsidenten der *Kaiser-Wilhelm-Gesellschaft* in vollem Umfange satzungsgemäß und zugleich im Sinne der neuen Sach- und Rechtslage aus."
Sofort hob Havemann die Vollmachten des Generalsekretärs Dr. Telschow auf und versuchte, die Institute und die Konten der Gesellschaft in allen Besatzungszonen in die Hand zu bekommen.
In dieser gefährlichen Lage war es ein Lichtblick für die Gesellschaft, als der alte Max Planck in Göttingen auftauchte. Planck hatte Furchtbares erlebt. Wenige Monate vor der Kapitulation war sein Sohn Erwin zum Tode verurteilt und hingerichtet worden. Erwin Planck wußte über den Militärputsch des 20. Juli 1944 Bescheid, außerdem gehörten einige seiner Freunde zum Kreis der Verschwörer. Alle vier Kinder aus der ersten Ehe Plancks waren nun nicht mehr am Leben; geblieben waren ihm nur die zweite Frau Marga und das einzige Kind aus seiner zweiten Ehe, der Sohn Hermann. Dieser Sohn aber, der den edlen Kopf der Plancks hatte, war unverkennbar debil. „Erfolg, Ehren, Anerkennung, innere Befriedigung im Bewußtsein größter Leistung – und doch vom bittersten Unglück verfolgt sein ganzes Leben lang, immer ärger, immer ärger, genau wie im Buch Hiob", sagte damals ein Kollege über Planck.

◁ *Max Planck (links) und Max von Laue in Göttingen 1946. Es war ein Glücksfall für die deutsche Wissenschaft, daß Max Planck durch das Husarenstück des amerikanischen Astrophysikers Gerard P. Kuiper von Rogätz (in der Nähe Magdeburgs) nach Göttingen geholt worden war.*

Der Luftangriff auf Berlin in der Nacht vom 15. auf den 16. Februar 1944, der Otto Hahns *Kaiser-Wilhelm-Institut für Chemie* in Trümmer legte, zerstörte auch Plancks Haus im Grunewald, Wangenheimerstraße 21. Planck wohnte schon damals mit seiner Frau im Gutshof des Industriellen Carl Still in Rogätz an der Elbe. Hier geriet er in den letzten Tagen des Krieges zwischen die Fronten; mit vielen anderen Flüchtlingen mußte der durch eine schwere Arthrose fast bewegungsunfähige 87jährige im Freien biwackieren.
Als sich amerikanische Wissenschaftler bei den deutschen Kollegen in Göttingen über ihre Arbeiten während des Krieges erkundigten, erfuhren sie vom Schicksal Plancks. Am 16. Mai wagte der amerikanische Astrophysiker Gerard P. Kuiper die Fahrt nach Rogätz. Er fand Planck elend und verzweifelt vor. Obwohl es strikt verboten war, Deutsche aus dem Gebiet zu evakuieren, das von der sowjetischen Besatzungsmacht übernommen werden sollte, brachte Kuiper Max und Marga Planck mit seinem kleinen Auto nach Göttingen. „Wenn ich angehalten werde", dachte sich Kuiper, „muß ich meine Entscheidung damit rechtfertigen, daß es sich um ärztliche Versorgung eines wichtigen Wissenschaftlers handelt."
Planck war der einzige der früheren Präsidenten der *Kaiser-Wilhelm-Gesellschaft,* der noch lebte. Mit seiner Autorität war es nun sehr viel leichter, etwas gegen die rechtswidrige Einsetzung von Robert Havemann zu tun.
Am 15. September richtete Planck ein Rundschreiben an alle Direktoren der *Kaiser-Wilhelm-Gesellschaft:* „Durch den Berliner Rundfunk und ebenso durch einige Zeitungen in der russischen Zone wurde vor einiger Zeit die Mitteilung verbreitet, daß ein Herr Dr. Havemann, früher Assistent bei Professor Heubner, das Amt des Präsidenten der *Kaiser-Wilhelm-Gesellschaft* übernommen hat beziehungsweise die Verwaltung der Dahlemer Institute. Dr. Havemann selbst hat in einem Schreiben an einzelne Institute seine Ernennung durch den Oberbürgermeister der Stadt Berlin und den Magistrat, Abteilung Volksbildung, mitgeteilt. Die in Dahlem noch anwesenden Wissenschaftler der *Kaiser-Wilhelm-Gesellschaft* (Assistenten und Abteilungsleiter) haben gegen seine Ernennung protestiert. Auch wenn die Ernennung von Herrn Dr. Havemann mit Billigung der russischen Besatzungsbehörde erfolgt sein sollte, beschränkt sie sich auf den russischen Besatzungsbereich. Ich habe in einem Schreiben an die Militärregierung darauf hingewiesen, daß die Ernennung des Herrn Dr. Havemann nicht den Satzungen entspricht und von der *Kaiser-Wilhelm-Gesellschaft* nicht anerkannt wird."

Max Planck und Otto Hahn (rechts).

Es war entscheidend für das Schicksal der Gesellschaft, so schnell wie möglich wieder einen allgemein anerkannten Präsidenten zu haben. Wer konnte dieses Amt übernehmen? Schon in normalen Zeiten waren die Anforderungen groß; ganz hervorragende Persönlichkeiten hatten bisher an der Spitze gestanden: HARNACK, PLANCK, BOSCH und VÖGLER.

Jetzt waren die Bedingungen weitaus schärfer: Wie immer kam nur ein erstrangiger Gelehrter für diese Aufgabe in Frage, doch nun sollte dieser zusätzlich bereit sein, auf eigene Forschung zu verzichten. In dieser Notlage erforderte das Amt den ganzen Menschen. Unbedingt mußte der Präsident politisch unbelastet sein und sollte doch der Gesellschaft möglichst lange angehört haben. Auch dies waren zwei Forderungen, die nur schwer zu vereinbaren waren. Im Dritten Reich war den höheren Beamten (wozu die Universitätsprofessoren ebenso gehörten wie die wissenschaftlichen Mitglieder der *Kaiser-Wilhelm-Gesellschaft*) dringend „nahegelegt" worden, der Partei beizutreten. Nur ganz wenigen war es möglich gewesen, dieser Aufforderung konsequent auszuweichen.

So nannte ERNST TELSCHOW in den Gesprächen mit MAX PLANCK nur drei Namen. Ohne Zögern sagte PLANCK: „Nehmen Sie OTTO HAHN."

Wilde Gerüchte waren über HAHNS Aufenthaltsort in Umlauf. Zum letzten Mal hatten ihn Mitarbeiter der *Kaiser-Wilhelm-Gesellschaft* am 27. April in Hechingen gesehen, von dort aus war er mit MAX VON LAUE und anderen Physikern in einem Konvoi von Militärfahrzeugen weggebracht worden.

Britische Offiziere versprachen, einen Brief PLANCKS weiterzuleiten. Am 25. Juli 1945 schrieb er an OTTO HAHN: „Als früherer Präsident der *Kaiser-Wilhelm-Gesellschaft* liegt mir ihr weiteres Geschick und ihre Zukunft besonders am Herzen. Ich halte es für unerwünscht, daß der Posten des Präsidenten längere Zeit unbesetzt bleibt, und habe Herrn Dr. TELSCHOW gebeten, die Wahl des neuen Präsidenten durch Umfrage bei den Direktoren aller *Kaiser-Wilhelm-Institute* vorzubereiten. Für diesen Posten werden Sie, wie ich annehme, einstimmig vorgeschlagen werden, und ich halte Sie in besonderem Maße für geeignet, die Gesellschaft auch dem Ausland gegenüber zu vertreten. Sie erlassen es mir, die Gründe, die gerade für Ihre Person sprechen, im einzelnen auszuführen. Bis zu Ihrer Rückkehr nach Deutschland bin ich bereit, Sie zu vertreten."

Am 12. Januar 1946 kam HAHN zum ersten Mal nach Göttingen. Mit HEISENBERG und TELSCHOW hatte er ein langes Gespräch in der Geschäftsstelle der *Kaiser-Wilhelm-Gesellschaft,* Herzberger Landstraße Am nächsten Tag besuchte er MAX PLANCK. „Mit HEISENBERG treffe ich mich bei Familie PLANCK, der wir unsere Rationen Brot, Corned Beef, etwas Butter, ich außerdem aus England mitgenommenen Tee mitbringen. Die Nichte PLANCKS, HILLA SEIDEL, sieht gut aus, auch PLANCK ist frischer, als ich gefürchtet hatte. Er sagt, ich müsse die Präsidentschaft der *Kaiser-Wilhelm-Gesellschaft* unbedingt übernehmen. Wir trinken schnell ein Glas Wein, den er vom Oberbürgermeister von Frankfurt bei dem Goethe-Preis bekommen hat", schrieb HAHN in sein Tagebuch.

Zusammen mit MAX VON LAUE siedelte er sich in Göttingen an. Nachdem als erste deutsche Universität die *Georgia Augusta* im September 1945 in allen Fakultäten die Arbeit wieder aufgenommen hatte, wie von der britischen Militärregierung auch die Wiedererrichtung von wissenschaftlichen Instituten genehmigt.

Am 1. April 1946 übernahm OTTO HAHN offiziell die Präsidentschaft der *Kaiser-Wilhelm-Gesellschaft.* „Ich gehe um 1/2 12 zu PLANCK", notierte HAHN, „um ihm zu melden, daß ich ihn ab heute ablöse. Er liegt im Bett; sieht sehr elend aus. Aber er ist offenbar erfreut, daß das ‚Provisorium' vorüber ist."

Etwa zur gleichen Zeit schlug der amerikanische Militärgouverneur in der Viererkontrollkommission die Auflösung der *Kaiser-Wilhelm-Gesellschaft* vor. Sowjets und Franzosen stimmten zu, während der britische Vertreter opponierte. Damals war es in der Kontrollkommission noch üblich, daß sich bei Übereinstimmung von drei Mächten die vierte nicht entgegenstellte. So wurde nach einiger Zeit auch die britische Zustimmung erteilt.

Glücklicherweise mahlten die Mühlen des alliierten Kontrollrates langsam. So hatte man Zeit, über Gegenmaßnahmen zu beraten. HAHN, LAUE, PLANCK, HEISENBERG und überhaupt alle ehemaligen Mitglieder wollten die Gesellschaft unter allen Umständen erhalten.

Im Juli 1946 feierte die *Royal Society* – durch den Krieg um einige Jahre verspätet – den 300. Geburtstag von ISAAC NEWTON. Aus der ganzen Welt kamen Gelehrte nach London. Als einzigen Deutschen hatte die Gesellschaft MAX PLANCK eingeladen, ihr ältestes auswärtiges Mitglied.

Der Präsident der Kaiser-Wilhelm-Gesellschaft zur Förderung der Wissenschaften

Göttingen, den 27. März 1946
Herzberger Landstr. 3
Fernsprecher 2569

An die
Herren Direktoren und Wissenschaftlichen
Mitglieder der Kaiser-Wilhelm-Gesellschaft

Als ich mich im Juli v.J. auf Bitten aller Direktoren der Kaiser-Wilhelm-Institute entschloss, nach dem Tode von Herrn Dr. Vögler die Geschäfte des Präsidenten zu übernehmen, geschah dies, um die Tradition der Gesellschaft zu erhalten und vor allen Dingen die satzungsgemässe Wahl des neuen Präsidenten vorzubereiten. Nachdem nunmehr die Direktoren und Wissenschaftlichen Mitglieder der Kaiser-Wilhelm-Gesellschaft, soweit sie erreichbar waren, sich einstimmig für die Ernennung des

Herrn Professor Dr. Otto Hahn,
Direktor des Kaiser-Wilhelm-Instituts für Chemie,

zum Präsidenten der Kaiser-Wilhelm-Gesellschaft ausgesprochen haben, haben die noch im Amt befindlichen Mitglieder des Senats seine Ernennung vollzogen.

Herr Professor Hahn hat sich bereit erklärt, die Wahl anzunehmen und wird sein Amt am 1. April 1946 übernehmen.

Wegen der im Alliierten Kontrollrat noch schwebenden Verhandlungen über die Kaiser-Wilhelm-Gesellschaft wird von einer Veröffentlichung in Presse und Rundfunk vorläufig abgesehen.

Dr. Max Planck

(Dr. Max Planck)

Professor Dr. Otto Hahn

Nachdem mich der Senat der Kaiser-Wilhelm-Gesellschaft zu ihrem Präsidenten ernannt hat, übernehme ich die Geschäfte des Präsidenten am 1.4.1946. Ich bin mir bewusst, dass die Schwierigkeiten für meine Arbeit in der jetzigen Zeit besonders gross sind und richte deshalb an die Herren Direktoren und Wissenschaftlichen Mitglieder die Bitte, mich bei meinen Bestrebungen um die Erhaltung der Kaiser-Wilhelm-Gesellschaft mit allen Kräften zu unterstützen. Sicherlich werden wir auch mit Rückschlägen und Enttäuschungen rechnen müssen, aber ich werde alles daran setzen, die Unversehrtheit der Kaiser-Wilhelm-Gesellschaft, ihren wissenschaftlichen Ruf und damit ihr internationales Ansehen zu erhalten.

Der Sitz der Generalverwaltung ist wie bisher Göttingen.

Es ist mir eine besondere Freude, gleichzeitig mitzuteilen, dass der Wissenschaftliche Rat der Kaiser-Wilhelm-Gesellschaft beschlossen hat,

Herrn Geheimrat Planck in Dankbarkeit für seine einmaligen Verdienste um die Kaiser-Wilhelm-Gesellschaft zum

Ehrenpräsidenten

zu ernennen.

Otto Hahn

(Otto Hahn)

Mit diesen beiden Briefen gaben Max Planck und Otto Hahn bekannt, daß mit dem 1. April 1946 Otto Hahn als Präsident der Kaiser-Wilhelm-Gesellschaft amtierte. Otto Hahn wurde dann auch der erste Präsident der Nachfolgeorganisation, der Max-Planck-Gesellschaft.

Gründungssitzung der Max-Planck-Gesellschaft am 26. Februar 1948 in Göttingen. Von links: Erich Regener, Adolf Grimme, Otto Hahn und Max von Laue.

PLANCK war erst Mitte Mai nach sechswöchiger Behandlung aus dem Krankenhaus entlassen worden. Nur mühsam konnte er sich wegen seiner Arthrose am Stock bewegen. Aber die Reise nach London ließ er sich nicht ausreden.

Wieder einmal bewährte sich Colonel BERTIE K. BLOUNT als echter Freund. BLOUNT hatte noch vor dem Einbruch des Nationalsozialismus in Deutschland Chemie studiert und hier sein Doktorexamen gemacht. Jetzt war er in der „Research Branch“ der britischen Militärregierung zuständig für den Wiederaufbau der deutschen Wissenschaft. Oberst BLOUNT stellte sich selbst als Reisebegleiter zur Verfügung. In einer Militärmaschine flogen MAX und MARGA PLANCK nach London. BLOUNT trug mehrere Briefe bei sich, von HEISENBERG an BOHR, von HAHN an HENRY DALE und andere.

Auch in den Gesprächen am Rande der Feierlichkeiten ging es um das Schicksal der *Kaiser-Wilhelm-Gesellschaft.* Durch einen glücklichen Umstand war auch MAX VON LAUE in London; er beschrieb diese Tage in seiner Autobiographie:

„Was ich im Juli 1946 in London erlebte, gereichte der *Royal Society* und allen ihr nahestehenden Gelehrtenkreisen zum Ruhm. Da fand zunächst eine internationale Kristallographentagung statt ... Ich ... konnte ausnahmslos die Beobachtung machen, daß man als Deutscher (denn den wollte und konnte ich wahrlich nicht verheimlichen) keinerlei Kränkung durch die Bevölkerung zu befürchten habe. Häufig mußte ich mich nach Straßen oder Verkehrsmitteln erkundigen; die Antworten waren stets freundlich ... Zeitlich folgte dem Kongreß unmittelbar die NEWTON-Feier der *Royal Society* ... Mich nahm ein unverheiratetes Mitglied der *Royal Society*, das infolge eines Versehens auch für seine nicht-existierende Frau eine Einladung bekommen hatte, auf diese Karte hin mit zu dem ... Geselligkeitsabend in den Festräumen der *Royal Society.*“

MAX VON LAUE konnte natürlich eine viel aktivere Rolle spielen als der 87jährige PLANCK. Durch seine bekannt mutige Haltung gegenüber dem nationalsozialistischen Regime besaß LAUE viele Sympathien. LAUE und PLANCK betrachteten die *Kaiser-Wilhelm-Gesellschaft* als eine Forschungsorganisation, die Großes in der Wissenschaft geleistet hatte und auch in den Zeiten der Tyrannei ihren Idealen treu geblieben war. Doch war für die Ausländer und die Emigranten der Name KAISER WILHELM unerträglich. Die Bezeichnung zeigte nach ihrer Meinung die verhängnisvolle Verflechtung von Wissenschaft und nationaler Machtpolitik – und sie waren entschlossen, diese Tradition endgültig abzuschneiden.

In den Gesprächen mit LISE MEITNER zeigte PLANCK mehr Verständnis für die Gründe, die eine Änderung des Namens KAISER WILHELM erforderlich machten; aber schließlich sah auch LAUE die Notwendigkeit ein.

PLANCK war alt geworden. Mit Rührung beobachtete LISE MEITNER den verehrten Lehrer, der unter den vielen Menschen oft völlig hilflos wirkte. Das Englische war ihm fremd geblieben.

Zwischen LISE MEITNER und MAX PLANCK hatte sich in den zwanziger und dreißiger Jahren eine starke innere Bindung entwickelt. Mehrfach hatte er zu LISE MEITNER gesagt, sie verständen sich deshalb so gut, weil sie in menschlichen Dingen ganz ähnlich reagierten. Oft hatten ihr deshalb LAUE, HAHN und andere den Vorwurf gemacht, daß sie zu Unrecht PLANCK soviel höher schätze als EINSTEIN.

Wenn sich eine Gelegenheit ergab, setzte sich LISE MEITNER mit PLANCK zusammen, und in diesen Stunden war er ganz der Alte. Alles konnte sie mit ihm besprechen. LISE MEITNER war glücklich: „Seine menschlichen und persönlichen Qualitäten waren so wunderbar wie früher.“

LAUE aber schien seine Tatkraft verloren zu haben. Während des Dritten Reiches war er der Mutigste von allen gewesen. Erst vor drei Jahren hatte ihn LISE MEITNER in Stockholm getroffen und ihn damals gewarnt: Sicher werde er überwacht, und die Nazis könnten aus dem häufigen Zusammensein mit ihr ein Dienstvergehen konstruieren. „Ein Grund mehr, es doch zu tun“, war damals seine Antwort gewesen.

Jetzt aber schien ihm das dröhnende Lachen vergangen, das seine Freunde an ihm so schätzten. Vieles bedrückte ihn: Die Hungersnot in Deutschland, der Schwarze Markt, wodurch wiederum, wie in der Nazi-Zeit, die Skrupellosen besser gestellt waren, das Schicksal der Vertriebenen, die Spaltung Deutschlands, die Unterdrückung der Meinungsfreiheit in der sowjetisch besetzten Zone.

In London waren Gelehrte aus fast allen Ländern versammelt. Und sie kamen zu MAX VON LAUE, um ihm, machmal wortlos, die Hand zu schütteln. „Es war nicht leicht, eine Gemütsbewegung zu unterdrükken.“

Nach dem Newton-Kongreß blieb Oberst BLOUNT noch einige Tage in London. An einem Abend im Hause von Sir HENRY DALE zogen beide Männer das Resümee aus Argumenten und Gegenargumenten: „Es ist nur der Name, gegen den sie etwas haben“, sagte DALE, „allein die Worte KAISER WILHELM beschwören ein Bild von rasselnden Säbeln und maritimer Expansion. Nennen Sie es die *Max-Planck-Gesellschaft* und jedermann wird zufrieden sein.“

Bei seiner Rückkehr nach Göttingen überbrachte BLOUNT Briefe von DALE und HILL an OTTO HAHN. „Freundliche Antworten“, notierte HAHN in sein Tagebuch, „aber keine Hoffnung auf Beibehaltung des Namens. Das Gleiche meinen LISE MEITNER, BOHR, BJERKNES bei Gesprächen mit LAUE und PLANCK. Wir beschließen, in der britischen Zone einen Nachfolger zu gründen.“

Am 11. September 1946 entstand in Bad Driburg die „*Max-Planck-Gesellschaft* zur Förderung der Wissenschaften in der britischen Zone“. Der Versuch, die Institute in der amerikanischen Zone ebenfalls wieder unter das gemeinsame Dach zu bringen, scheiterte zunächst. Erst ein Besuch von OTTO HAHN bei General CLAY, dem Oberkommandierenden der US-Streitkräfte in Frankfurt, am 4. August 1947 brachte den Umschwung.

„Während ich im Vorzimmer beim Adjutanten des Generals blieb“, berichtete TELSCHOW, „führte Professor HAHN im Nebenzimmer die Unterhaltung. Sie war außerordentlich lebhaft, und man hörte die beiden Herren sehr erregt sprechen. Professor HAHN bekam, wie er zu sagen pflegte, seinen ‚Blutrausch‘ ... und machte dem General CLAY klar, daß die *Kaiser-Wilhelm-Gesellschaft* niemals eine nazistische Organisation gewesen wäre. Es gelang ihm ... damit die Anerkennung der Gesellschaft für die amerikanische Zone zu erreichen.“

Am 26. und 27. Februar 1948 kam es in Göttingen zur Gründung der *Max-Planck-Gesellschaft* ohne den einschränkenden Zusatz „in der britischen Zone.“

Max von Laue (links) zu Besuch bei Max Planck in Göttingen (1946).

Einstein im Hörsaal des „Institute for Advanced Study" in Princeton, New Jersey, USA.

Kapitel XIV Einstein und die Deutschen
Bewältigung der Vergangenheit

Es war ein wichtiger Teil der Aufbauarbeit, wieder freundschaftliche Beziehungen zu den Kollegen in aller Welt zu knüpfen. Otto Hahn erinnerte sich deutlich an die Jahre nach dem Ersten Weltkrieg. Nur ganz allmählich war es damals gelungen, ein wenig Vertrauen im Ausland wiederzugewinnen. Und nun mußte abermals ganz von vorne begonnen werden.

Die Hypothek war um ein vielfaches höher. Für die Verbrechen der Nationalsozialisten gab es kein Beispiel in der Geschichte. In einem Punkte allerdings schienen die Voraussetzungen günstiger: Während sich 1914 in dem berühmt-berüchtigten „Manifest der 93 deutschen Intellektuellen" die Gelehrten mit der Regierung solidarisch erklärt hatten, war es 1939 zu solchen Kundgebungen nicht gekommen. In ihrer weit überwiegenden Mehrzahl hatten die deutschen Wissenschaftler (wie das ganze Volk) den Angriffskrieg und die Judenverfolgungen mißbilligt; dieser Gesinnung Ausdruck zu geben, war freilich fast nur in kleinstem Kreise möglich. Immerhin hatte etwa Max Planck bei der großen Feier seines 80. Geburtstages am 23. April 1938 unüberhörbar von der Friedenssehnsucht des deutschen Volkes gesprochen und von der notwendigen Verständigung mit Frankreich.

Jetzt kam es vor allem darauf an, die emigrierten Kollegen zu gewinnen. Kulturell gesehen waren sie zum größten Teil Deutsche geblieben. Die meisten von ihnen bevorzugten nach wie vor die deutsche Sprache, wie zum Beispiel Albert Einstein und Lise Meitner.

Die Emigranten bildeten den Schlüssel zur Verständigung mit dem Ausland. Wenn es gelang, sie zu überzeugen, daß in Deutschland ein neuer Geist eingezogen war, würden sich auch die anderen ausländischen Kollegen gewinnen lassen. Am 18. Dezember 1948 schrieb Otto Hahn als Präsident der *Max-Planck-Gesellschaft* an Albert Einstein:

„Von Max von Laue, Rudolf Ladenburg und anderen Kollegen werden Sie vielleicht gehört haben, daß wir hier in Göttingen im Februar 1948 die *Max-Planck-Gesellschaft* zur Förderung der Wissenschaften, vorerst in der Britischen und Amerikanischen Zone, gegründet haben. Die *Max-Planck-Gesellschaft* soll an die Tradition der *Kaiser-Wilhelm-Gesellschaft* vor 1933 anknüpfen. Auch die Statuten der Gesellschaft sind mit Genehmigung der Amerikanischen und Britischen Militärregierungen ungefähr so abgefaßt, wie die Statuten der *Kaiser-Wilhelm-Gesellschaft* vor der Nazizeit gewesen sind.

Auf meine Bitte sind James Franck, Otto Meyerhof, Rudolf Ladenburg, Richard Goldschmidt und andere als frühere Wissenschaftliche Mitglieder der *Kaiser-Wilhelm-Gesellschaft* nunmehr als Auswärtige Wissenschaftliche Mitglieder der neuen *Max-Planck-Gesellschaft* beigetreten.

Ich möchte Sie fragen, ob auch Sie sich zu demselben Schritt entschliessen können. Dem Senat unserer Gesellschaft und mir selbst wäre dies natürlich eine große Freude und zugleich auch Ehre.

Was diesen Senat anbelangt, so kann ich Ihnen einige Namen von Senatsmitgliedern nennen, zum Beispiel den früheren Preußischen Kultusminister Dr. Grimme, den früheren Zentrumsabgeordneteten Prälat Schreiber, Dr. Petersen, den Bruder des bisherigen Oberbürgermeisters aus Hamburg, – alle drei mußten nach 1933 ihre Stellen aufgeben – ; ferner Professor Windaus, Professor Regener, Professor Wieland und andere. Aus diesen Namen werden Sie sehen, daß irgendein Aufleben nationalsozialistischer Tendenzen in unserer neuen Gesellschaft ausgeschlossen ist.

Ich wäre Ihnen sehr dankbar, wenn Sie mir aufrichtig Ihre Entscheidung mitteilen wollten, und ich benutze die Gelegenheit, Ihnen für Weihnachten und zum Neuen Jahre von Herzen alles Gute zu wünschen."

Geheimnisvoll und schwer zu fassen sind die Gesetze der Natur; noch viel unergründlicher aber ist der Mensch, auch wenn man ihn seit Jahrzehnten zu kennen glaubt. Der Präsident der *Max-Planck-Gesellschaft* ahnte nicht, daß Albert Einstein, der heitere und humorvolle Freund von früher, zwischen sich und Deutschland einen endgültigen Trennungsstrich gezogen hatte: „Nachdem die Deutschen meine jüdischen Brüder in Europa hingemordet haben, will ich nichts mehr mit Deutschen zu tun haben."

Die Antwort Einsteins an Otto Hahn ist ein Dokument. Für die Deutschen ein sehr betrübliches. Am Anfang des Jahrhunderts waren die Gelehrten des Landes überzeugt gewesen, daß gerade ihr Volk im besonderen Maße als Träger der Kultur ausersehen sei. Gewiß gingen die wissenschaftlichen Leistungen der Deutschen in die Geschichte ein. Insofern hatten die Erwartungen nicht getrogen. Alle Kulturleistungen konnten jedoch die von den Nationalsozialisten im Namen Deutschlands begangenen Verbrechen nicht aufwiegen.

Helene Dukas, Albert Einstein und Margot Einstein (von links) beim Schwur auf die amerikanische Verfassung. Einstein legte 1933 die deutsche Staatsangehörigkeit nieder und erhielt 1940 die amerikanische. Das Schweizer Bürgerrecht, das er bereits im Jahre 1901 erworben hatte, behielt er jedoch neben der deutschen beziehungsweise amerikanischen Staatsangehörigkeit bis zum Lebensende bei.

„Ich empfinde es schmerzlich", schrieb EINSTEIN, „daß ich gerade Ihnen, das heißt einem der wenigen, die aufrecht geblieben sind und ihr Bestes taten während dieser bösen Jahre, eine Absage senden muß. Aber es geht nicht anders. Die Verbrechen der Deutschen sind wirklich das Abscheulichste, was die Geschichte der sogenannten zivilisierten Nationen aufzuweisen hat. Die Haltung der deutschen Intellektuellen – als Klasse betrachtet – war nicht besser als die des Pöbels. Nicht einmal Reue und ein ehrlicher Wille zeigt sich, das Wenige wiedergutzumachen, was nach dem riesenhaften Morden noch gutzumachen wäre. Unter diesen Umständen fühle ich eine unwiderstehliche Aversion dagegen, an irgendeiner Sache beteiligt zu sein, die ein Stück des deutschen öffentlichen Lebens verkörpert, einfach aus Reinlichkeitsbedürfnis. Sie werden es schon verstehen und wissen, daß dies nichts zu tun hat mit den Beziehungen zwischen uns beiden, die für mich stets erfreulich gewesen sind. Ich sende Ihnen meine herzlichsten Grüße und Wünsche für fruchtbare und frohe Arbeit."

Es kam EINSTEIN darauf an, klar und unmißverständlich seine Absage zu formulieren. Trotzdem ist der Brief nicht ohne Wärme; EINSTEIN war ein ehrlicher Mensch, der die herzliche Freundschaft von einst nicht vergessen hatte.

In der Sache war die Antwort niederschmetternd. An eine Entwicklung zum besseren Deutschland glaubte EINSTEIN nicht: „Aus den Kerlen dort ehrliche Demokraten zu machen", hielt er für unmöglich. Deutlich kommt das in Briefen vor allem an JAMES FRANCK zum Ausdruck, auch er ein Physiker und Emigrant. EINSTEINS Auffassungen lassen sich vielleicht in drei Punkten zusammenfassen:

1. Die deutschen Gelehrten hatten mit Schuld am Aufkommen des Nationalsozialismus in den zwanziger Jahren und mit Schuld, daß das Regime schon in den ersten Monaten seine Macht festigen konnte.
2. Von Schuldgefühl und Reue über die Verbrechen der Nationalsozialisten ist bei den Deutschen keine Spur.
3. Der Chauvinismus in Deutschland ist nicht auszurotten. Er wird immer eine Gefahr für die Welt bilden. Deshalb muß man dieses Land für dauernd entmachten und vor allem den Aufbau einer starken Industrie verhindern.

Es kann hier nicht darauf ankommen, in jedem Fall nachzuweisen, inwieweit EINSTEIN recht hatte und inwieweit er irrte; eine eindeutig bestimmbare historische „Wahrheit" gibt es bei diesen Fragen ohnehin nicht. Wichtiger ist es vielmehr, EINSTEIN besser zu verstehen. Woher nahm er sein Urteil? Stand er damit allein oder war es typisch für seine Alters- und Schicksalsgenossen?

Wie uns ALBERT EINSTEIN in seiner 1946 geschriebenen Autobiographie berichtet, hat er als Kind tief religiös empfunden; die Lektüre populärwissenschaftlicher Bücher brachte ihn zur Überzeugung, daß vieles in den Erzählungen der Bibel nicht wahr sein konnte: „Die Folge war eine geradezu fanatische Freigeisterei, verbunden mit dem Eindruck, daß die Jugend vom Staate mit Vorbehalt belogen wird; es war ein niederschmetternder Eindruck."

Aus solchen Erlebnissen wuchs sein Mißtrauen gegen jede Art von Autorität. Zeitlebens hat sich EINSTEIN über alles seine eigenen Gedanken gemacht: über die Gesetze der Natur und die Gesetze, die sich die Menschen geben, um ihr Zusammenleben zu gestalten.

Nach der traditionellen Ansicht des deutschen Gelehrten hatte Wissenschaft mit Politik nichts zu tun; der Wissenschaftler verstand etwas von seinem Fach, also sollte er sich um sein Fach kümmern, die Politik aber anderen überlassen. Die Wissenschaft, und zumal die Physik, diese „eifersüchtige Geliebte", nahm die Kräfte des Gelehrten tatsächlich so sehr in Anspruch, daß dieser mit Recht das Gefühl haben konnte, für anderes sei keine Zeit. 1933 hatte LAUE an EINSTEIN geschrieben: „Aber warum mußtest Du auch politisch hervortreten! Ich bin weit entfernt, Dir aus Deinen Anschauungen einen Vorwurf zu machen! Nur finde ich, soll der Gelehrte damit zurückhalten. Der politische Kampf fordert andere Methoden und andere Naturen als die wissenschaftliche Forschung. Der Gelehrte kommt in ihm in der Regel unter die Räder. So ist's nun auch mit Dir gegangen. Aus den Trümmern läßt sich, was war, nicht wieder zusammensetzen."

Die Antwort EINSTEINS zeigt, daß dieser, wie in der Wissenschaft, auch im politischen Verständnis den Kollegen weit voraus war: „Wie Du fühlst, kann ich mir denken. Denn diese Dinge gehen weit über das Persönliche hinaus in ihrer Bedeutung. Es ist wie eine Völkerwanderung von unten, ein Zertrampeln des Feineren durch das Rohe. Deine Ansicht, daß der wissenschaftliche Mensch in den politischen, das heißt menschlichen Angelegenheiten im weiteren Sinne, schweigen soll, teile ich nicht. Du siehst ja gerade aus den Verhältnissen in Deutschland, wohin solche Selbstbeschränkung führt. Es bedeutet, die Führung den Blinden und Verantwortungslosen widerstandslos überlassen. Steckt nicht Mangel an Verantwortungsgefühl dahinter?

28.Januar 1949

Professor Otto Hahn
Präsident der
Max Planck Gesellschaft
zur Förderung der Wissenschaften
Bunsenstr.10
Goettingen (20 b)
Deutschland

Lieber Herr Hahn:

Ich empfinde es schmerzlich, dass ich gerade Ihnen, d.h. einem der Wenigen, die aufrecht geblieben sind und ihr Bestes taten während dieser bösen Jahre, eine Absage senden muss. Aber es geht nicht anders. Die Verbrechen der Deutschen sind wirklich das Abscheulichste, was die Geschichte der sogenannten zivilisierten Nationen aufzuweisen hat. Die Haltung der deutschen Intellektuellen-als Klasse betrachtet- war nicht besser als die des Pöbels. Nicht einmal Reue und ein ehrlicher Wille zeigt sich, das Wenige wieder gut zu machen, was nach dem riesenhaften Morden noch gut zu machen wäre. Unter diesen Umständen fühle ich eine unwiderstehliche Aversion dagegen, an irgend einer Sache beteiligt zu sein, die ein Stück des deutschen öffentlichen Lebens verkörpert, einfach aus Reinlichkeitsbedürfnis.

2- Professor Otto Hahn,Göttingen

Sie werden es schon verstehen und wissen, dass dies nichts zu tun hat mit den Beziehungen zwischen uns Beiden, die für mich stets erfreulich gewesen sind.

Ich sende Ihnen meine herzlichen Grüsse und Wünsche für fruchtbare und frohe Arbeit.

Ihr

A. Einstein.

Albert Einstein.

Brief von Albert Einstein an Otto Hahn vom 28. Januar 1949.

Lise Meitner, Bundespräsident Theodor Heuss und Otto Hahn (von links) während einer Ansprache zur Verleihung der Max-Planck-Medaille an Hahn und Lise Meitner am 23. September 1949.

Wo stünden wir, wenn Leute wie GIORDANO BRUNO, SPINOZA, VOLTAIRE, HUMBOLDT so gedacht und gehandelt hätten? Ich bedauere kein Wort, was ich gesagt habe, und glaube dadurch den Menschen gedient zu haben. Glaubst Du, daß ich es bedauere, unter solchen Umständen nicht in Eurem Lande bleiben zu können? Dies wäre mir unerträglich gewesen, selbst wenn man mich in Watte gepackt hätte. Mein Gefühl warmer Freundschaft für Dich und einige wenige andere dort bleibt bestehen."

Damals, im Mai 1933, mochte LAUE dem nun so weit entfernten Freund noch nicht zustimmen, daß es jetzt Aufgabe des Gelehrten sei, aus dem Elfenbeinturm der Wissenschaft herauszutreten und einzugreifen in das politische Getriebe, doch diese Meinung sollte er nicht mehr lange beibehalten.

Nach EINSTEINS Auffassung hatten es die deutschen Gelehrten durch ihre politische Abstinenz den Nationalsozialisten zu leicht gemacht. Was die Jahre bis 1933 betrifft, wird man ihm recht geben müssen. Auch die überzeugten Demokraten im Lande (etwa die Schriftsteller CARL ZUCKMAYER, ERICH KÄSTNER und LEONHARD FRANK) machten sich Vorwürfe, daß sie den Nationalsozialisten nicht entschlossen genug entgegengetreten waren. „Wir haben versäumt", sagte ZUCKMAYER, „als unsere Zeit und unsere Stunde war, ihnen zuvorzukommen." Entscheidend war aber doch wohl, daß es breite Kreise des Bürgertums und der Professorenschaft an Engagement für den demokratischen Staat fehlen ließen, daß viele im Herzen immer noch der Monarchie anhingen. „Erinnerst Du Dich daran", schrieb EINSTEIN 1944 an MAX BORN, „daß wir [1918] zusammen in einer Tram nach dem Reichstagsgebäude fuhren, überzeugt, aus den Kerlen dort ehrliche Demokraten zu machen? Wie naiv wir gewesen sind als Männer von 40 Jahren. Ich kann nur lachen, wenn ich daran denke. Wir empfanden beide nicht, wieviel mehr im Rückenmark sitzt als im Großhirn, und wieviel fester es sitzt."

Nach der Machtergreifung 1933 noch den Nationalsozialisten entgegenzutreten, war sehr viel schwieriger. Wohl kein deutscher Physiker hat sich dabei so weit vorgewagt wie MAX VON LAUE.

Zweifellos hatte EINSTEIN nicht erkannt, daß auch viele andere im Rahmen des Möglichen opponiert haben. Es gehört zum Wesen einer Diktatur, unangenehme Nachrichten zu unterdrücken. Hatte damals eine Amtsniederlegung, die stärkste Form des Protestes, die einem Professor gegen seinen Staat möglich ist, irgend eine Wirkung gehabt? An der Universität Leipzig haben HEISENBERG, VAN DER WAERDEN und HUND diesen Schritt erwogen. Selbst vom heutigen Standpunkt – von dem aus man den verbrecherischen Charakter des Regimes und alle seine Untaten kennt – ist es nicht ganz leicht zu beurteilen, ob es damals richtiger gewesen wäre, die Professuren aufzugeben. Vielleicht hätte damals entschlossener Widerstand eine Signalwirkung gehabt und den Triumph der Nazis über ihre billigen Siege unterbrechen können. Dieser Auffassung widersprach PETER PAUL EWALD, der Kollege und Freund LAUES aus der Münchner Zeit, der später selbst die Emigration wählte:

„Die gemeinsame Amtsniederlegung von HUND, VAN DER WAERDEN und HEISENBERG hätte gar nichts genützt, denn die Nazis hätten die Nachricht völlig unterdrückt. Es war die gleiche Situation, in die die Rektoren bei der Konferenz in Wiesbaden (10. April 1933) über einen gemeinsamen Protest der deutschen Rektoren gegen das ‚Gesetz zur Wiederherstellung des Berufsbeamtentums' gebracht wurden. Erstens hätte dies eine Gegenkundgebung der nationalsozialistischen Rektoren (zum Beispiel Göttingen!) hervorgerufen, und zweitens wären die zurückgetretenen Rektoren sofort durch stramme Parteigenossen ersetzt worden. Vermutlich haben viele Rektoren nach der Rückkehr ihr Amt niedergelegt (ich zum Beispiel), aber davon kam nichts in die Presse."

Werner Heisenberg (rechts) und Max von Laue 1958.

MAX PLANCK, WERNER HEISENBERG und viele andere hatten damals den Eindruck, daß es sich bei der Machtergreifung gleichsam um eine Naturkatastrophe handle, gleich einer großen Lawine, die sich unaufhaltsam herabwälze nach eigenem Gesetz, bis sie schließlich zum Stillstand komme.

EINSTEINS Urteil über diese Analogie ist nicht bekannt. Nach dem Ende des Zweiten Weltkrieges hat er wahrscheinlich – im Rückblick auf die Ereignisse – auch so gedacht. Er neigte dazu, an die dumpfe Triebhaftigkeit des menschlichen Verhaltens zu glauben, was bedeutet, daß der Ablauf politischer Ereignisse zwangsläufig erfolgen muß, gleichsam nach innerem Gesetz.

In der Zeit vor der Machtergreifung und in den ersten Jahren danach hat EINSTEIN die Analogie sicherlich als verfehlt angesehen: Wenn man sich das Bild der herabwälzenden Lawine zu eigen macht, hat das ja die Konsequenz, daß man den Dingen ihren Lauf läßt, weil man sie ohnehin nicht ändern kann. EINSTEIN hat jedoch damals versucht, eine bedeutende Macht gegen den Nationalsozialismus zu mobilisieren: die öffentliche Meinung in den demokratischen Staaten. EINSTEINS Ziel war, die Menschen vor der ungeheuren Gefahr zu warnen und die Regierungen zu entschlossenem Handeln zu bewegen.

Wäre das besser gelungen, wenn sich namhafte Wissenschaftler aus Deutschland um EINSTEIN geschart hätten? Die Frage ist nicht zu beantworten. Die Vorstellung, andere deutsche Gelehrte hätten EINSTEIN unterstützen können, setzt eine politische Reife voraus, wie sie damals eben nur EINSTEIN besaß.

Es ist kein leichter Entschluß, in ein fremdes Land zu gehen. Nur wenige Gelehrte haben dieses Schicksal freiwillig auf sich genommen. Aber auch die Emigranten sind politisch kaum hervorgetreten. In der Wissenschaft hofften sie, ihren persönlichen Frieden wiederzufinden. Die im Lande gebliebenen Gelehrten verhielten sich im Grunde ähnlich. Der Politik hielten sie sich so fern wie möglich. Allerdings wurden sie immer wieder zu Kompromissen gezwungen. Ob sie wollten oder nicht: Sie waren ein Teil im großen Mechanismus und verstrickten sich in die Geschehnisse.

Nach dem Zweiten Weltkrieg hatte EINSTEIN die Entwicklung Deutschlands zu einem demokratischen Rechtsstaat für unmöglich gehalten. Wie ist das zu verstehen? Wohl aus den großen Hoffnungen, die er sich nach dem Ende des Kaiserreiches gemacht hat, und die so bitter enttäuscht worden waren.

Auf einer Postkarte, die er am 11. November 1918, am Tag des Waffenstillstandes, an seine Mutter geschrieben hat, kommt die Freude über die Revolution zum Ausdruck: „Sorge Dich nicht. Bisher ging alles glatt, ja imposant. Die jetzige Leitung scheint ihrer Aufgabe wirklich gewachsen zu sein. Ich bin glücklich über die Entwicklung der Sache. Jetzt wird es mir erst recht wohl hier. Die Pleite hat Wunder getan."

Symposium zum 70. Geburtstag von Einstein in Princeton. Von links: H. P. Robertson, Eugene P. Wigner, Hermann Weyl, Kurt Goedel, Isidor Rabi, Albert Einstein, Rudolf Ladenburg, J. Robert Oppenheimer und G. M. Clemence.

Mit jüdischen Kindern. Begründet durch die „Härte des jüdischen Schicksals" wurde für Einstein das Gefühl der Solidarität mit jüdischen Menschen die stärkste innere Bindung.

Bei seinen Kollegen galt EINSTEIN als „Ober-Sozi", und als die Studenten den Rektor der Universität für abgesetzt erklärten, holten die Professoren EINSTEIN zu Hilfe. Mit MAX BORN und MAX WERTHEIMER fuhr er zum Reichstag („mit einer Tram", wie er später erwähnte). Dort tagten die revolutionären Studentenkomitees. EINSTEIN warnte vor einem sowjetischen Räte-System und plädierte entschieden für eine Demokratie westlichen Zuschnitts:
„Rückhaltlose Anerkennung gebührt unseren jetzigen sozialdemokratischen Führern. Im stolzen Bewußtsein der werbenden Kraft der von ihnen vertretenen Gedanken haben sie sich bereits für die Einberufung der gesetzgebenden Versammlung entschlossen. Damit haben sie gezeigt, daß sie das demokratische Ideal hochhalten. Möge es ihnen gelingen, uns aus den ernsten Schwierigkeiten herauszuführen, in die wir durch die Sünden und Halbheiten ihrer Vorgänger hineingeraten sind."
EINSTEIN glaubte an die neue Zeit und wollte an ihr mitarbeiten. Aber sein Optimismus verflog bald. „Ich war einige Tage in Rostock bei Gelegenheit der Jubiläumsfeier der Universität, hörte dort bei diesem Anlaß arge politische Hetzreden und sah recht Ergötzliches in Kleinstaat-Politik . . . Als Festsaal stand nur das Theater zur Verfügung, wodurch der Feier etwas Komödienhaftes gegeben wurde. Reizend war da zu sehen, wie in zwei Proszeniumslogen untereinander die Männer der alten und der neuen Regierung saßen. Natürlich wurde die neue von den akademischen Größen mit Nadelstichen aller erdenklichen Art traktiert, dem Ex-Großherzog eine nicht endenwollende Ovation dargebracht. Gegen die angestammte Knechts-Seele hilft keine Revolution!"
Nach 1933 kreiste der Briefwechsel EINSTEINS mit seinem Kollegen und Freund MAX BORN immer wieder um die Frage: War das Schicksal des deutschen Volkes, von der „Haß- und Gewaltseuche" des Nationalsozialismus ergriffen zu werden, etwas Unvermeidliches, Unausweichliches gewesen? Eine solche Auffassung lag EINSTEIN später nahe. Auch in der Wissenschaft wollte er auf strenger Kausalität und Determiniertheit beharren, obwohl sich, mit angebahnt durch seine früheren Auffassungen und insbesondere durch seine Quantenarbeit von 1917, eine andere Interpretation durchzusetzen begann. EINSTEIN meinte später, daß das triebhafte Verhalten der Menschen in politischen Dingen geeignet sei, den Glauben an den Determinismus in der Physik wieder recht lebendig zu machen.
EINSTEIN konnte nicht daran glauben, daß die Entwicklung auch in eine andere Richtung hätte gehen können und vielleicht recht zufällige, in ihrer Bedeutung nicht leicht erkennbare Ereignisse die schlechteste aller Möglichkeiten herbeigeführt hatten: „Daß alles so schief gegangen ist, hat doch nur an einem Haar gehangen", erwiderte ihm MAX BORN. Im Rückblick erschien EINSTEIN die Machtergreifung das Ergebnis eines unausweichlich ablaufenden Prozesses.
Entsprechend war er überzeugt, daß auch nach dem Zweiten Weltkrieg die innenpolitische Entwicklung in Deutschland nicht zu einer wirklichen Demokratie führen könne. Auch als sich die Anzeichen für einen Bewußtseinswandel häuften, änderte EINSTEIN seine Meinung nicht mehr.
Vielleicht ist es erlaubt, EINSTEINS Beurteilung der politischen Kräfte mit der Bedeutung, die er den physikalischen Kräften zumaß, in Parallele zu setzen. Auf dem Gebiete der Physik hatte EINSTEIN ursprünglich einen geradezu unglaublichen Sinn für die Wirklichkeit besessen. Als er jedoch in den vierziger und fünfziger Jahren nach einer „einheitlichen Feldtheorie" suchte, hat er sich auf die elektromagnetischen Kräfte und die Schwerkraft beschränkt; die starken und die radioaktiven Kernkräfte hat er nicht mehr in seine Betrachtungen einbezogen, obwohl diese doch das Bild entscheidend veränderten.
Ebenso in der Politik. Viel früher als andere Beobachter hatte EINSTEIN sich ein sicheres Urteil über den Nationalsozialismus gebildet und über die Gefahren, die der jungen Weimarer Republik drohten. Als aber nach dem Ende des Zweiten Weltkrieges eine ganz andere Entwicklung einsetzte, hat er den starken demokratischen Kräften in Deutschland keine Rolle mehr in seinem Urteil zugebilligt.

Einsteins Haus in Princeton, New Jersey, Mercerstreet 112. Hier lebte Einstein bis zu seinem Tode, und hier leben noch heute seine Stieftochter Margot und seine Sekretärin Helene Dukas.

Otto Hahn und Lise Meitner

Kapitel XV Die politischen Probleme der Kernenergie
Hoffnung und Bedrohung für die Menschheit

Im April 1951 zog Max von Laue nach Berlin und übernahm dort das Direktorenamt im *Institut für Physikalische Chemie und Elektrochemie.* Er wurde damit der indirekte Nachfolger von Fritz Haber, der als deutscher Patriot in Krieg und Frieden für sein Vaterland gewirkt hatte, bis er, als Jude, von den Nationalsozialisten vertrieben wurde. Als Laue sein neues Amt antrat, gehörte aber das Institut nicht mehr zur *Kaiser-Wilhelm-Gesellschaft,* sondern zur *Forschungshochschule Dahlem.* Die Wiedereingliederung in die *Max-Planck-Gesellschaft,* die Nachfolgeorganisation der *Kaiser-Wilhelm-Gesellschaft,* folgte erst zwei Jahre später.

Otto Hahn blieb in Göttingen als Präsident der *Max-Planck-Gesellschaft.* Lise Meitner wurde 1947 in den Ruhestand versetzt; statt wie vordem am Nobel-Institut arbeitete sie nun in einem kleinen Laboratorium, das die schwedische Atomenergiebehörde für sie an der Technischen Hochschule in Stockholm eingerichtet hatte, und später an der Schwedischen Akademie für Ingenieurwissenschaften, wo ein Versuchsreaktor stand.

Albert Einstein verließ kaum noch die kleine Universitätsstadt Princeton. Hier hatten sich die Menschen an ihn gewöhnt, und es gab keinen Volksauflauf, wenn er von seinem Haus in der Mercer Street zum *Institute for Advanced Study* ging, wo er nach wie vor seine „Denkzelle" hatte, sein Arbeitszimmer. Max von Laue war der einzige der vier Kollegen, dessen Lebensweg zurück nach Berlin führte.

Stärker als in jeder anderen deutschen Stadt zeigten sich in Berlin die Schäden, die der Krieg angerichtet hatte. Zusammen mit ganzen Wohnvierteln waren die einst geheiligten Tempel der Wissenschaft, die *Preußische Akademie,* die *Technische Hochschule Charlottenburg,* die *Physikalisch-Technische Reichsanstalt,* die Forschungsinstitute in Dahlem zu Ruinen geworden. Vor den zertrümmerten Mauern der *Friedrich-Wilhelm-Universität* weideten Kühe und Schafe.

Kaum hatten die notdürftigsten Instandsetzungsarbeiten begonnen, drohten neue Gefahren: Gestützt auf die sowjetische Besatzungsmacht versuchten Kommunisten eine „Demokratie" in ihrem Sinne in ganz Berlin zu etablieren. „Ich fühle mich", sagte Max von Laue, „gleich den meisten anderen Westberlinern als auf Vorposten stehend gegen den Vormarsch dieser Ungeistigkeit."

Eine Generation zuvor, im Jahre 1918, hatte schon einmal die gleiche Gefahr bestanden. Damals hatte Einstein im Deutschen Reichstag an die revolutionären Studenten appelliert: „Alle wahren Demokraten müssen darüber wachen, daß die alte Klassen-Tyrannei von rechts nicht durch eine Klassen-Tyrannei von links ersetzt werde. Laßt Euch nicht durch Rachegefühle zu der verhängnisvollen Meinung verleiten, daß eine vorläufige Diktatur des Proletariats nötig sei, um Freiheit in die Köpfe der Volksgenossen hineinzuhämmern. Gewalt erzeugt nur Erbitterung, Haß und Reaktion."

Einsteins Parole war 1918, daß alle Menschen guten Willens loyal zur demokratischen Regierung stehen müßten. Wie in seinen wissenschaftlichen Ansichten folgten ihm die Gelehrten nur langsam und zögernd. Noch mehr als in der Physik stehen in der Politik dem Fortschritt eingewurzelte Vorurteile entgegen. In seinem Buch *Die Struktur wissenschaftlicher Revolutionen* hat Thomas S. Kuhn die Analogie zwischen der wissenschaftlichen und der gesellschaftlichen Entwicklung herausgearbeitet.

Der junge Einstein war in der Wissenschaft den Kollegen um Jahrzehnte voraus gewesen; nur langsam hatte sich der Abstand verringert. Das entscheidende Datum war das Jahr 1927. Hier blieb Einstein stehen; die jungen Quantenphysiker aber schritten weiter voran, geführt von Niels Bohr, Werner Heisenberg und Wolfgang Pauli.

Wie war es auf dem politisch-gesellschaftlichen Gebiet? Einstein hatte sich schon vor dem Ersten Weltkrieg, im Zeitalter des *Imperialismus,* als Weltbürger gefühlt. Seine deutschen Kollegen dagegen, auch die jüdischen, wie etwa Max Born oder Fritz Haber, dachten „national". Erst durch die Erfahrungen des Ersten Weltkrieges und durch die Machtergreifung der Nationalsozialisten bahnte sich eine Änderung an. Ein besonders typisches Beispiel war Arnold Sommerfeld: Dem Ostpreußen war der höchste politische Wert das deutsche Vaterland gewesen. 1934 aber schrieb er an Einstein, „daß das nationale Gefühl, das bei mir stark ausgeprägt war, mir gänzlich durch Mißbrauch des Wortes ‚national' seitens unserer Machthaber abgewöhnt wurde. Ich hätte jetzt nichts mehr dagegen, wenn Deutschland als Macht zugrunde ginge und in einem befriedeten Europa aufginge."

Der Pazifismus Einsteins war den meisten Berliner Kollegen noch in den zwanziger Jahren suspekt. Spätestens nach dem Zweiten Weltkrieg hatten sie endlich alle verstanden, was ein Krieg im Industriezeitalter bedeutet. Wenn sie sich auch nicht ausdrücklich „Pazifisten" nannten, so waren sie dies doch faktisch geworden.

Die *Atombombe* hatte das Arsenal des Schreckens noch einmal entscheidend vergrößert. Am 16. Juli 1945 war zum ersten Mal eine *Atombombe* zur Explosion gebracht worden, und die Menschheit hatte damit die Schwelle in das „Zeitalter des Atoms" überschritten, wie es im offiziellen Bericht des amerikanischen Kriegsministeriums hieß: „An einem Stahlturm befestigt wurde eine revolutionäre Waffe

– bestimmt, den Krieg, so wie wir ihn kennen, zu ändern oder aller Kriege Ende herbeizuführen – entladen mit einer Wucht, die den Eintritt der Menschheit in eine neue physikalische Welt ankündigte."

Es gehört zur Tragik seines Lebens, daß gerade EINSTEIN, der den Krieg so sehr haßte, den Anstoß zum Bau der *Atombombe* gegeben hat. „Meine Beteiligung bei der Herstellung der Bombe bestand in einer einzigen Handlung: Ich unterzeichnete einen Brief an Präsident ROOSEVELT ... Ich war mir der furchtbaren Gefahr wohl bewußt, die das Gelingen dieses Unternehmens für die Menschheit bedeutete. Aber die Wahrscheinlichkeit, daß die Deutschen am selben Problem mit Aussicht auf Erfolg arbeiten dürften, hat mich zu diesem Schritt gezwungen. Es blieb mir nichts anderes übrig, obwohl ich stets ein überzeugter Pazifist gewesen bin. Töten im Krieg ist nach meiner Auffassung um nichts besser als gewöhnlicher Mord."

EINSTEIN hatte durch seine Formel $E = mc^2$ den ersten Fingerzeig gegeben; OTTO HAHN durch die Entdeckung der *Kernspaltung* die konkrete wissenschaftliche Entwicklung in Gang gebracht. Jetzt fühlten sich beide gleichermaßen verpflichtet, die Welt eindringlich vor einem Atomkrieg zu warnen.

Sehr scharf hat EINSTEIN reagiert, als nach Ausbruch des Korea-Krieges in der amerikanischen Öffentlichkeit Pläne zur Wiederaufrüstung der Bundesrepublik Deutschland und Japans auftauchten. Überrascht habe ihn nicht die Haltung Deutschlands, „sondern die Haltung der westlichen Nationen, die trotz ihrer unglücklichen Erfahrungen in der Vergangenheit eifrigst daran arbeiten, die so gefährliche deutsche Macht wiederherzustellen."

EINSTEIN hat wohl nicht registriert, daß die Bevölkerung Deutschlands eine grundlegend gewandelte Einstellung besaß. Die Menschen hatten aus den bitteren Erfahrungen zweier Kriege gelernt; sie wollten Frieden. Anders als vor dem Ersten Weltkrieg und anders noch als in den zwanziger Jahren war in Deutschland nicht die Aufrüstung populär, sondern die Entmilitarisierung. Der geplante „Verteidigungsbeitrag" stieß in der Bevölkerung auf heftigen Widerstand.

Einstein in seinen letzten Jahren. Damals dichtete er: „So sieht der alte Kerl jetzt aus / Du fühlst: O jeh! Es ist ein Graus / Denk: Auf das Innre kommt es an / Und überhaupt was liegt daran?"

Bundeskanzler Adenauer 1958 bei der Max-Planck-Gesellschaft. Adenauer (links), Heisenberg (Mitte), Laue (halb verdeckt) und Hahn (rechts).

Der deutsche Bundeskanzler Konrad Adenauer hatte mit den drei Besatzungsmächten – den Vereinigten Staaten, Großbritannien und Frankreich – die Pariser Verträge geschlossen. Damit war die Rückgabe der Souveränität an die Bundesrepublik Deutschland verbunden mit der Eingliederung in die militärische Allianz der Westmächte. Bei der Ratifizierung der Verträge im Deutschen Bundestag verschärften sich die Auseinandersetzungen zwischen Regierung und Opposition. Der Nordwestdeutsche Rundfunk kündigte für den 13. Februar 1955 einen Vortrag über die Bedeutung der *Kernenergie* von Werner Heisenberg an. Adenauer befürchtete, daß Heisenberg auch einige Worte zu der so leidenschaftlich diskutierten Frage der möglichen Anwendung im Kriege sagen würde. Das mußte die Unruhe der Bevölkerung noch weiter steigern und die Ratifizierung der Verträge ernsthaft gefährden.
In einem Telefongespräch beschwor Adenauer den Physiker, seinen Vortrag abzusagen. Heisenberg erfüllte die Bitte des Bundeskanzlers.
Der Generaldirektor des Nordwestdeutschen Rundfunks Adolf Grimme verständigte sofort Hinrich Kopf in Hannover, dessen Kabinett er noch kurz zuvor als Kultusminister angehört hatte. Der Ministerpräsident ging selbst zu Otto Hahn.

Aus Otto Hahns Karikaturensammlung.

Konstituierung der „Deutschen Atom-Kommission" (DAK) 1952. Von links: Heisenberg, Haxel, Hahn und der CSU-Politiker Franz Josef Strauß.

KOPF war als echter Landesvater von Sorgen über den drohenden Krieg gequält mit den unabsehbaren Folgen für die Menschen. Leidenschaftlich sprach er mit OTTO HAHN. „KOPF war innerlich sehr erregt", notierte dieser in seinem Tagebuch: „So hatte ich ihn noch nie gesehen."

Am 13. Februar 1955, Sonntagnachmittag zur besten Sendezeit, hörten Hunderttausende OTTO HAHN zum Thema „Kobalt 60 – Gefahr oder Segen für die Menschheit". Selbst von ihm gesprochen, wurde der Vortrag auch in englischer Fassung in Großbritannien, Dänemark und Norwegen ausgestrahlt.

Die Reaktion der Menschen war eine Ermutigung. So regte OTTO HAHN eine gemeinsame Erklärung der Nobelpreisträger an, die später als *Mainauer Kundgebung* Aufsehen erregte:

„Wir ... sind Naturforscher aus verschiedenen Ländern, verschiedener Rasse, verschiedenen Glaubens, verschiedener politischer Überzeugung. Äußerlich verbindet uns nur der Nobelpreis, den wir haben entgegennehmen dürfen.

Die sogenannte „Mainauer Kundgebung" (15. Juli 1955) der Nobelpreisträger, an deren Abfassung Otto Hahn maßgeblich beteiligt war.

M a i n a u e r   K u n d g e b u n g

Wir, die Unterzeichneten, sind Naturforscher aus verschiedenen Ländern, verschiedener Rasse, verschiedenen Glaubens, verschiedener politischer Überzeugung. Äusserlich verbindet uns nur der Nobelpreis, den wir haben entgegennehmen dürfen.

Mit Freuden haben wir unser Leben in den Dienst der Wissenschaft gestellt. Sie ist, so glauben wir, ein Weg zu einem glücklicheren Leben der Menschen. Wir sehen mit Entsetzen, dass eben diese Wissenschaft der Menschheit Mittel in die Hand gibt, sich selbst zu zerstören.

Voller kriegerischer Einsatz der heute möglichen Waffen kann die Erde so sehr radioaktiv verseuchen, dass ganze Völker vernichtet würden. Dieser Tod kann die Neutralen ebenso treffen wie die Kriegführenden.

Wenn ein Krieg zwischen den Grossmächten entstünde, wer könnte garantieren, dass er sich nicht zu einem solchen tödlichen Kampf entwickelte? So ruft eine Nation, die sich auf einen totalen Krieg einlässt, ihren eigenen Untergang herbei und gefährdet die ganze Welt.

Wir leugnen nicht, dass vielleicht heute der Friede gerade durch die Furcht vor diesen tödlichen Waffen aufrechterhalten wird. Trotzdem halten wir es für eine Selbsttäuschung, wenn Regierungen glauben sollten, sie könnten auf lange Zeit gerade durch die Angst vor diesen Waffen den Krieg vermeiden. Angst und Spannung haben so oft Krieg erzeugt. Ebenso scheint es uns eine Selbsttäuschung, zu glauben, kleinere Konflikte könnten weiterhin stets durch die traditionellen Waffen entschieden werden. In äusserster Gefahr wird keine Nation sich den Gebrauch irgendeiner Waffe versagen, die die wissenschaftliche Technik erzeugen kann.

./.

Alle Nationen müssen zu der Entscheidung kommen, freiwillig auf die Gewalt als letztes Mittel der Politik zu verzichten. Sind sie dazu nicht bereit, so werden sie aufhören, zu existieren.

Mainau/Bodensee, 15. Juli 1955

Kurt ALDER, Köln	Richard KUHN, Heidelberg
Max BORN, Bad Pyrmont	Fritz LIPMANN, Boston
Adolf BUTENANDT, Tübingen	H. J. MULLER, Bloomington
gez. Arthur H. COMPTON Arthur H. COMPTON, Saint Louis	Paul Hermann MÜLLER, Basel
Gerhard DOMAGK, Wuppertal	Leopold RUZICKA, Zürich
H.K. von EULER-CHELPIN, Stockholm	Frederick SODDY, Brighton
Otto HAHN, Göttingen	W. M. STANLEY, Berkeley
Werner HEISENBERG, Göttingen	Hermann STAUDINGER, Freiburg
Georg v. HEVESY, Stockholm	gez. Hideki YUKAWA Hideki YUKAWA, Kyoto

Der 75. Geburtstag von Otto Hahn am 8. März 1954. Von links: Otto Hahn, Adolf Grimme, Hinrich Kopf und Adolf Butenandt.

Lindauer Tagung der Nobelpreisträger 1959. Von links: Max Born, Max von Laue und Otto Hahn.

Mit Freuden haben wir unser Leben in den Dienst der Wissenschaft gestellt. Sie ist, so glauben wir, ein Weg zu einem glücklicheren Leben der Menschen. Wir sehen mit Entsetzen, daß eben diese Wissenschaft der Menschheit Mittel in die Hand gibt, sich selbst zu zerstören.
Voller kriegerischer Einsatz der heute möglichen Waffen kann die Erde so sehr radioaktiv verseuchen, daß ganze Völker vernichtet würden. Dieser Tod kann die Neutralen ebenso treffen wie die Kriegführenden.
Wenn ein Krieg zwischen den Großmächten entstünde, wer könnte garantieren, daß er sich nicht zu einem solchen tödlichen Kampf entwickelte? So ruft eine Nation, die sich auf einen totalen Krieg einläßt, ihren eigenen Untergang herbei und gefährdet die ganze Welt.
Wir leugnen nicht, daß vielleicht heute der Friede gerade durch die Furcht vor diesen tödlichen Waffen aufrechterhalten wird. Trotzdem halten wir es für eine Selbsttäuschung, wenn Regierungen glauben sollten, sie könnten auf lange Zeit gerade durch die Angst vor diesen Waffen den Krieg vermeiden. Angst und Spannung haben so oft Krieg erzeugt. Ebenso scheint es uns eine Selbsttäuschung, zu glauben, kleinere Konflikte könnten weiterhin stets durch die traditionellen Waffen entschieden werden. In äußerster Gefahr wird keine Nation sich den Gebrauch irgendeiner Waffe versagen, die die wissenschaftliche Technik erzeugen kann. Alle Nationen müssen zu der Entscheidung kommen, freiwillig auf die Gewalt als letztes Mittel der Politik zu verzichten. Sind sie dazu nicht bereit, so werden sie aufhören zu existieren."

Zur gleichen Zeit, als OTTO HAHN die *Mainauer Kundgebung* vorbereitete, beschäftigte sich auch ALBERT EINSTEIN mit einem Appell an die Weltöffentlichkeit. BERTRAND RUSSELL hatte einen Entwurf an EINSTEIN geschickt. Dieser zog sogleich NIELS BOHR mit heran. „Runzeln Sie Ihre Stirne nicht", schrieb er, „denn es handelt sich heute nicht um unseren alten physikalischen Streitpunkt, sondern um etwas, in dem wir völlig einer Meinung sind. BERTRAND RUSSELL . . . will eine kleine Zahl von international angesehenen Gelehrten zusammenbringen, damit sie eine gemeinsame Warnung an alle Völker und Regierungen ergehen lassen wegen der durch die Atomwaffen und das Wettrüsten geschaffenen, alle Völker bedrohenden Situation."
An der Berühmtheit schien ihnen das wohl der einzige positive Aspekt: Daß sie gehört wurden von den Menschen. MAX VON LAUE und LISE MEITNER blieben in der Öffentlichkeit meist unbehelligt; sie waren nur in der engeren „scientific community" bekannt. Auf Kongressen wurden freilich auch sie von Journalisten und Studenten umlagert.

Lise Meitner an der Tafel: Eine Kernreaktion mit Fluor 19 wird angeschrieben.

OTTO HAHN war auch dem „Mann auf der Straße" ein Begriff. Was das konkret bedeutet, geht – ein Beispiel von vielen – aus einem Brief von 1953 hervor, den HAHN seiner Frau aus Wien geschrieben hat: „Ich wurde gleich in das Hotel Sacher gebracht und aß dort ein großes Stück Sachertorte. Alles wäre sehr schön, wenn nicht dauernd Rundfunkgesellschaften hinter einem her wären. Dadurch kommt man zu nichts Vernünftigem. Plötzlich bin ich wer weiß wie berühmt für eine Sache, mit der ich außer dem ersten Anlaß gar nichts zu tun habe, und bei der ich genauso Laie bin, wie jeder andere Sterbliche. Ich komme mir wie ein absoluter Hochstapler vor, der Angst haben muß, von einem Kriminalen ertappt zu werden."

„Eine sonderbare Popularität hat es mit sich gebracht", schrieb EINSTEIN etwa zur gleichen Zeit, „daß alles was ich tue, sich zu einer geräuschvollen Affenkomödie auswächst. Dies bedeutet für mich einen völligen Hausarrest, der mich in Princeton festhält. Mit der Geigerei ist es nichts mehr bei mir. Mit den Jahren kam es, daß ich die selbsterzeugten Töne einfach nicht mehr aushalten konnte ... Was geblieben ist, ist die unentwegte Arbeit an den harten wissenschaftlichen Problemen. Dieser faszinierende Zauber wird bis zu dem letzten Schnaufer anhalten."

Als das 50jährige Jubiläum seiner großen Arbeit von 1905 heranrückte, war EINSTEIN beunruhigt, wieder im Mittelpunkt großer Feiern stehen zu sollen. Eine schwere Erkrankung erschien ihm geradezu als Erlösung. Drei Monate vor seinem Tode schrieb er dem alten Freund MAX VON LAUE: „Ich muß gestehen, daß diese göttliche Fügung für mich auch etwas Befreiendes hat. Denn alles, was irgendwie mit Personenkultus zu tun hat, ist mir immer peinlich gewesen ... Wenn ich in den Grübeleien eines langen Lebens eines gelernt habe, so ist es dies, daß wir von einer tieferen Einsicht in die elementaren Vorgänge viel weiter entfernt sind, als die meisten unserer Zeitgenossen glauben."

Ausdrücklich hat er sich ein eigenes Grab und jedes Denkmal verbeten. Sein Haus sollte nicht zu einem Museum gemacht werden.

MAX VON LAUE griff zur Feder, als ihn die Nachricht vom Tod EINSTEINS erreichte: „Nicht nur das Leben eines großen und edlen Denkers ist zu Ende gegangen, sondern auch eine Epoche der Physik."

Noch treffender aber hat es in der Übertreibung, der Karikaturist der Washington Post ausgedrückt: Wenn dereinst einmal in ferner Zukunft aus der Tiefe des Weltraumes Intelligenzen (ob Menschen oder menschenähnliche Wesen) den Kosmos durchmustern, dann scheint ihnen von dem planetarischen Staubkorn, das wir Erde nennen, nur eines hervorhebenswert: ALBERT EINSTEIN lived here. Hier hat EINSTEIN gelebt.

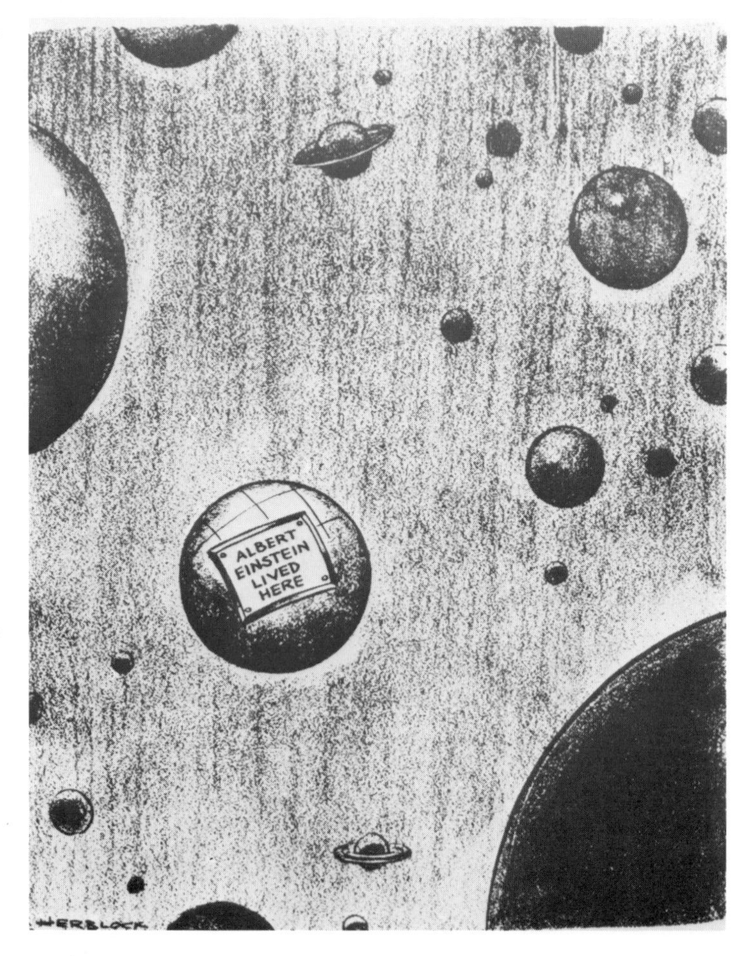

Karikatur aus der Washington Post.

Handschriftliche Aufzeichnungen Max von Laues am 18. April 1955. Dies war der Tag, als Einstein im Krankenhaus von Princeton starb. ▷

Heute Nachmittag kam das ~~Nachricht~~ Telegramm, dass Albert Einstein in Princeton an den Folgen einer Gallenblasen-Operation gestorben ist. Damit ist nicht nur das Leben eines grossen und edlen Denkers zu Ende gegangen, sondern ~~auch~~ eine Epoche der Physik. Seit Einstein, genau vor 50 Jahren, innerhalb weniger Monate die Theorie der Lichtquanten und dann die Relativitätstheorie geschaffen hatte, gehörte er zu den Führern in der Physik, ~~sind~~ diesen Begriff im weitesten Umfang verstanden. ~~Das~~ Es gibt [illegible] keinen Zweig der Wissenschaft von der unbelebten Natur, in der seine Spuren nicht zu bemerken wären, und selbst die Biologie spricht ~~heute~~ von den Lichtquanten und dem damit zusammenhängenden photochemischen Äquivalentgesetz (von Einstein ~~entdeckt~~ ausgesprochen).

Es ist hier nicht ~~der Ort~~ die Gelegenheit für eine umfassende Würdigung der Einsteinschen Leistungen. Aber was mir als das tiefste Motiv seiner Forschung erscheint, möchte ich kurz ~~zusammenfassen~~ aussprechen: Der ~~das~~ eigentliche Trieb, die physikalische Theorie zu vereinheitlichen, viele bisher getrennte Teile von ihr auf einen Nenner zu bringen. In der speziellen Relativitätstheorie von 1905 handelte es sich darum, eine Unzahl von optischen und elektromagnetischen Erfahrungen zu vereinigen und bei der allgemeinen Relativitätstheorie

18.4.55

Handschrift v. Laue zum Tode Einsteins

◀ *Bild Albert Einsteins aus den letzten Lebensjahren (um 1952). Seine ungespielte Bescheidenheit und das völlige Desinteresse an der äußeren Erscheinung prägten unverwechselbar sein Bild in der Öffentlichkeit. Er wurde die Personifizierung des weltfremden Genies, in dessen Gedankenhöhen kein gewöhnlicher Sterblicher zu folgen vermag.*

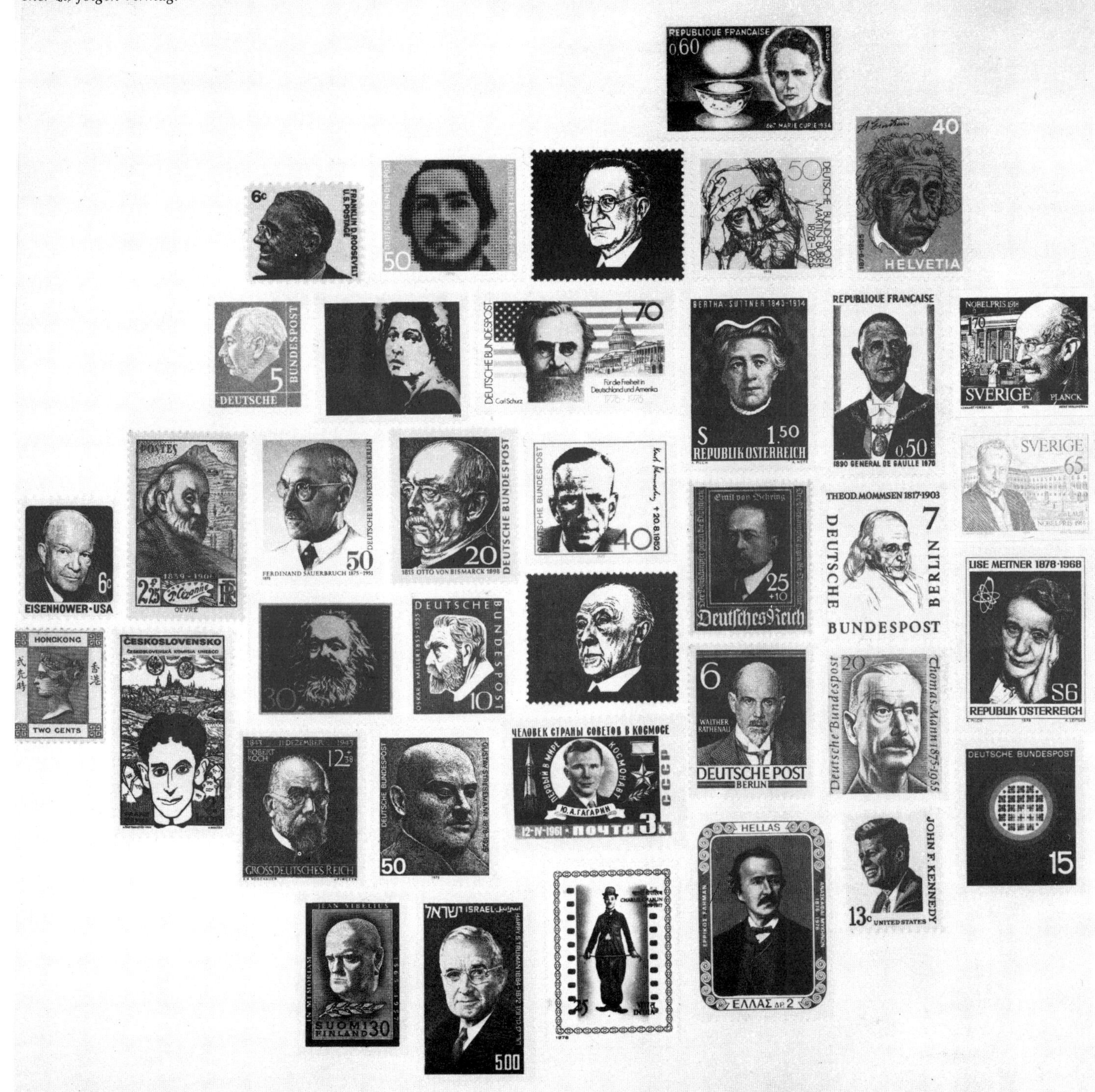

	Zu Einstein Hahn Laue Meitner	Naturwissenschaft und Technik
1878	Lise Meitner wird am 7. November in Wien geboren.	James Prescott Joule, englischer Physiker (1818–1889), bestätigt erneut das mechanische Wärmeäquivalent. Julius Robert Mayer, geboren 1814 (Gesetz der Erhaltung der Energie), stirbt in seiner Heimatstadt Heilbronn.
1879	Otto Hahn wird am 8. März in Frankfurt am Main geboren. Albert Einstein wird am 14. März in Ulm geboren. Max von Laue wird am 9. Oktober in Pfaffendorf bei Koblenz geboren.	James Clerk Maxwell, englischer Physiker, geboren 1831, stirbt am 5. November in Cambridge, England. Werner von Siemens, deutscher Industrieller und Ingenieur (1816–1892), konstruiert für die Berliner Gewerbeausstellung die erste elektrische Lokomotive. Max Planck (1858–1947) promoviert an der Universität München.
1880	Einsteins Familie übersiedelt von Ulm nach München. In Frankfurt zieht die Familie Hahns in das neuerworbene Wohn- und Geschäftshaus Töngesgasse 21.	Adolf von Baeyer, deutschem Chemiker (1835–1917), gelingt die erste Indigosynthese. Heinrich Hertz, deutscher Physiker (1857–1894), legt eine Dissertation „Über die Induktion in rotierenden Kugeln" vor und beginnt damit seine Forschungsarbeiten auf dem Gebiet der Elektrizität.
1881	Einsteins Schwester Maja in München geboren.	Erste Versuche von Albert Abraham Michelson (1852–1931) in Potsdam zum Nachweis der Erdbewegung relativ zum Lichtäther verlaufen eindeutig negativ. Georg Meisenbach, deutscher Kupferstecher (1841–1912), erfindet die photomechanische Reproduktion im Hochdruckbereich (Autotypie).
1882		Charles Robert Darwin, geboren 1809, stirbt am 19. April in Down, Grafschaft Kent, England. Robert Koch (1843–1910) entdeckt das Tuberkelbakterium, im darauffolgenden Jahr den Choleraerreger.
1883		Pierre Curie, französischer Physiker (1859–1906), entdeckt elektrische Ladungen bei Kristallverformungen.
1884		Paul Nipkow, deutscher Ingenieur (1860–1940), erfindet die nach ihm benannte Nipkow-Scheibe. Gregor Johann Mendel (1822–1884), Begründer der Vererbungslehre, stirbt am 6. Januar in Brünn.
1885	Hahn besucht die Vorschule der Klinger-Oberrealschule. Laue besucht die Volksschule und später die unteren Klassen des Gymnasiums in Posen.	Niels Bohr, dänischer Physiker, wird am 7. Oktober in Kopenhagen, Dänemark, geboren. Die Gebrüder Mannesmann entwickeln Verfahren zur Herstellung nahtloser Stahlrohre.
1886		John S. Pemberton, amerikanischer Apotheker, beginnt mit der Produktion von Coca Cola. Die von Hand aus Kupfer getriebene Freiheitsstatue wird als Geschenk Frankreichs am 28. Oktober in New York eingeweiht.
1887		Wiederholung des „Michelson-Versuches" von 1881 durch Michelson und Edward W. Morley (1838–1923): Eine Ätherdrift ist nicht nachweisbar. Gründung der Physikalisch-Technischen Reichsanstalt als oberste Behörde für Maße und Gewichte. Heinrich Hertz (1857–1894) erzeugt experimentell die von Maxwell 1865 theoretisch vorausgesagten elektromagnetischen Wellen.

Politik und Gesellschaft	Kultur	
Die Heilsarmee (Salvation Army), gegründet 1865, wird durch William Booth in London organisiert. Gustav Stresemann, späterer deutscher Außenminister und Friedensnobelpreisträger, wird geboren.	Von William Morris, englischem Schriftsteller und Kunsthandwerker (1834–1896), erscheinen „Die dekorativen Künste“. Martin Buber, deutsch-jüdischer Religionsphilosoph, wird geboren.	1878
Stalin, J.W. Dschugaschwili, wird am 21. Dezember in Gori bei Tiflis geboren. Das deutsche Reichsgericht in Leipzig wird errichtet. Albrecht Graf von Roon, ehemaliger preußischer Kriegsminister, geboren 1803, stirbt.	Der französische Maler und Illustrator Honoré Daumier, geboren 1808, stirbt. Von Fjodor Michajlowitsch Dostojewskij, russischem Dichter (1821–1881), erscheinen „Die Brüder Karamasow“. Der Maler und Graphiker Paul Klee wird geboren.	1879
In Frankreich wird die sozialistische Partei gegründet.	Konrad Duden (1829–1911) beendet sein „Vollständiges Orthographisches Wörterbuch der deutschen Sprache“. Der Dom zu Köln wird vollendet (Grundsteinlegung 1248). Der deutsche klassizistische Maler Anselm Feuerbach, geboren 1829, stirbt.	1880
Benjamin Disraeli, englischer Staatsmann und Schriftsteller, geboren 1804, stirbt am 19. April in London. Durch „Kaiserliche Botschaft“ wird in Deutschland die Sozialgesetzgebung eingeleitet.	Wilhelm Lehmbruck, deutscher expressionistischer Bildhauer, wird geboren. Pablo Picasso (Ruiz y Picasso) wird in Málaga geboren.	1881
Bismarck schließt den geheimen Dreibund-Vertrag zwischen Italien, Österreich-Ungarn und dem Deutschen Reich. Franklin Delano Roosevelt, späterer Präsident der USA von 1933–1945, wird geboren.	Bildungsreform in Deutschland. Gründung von Oberrealschulen. Henry Wadsworth Longfellow, geboren 1807, amerikanischer Dichter, stirbt.	1882
Benito Mussolini wird am 29. Juli in Predappio geboren. Karl Marx, deutscher Philosoph und Nationalökonom, geboren 1818, stirbt am 14. März in London.	Von Friedrich Nietzsche, deutschem Philosophen (1844–1900), erscheint „Also sprach Zarathustra“. Wilhelm Dilthey (1833–1911) veröffentlicht seine „Einleitung in die Geisteswissenschaften“.	1883
Friedrich Engels, Mitbegründer des Marxismus (1820–1895), veröffentlicht „Der Ursprung der Familie, des Privateigentums und des Staates“. Theodor Heuss, Journalist und Hochschuldozent, späterer deutscher Bundespräsident, wird in Brackenheim (Württemberg) geboren.	Auguste Rodin (1840–1917), französischer Bildhauer, nimmt die Arbeit an einer Plastikgruppe „Die Bürger von Calais“ auf (1895 aufgestellt). Amadeo Modigliani, italienischer Maler, gestorben 1920, wird geboren.	1884
Karl Marx' „Kapital II“ wird von Friedrich Engels herausgegeben. In Leipzig, das als Stadt bereits 1268 erste Messe-Privilegien erhielt, wird die erste „Leipziger Mustermesse“ abgehalten.	Emile Zola, Frankreich, schreibt „Germinal“. Die heute noch in beiden Teilen Deutschlands bestehende Goethe-Gesellschaft wird am 20. 6. 1885 in Weimar gegründet. Carl Spitzweg, deutscher Maler, geboren 1808, stirbt.	1885
Ludwig II., König von Bayern, geboren 1845, findet unter ungeklärten Umständen im Starnberger See den Tod. Ende des seit 1872 bestehenden Drei-Kaiser-Bündnisses.	Wilhelm Furtwängler, deutscher Dirigent und Komponist, gestorben 1954, wird geboren. Gründung der englischen Goethe-Gesellschaft.	1886
Tschiang Kai-scheck wird am 31. Oktober im Distrikt Fenghua geboren. Die britische Regierung erläßt den Merchandise Market Act, wonach alle aus Deutschland eingeführten Waren die Bezeichnung „Made in Germany“ tragen müssen. Geheimer Rückversicherungsvertrag zwischen Deutschland und Rußland mit der Vereinbarung „wohlwollender Neutralität“.	Max Klinger, deutscher Maler, Graphiker und Bildhauer, malt sein Bild „Das Urteil des Paris“. Wilhelm Busch, deutscher Maler, Zeichner und Dichter (1832–1908), gibt seine gesammelten Verserzählungen unter dem Titel „Humoristischer Hausschatz“ heraus. Hans von Marées, deutscher Maler und Mitüberwinder des Impressionismus, geboren 1837, stirbt.	1887

	Zu Einstein Hahn Laue Meitner	Naturwissenschaft und Technik
1888		Iwan Petrowitsch Pawlow, russischer Physiologe, beendet seine Studien über die Funktion der Nerven in der Kreislaufphysiologie. Fridtjof Nansen (1861–1930), norwegischer Polarforscher, überquert als erster die grönländische Inlandeisdecke. Rudolf Clausius (1822–1888), Begründer der mechanischen Wärmetheorie, stirbt am 24. August.
1889	Einstein besucht das Luitpold-Gymnasium in München.	Wilhelm Ostwald, deutscher Chemiker und Philosoph (1853–1932), gründet die Schriftenreihe „Klassiker der exakten Naturwissenschaften". Alexandre Gustave Eiffel (1832–1923) konstruiert für die Pariser Weltausstellung den 300 m hohen Eiffelturm. Walther Nernst (1864–1941) entwickelt als erster die Theorie der elektromotorischen Kräfte.
1890		Robert Koch (1843–1910) erzeugt Tuberkulin zur Diagnostik der Tuberkulose. Die seit 1883 im Bau befindliche Brücke über den Firth of Forth wird ihrer Bestimmung übergeben. Ulrich und Vogel erfinden den Dreifarbendruck.
1891	Laue besucht im Alter von 12 Jahren Vorträge der „Urania" in Berlin. Laue Tertianer im Wilhelms-Gymnasium in Berlin.	Otto Lilienthal führt die ersten Gleitflüge mit einem selbst konstruierten Gleitflugzeug durch. James Chadwick, englischer Physiker und späterer Nobelpreisträger, wird am 20. Oktober in Manchester geboren. Robert Koch wird Leiter des neugegründeten „Instituts für Infektionskrankheiten" in Berlin.
1892	Einstein liest im Alter von dreizehn Jahren die Werke Kants. Laues Familie siedelt nach Straßburg über; Laue besucht das Protestantische Gymnasium.	Werner von Siemens, deutscher Unternehmer und Ingenieur, geboren 1816, stirbt. Emil von Behring (1854–1917) führt das von ihm entwickelte Diphterie-Heilserum ein. Rudolf Diesel (1858–1913) wird am 3. Dezember das Patent für den nach ihm benannten Dieselmotor erteilt.
1893	Einsteins Familie siedelt nach Italien über, er bleibt bei Verwandten in München.	Walther Nernst veröffentlicht sein Werk „Theoretische Chemie". Durch Gesetz wird in Deutschland die einheitliche Zeitbestimmung eingeführt. Fridtjof Nansen unternimmt (bis 1896) eine Nordpolexpedition mit dem Forschungsschiff „Fram".
1894	Einstein tritt ohne Abschluß freiwillig aus dem Luitpold-Gymnasium aus. Er verbringt ein halbes Jahr in Italien bei den Eltern. Hahn legt das „Einjährigenexamen" an der Klinger-Oberrealschule ab.	Heinrich Hertz, geboren 1857, stirbt am 1. Januar in Bonn. Hermann von Helmholtz, geboren 1821, stirbt am 8. September in Berlin. Ernest Solvay (1838–1922) gründet in Brüssel das Solvay-Institut. Arnold Sommerfeld (1868–1951) veröffentlicht eine mathematische Theorie der Beugungserscheinung.
1895	Einstein fällt bei der Aufnahmeprüfung zur Eidgenössischen Technischen Hochschule in Zürich durch. Einstein besucht die Kantonschule in Aargau.	Der Physiker Wilhelm Conrad Röntgen (1845–1923) entdeckt die nach ihm benannten X-Strahlen. Sir William Ramsay, englischer Chemiker (1852–1916), entdeckt das Helium-Edelgas. Alfred Nobel, schwedischer Ingenieur (1833–1896), stiftet die Nobelpreise für Physik, Chemie, Medizin, Literatur und Frieden.

Jahr	Politik und Gesellschaft	Kultur
1888	Thronbesteigung Kaiser Wilhelms II. Durch internationale Konvention wird die Freiheit der Schiffahrt durch den 161 km langen Suez-Kanal geregelt. Weltausstellungen in Barcelona, Melbourne, Moskau und Sidney.	Von Knut Hamsun, norwegischem Schriftsteller (1859-1952), erscheint der Roman „Hunger“. Das noch heute maßgebliche englische Wörterbuch „Oxford English Dictionary“ beginnt zu erscheinen.
1889	Adolf Hitler, späterer „Führer“ und Reichskanzler, wird am 20. April in Braunau, Österreich, geboren. Die Zweite Internationale wird in Paris gegründet. Auf dem internationalen Arbeiterkongreß wird die Durchführung von Maifeiern beschlossen. Ernst Reuter, sozialdemokratischer Politiker und erster regierender Bürgermeister von Berlin, gestorben 1953, wird geboren.	Charlie Chaplin, englischer Filmschauspieler und Regisseur, vorwiegend in den USA tätig, wird am 16. April geboren. Von Bertha von Suttner, der österr. Schriftstellerin (1843-1914), erscheint der pazifistische Roman „Die Waffen nieder!“ Der literarische Verein Freie Bühne und das dazugehörige Theater eröffnen mit Ibsens „Gespenstern“ und Hauptmanns „Vor Sonnenaufgang“ ihre Tätigkeit.
1890	Bismarck tritt wegen sachlicher und persönlicher Differenzen mit dem deutschen Kaiser als Reichskanzler zurück. Er verfaßt 1890/91 „Gedanken und Erinnerungen“, die 1898 und 1901 erscheinen. Cecil J. Rhodes (1853-1902) wird südafrikanischer Ministerpräsident. Aufhebung des seit 1878 in Kraft befindlichen sogenannten „Sozialistengesetzes“.	Zur Erhaltung der Idee des humanistischen Gymnasiums wird der „Deutsche Gymnasialverein“ gegründet. Heinrich von Schliemann, berühmter deutscher Archäologe, 1822 geboren, stirbt. Vincent van Gogh, holländischer Maler, geboren 1853, beendet in Südfrankreich sein Leben in geistiger Umnachtung durch Freitod.
1891	Durch ein Gesetz „betreffend den Schutz von Gebrauchsmustern“ werden ab 1. Oktober gebrauchsmusterfähige Gerätschaften und Gegenstände geschützt. In der Enzyklika „Rerum Novarum“ spricht sich der Papst für soziale Reformen aus. Gründung des „Deutschen Metallarbeiter-Verbandes“ in Mainz.	Von Selma Lagerlöf, schwedischer Schriftstellerin (1858-1940), erscheint der Roman „Gösta Berling“. Von Oscar Wilde, anglo-irischem Schriftsteller (1854-1900), erscheint die Neufassung des Romans „The Picture of Dorian Gray“. Frank Wedekind, deutscher Schriftsteller (1864-1918), schreibt die Tragödie „Frühlings Erwachen“.
1892	Die „Deutsche Friedensgesellschaft“ wird in Berlin auf Anregung Bertha von Suttners durch Alfred Hermann Fried (1864-1921) gegründet. Tiefgreifende wirtschaftliche Krise in den USA als Folge zu rascher Industrialisierung. Gründung des „Arbeiter-Turn- und Sport-Bundes“.	Gerhart Hauptmann, deutscher Dichter, veröffentlicht sein Drama „Die Weber“. Maximilian Harden, Pseudonym für Felix Witkowski (1861-1927), gründet die Wochenzeitschrift „Die Zukunft“.
1893	Mao Tse-tung, Dichter und Staatsmann, wird als Sohn eines Großgrundbesitzers in der Provinz Hunan am 26. Dezember geboren. Weltausstellung in Chicago. Stephen Grover Cleveland (1837-1908) wird in zweiter Amtszeit Präsident der USA.	Max Halbe, deutscher Schriftsteller (1865-1944), beendet sein Trauerspiel „Jugend“. George Grosz, sozialkritischer Graphiker und Maler, gestorben 1959, wird geboren. Peter Tschaikowsky, russischer Komponist, geboren 1840, stirbt an Cholera.
1894	Der „Bund Deutscher Frauenvereine“ wird gegründet. Alfred Dreyfus, jüdisch-französischer Artillerieoffizier, wird wegen angeblichen Landesverrats verurteilt und deportiert. Die Rehabilitierung erfolgte erst im Jahre 1906. Der Streit um Korea führt zum chinesisch-japanischen Krieg.	Lou Andreas-Salomé (1861-1937) gibt „Friedrich Nietzsche in seinen Werken“ heraus. Aubrey Beardsley, englischer Zeichner (1872-1898), illustriert „Salomé“ von Oscar Wilde. Unter dem Architekten Paul Wallot (1841-1912) wird der Bau des Reichstags vollendet (1884 begonnen).
1895	Friedrich Engels, geboren 1820, stirbt am 5. August in London. Kurt Schumacher, deutscher sozialdemokratischer Politiker, gestorben 1952, wird geboren. Georg VI., von 1936 bis 1952 König von Großbritannien, wird geboren.	Käthe Kollwitz, deutsche Graphikerin und Malerin (1867-1945), beginnt mit dem Radierzyklus „Weberaufstand“. Die Gebrüder Skladanowsky führen im „Wintergarten“ in Berlin erstmals Filme vor. Gustav Freytag, deutscher Schriftsteller, geboren 1816, stirbt am 30. April in Wiesbaden.

	Zu Einstein Hahn Laue Meitner	Naturwissenschaft und Technik
1896	Einstein wird zum Studium der Physik und Mathematik am Züricher Polytechnikum zugelassen. Laues naturwissenschaftliches Interesse wird von seinem Physiklehrer gefördert. Mit 17 Jahren studiert er die „Vorträge und Reden“ von Helmholtz.	Henri Becquerel, französischer Physiker (1832–1908), entdeckt die von Uran ausgehende Strahlung. Friedrich August Kekulé, deutscher Chemiker, geboren am 7. September 1829 in Darmstadt, stirbt am 13. Juli in Bonn. Wilhelm Wien, deutscher Physiker (1864–1928), veröffentlicht das nach ihm benannte Strahlungsgesetz.
1897	Hahn legt sein Abitur an der Klinger-Oberrealschule in Frankfurt am Main ab. Er beginnt das Studium der Chemie und Mineralogie an der Marburger Universität.	Adolf Slaby (1849–1913) und Graf Georg von Arco (1869–1940) konstruieren die erste drahtlose Nachrichtenverbindung in Deutschland. Arnold Sommerfeld (1868–1951) und Felix Klein (1849–1925) stellen ihre Theorie des Kreisels vor. Karl Ferdinand Braun, deutscher Physiker (1850–1918), konstruiert die elektromagnetische Zündmaschine.
1898	Hahn studiert in München. Laue legt die Reifeprüfung am Protestantischen Gymnasium in Straßburg ab.	Marie Sklodowska-Curie (1867–1934) und Pierre Curie (1859–1906) isolieren die radioaktiven Elemente Polonium und Radium aus Pechblende. Gründung der „Göttinger Vereinigung zur Förderung der angewandten Physik und Mathematik“. Ferdinand Graf von Zeppelin (1838–1917) gründet eine „Aktiengesellschaft zur Förderung der Luftfahrtgesellschaft.
1899	Laue beginnt das Studium der Physik und Mathematik in Straßburg. Dort hört er Vorlesungen des Experimentalphysikers Karl Ferdinand Braun. Im gleichen Jahr wechselt er an die Göttinger Universität. Er widmet sich der theoretischen Physik.	Robert Wilhelm Bunsen, 1811 geboren, stirbt am 16. August in Heidelberg. Marie und Pierre Curie entdecken de „Induzierte Radioaktivität“. Ernest Rutherford (1871–1937) weist die sogenannten Alpha-Strahlen und Beta-Strahlen nach.
1900	Einstein erwirbt das Diplom eines Fachlehrers in Physik.	Henri Becquerel (1852–1908) entdeckt die Ablenkung der „Radiumstrahlen in elektromagnetischen Feldern“. Max Planck (1858–1947) formuliert die erste Quantenformel. Wolfgang Pauli am 25. April in Wien geboren.
1901	Einstein erwirbt die Schweizer Staatsangehörigkeit. Einstein veröffentlicht seine erste Arbeit „Folgerungen aus den Kapillaritätserscheinungen“ in den „Annalen der Physik“. Hahns Promotion über ein Thema der organischen Chemie an der Universität Marburg bei Professor Zincke. Hahn im Militärdienst als Einjährig-Freiwilliger beim 81. Infanterieregiment in Frankfurt am Main. Laue wechselt an die Universität München. Meitner legt nach Besuch der Volks- und Bürgerschule und häuslichem Unterricht das Abitur ab.	Enrico Fermi am 29. September in Rom geboren. Werner Heisenberg am 5. Dezember in Würzburg geboren. Wilhelm Conrad Röntgen erhält den ersten Nobelpreis für Physik.
1902	Einstein beginnt am Patentamt in Bern zu arbeiten. Einstein veröffentlicht erste Arbeiten zur Thermodynamik. Hahn wird Assistent bei Professor Zincke. Laue studiert in Berlin. Meitner beginnt das Studium der Physik, Mathematik und Chemie bei Ludwig Boltzmann und Franz Exner in Wien.	Arbeiten von Philipp Lenard (damals in Kiel) über den Photoeffekt. Emil Fischer (1852–1919) weist auf den Aufbau der Eiweißstoffe aus Aminosäuren hin. Der Bund Deutscher Verkehrsvereine wird gegründet.
1903	Einstein heiratet Mileva Marisc. Einstein veröffentlicht die „Theorie der Grundlagen der Thermodynamik“. Laue promoviert bei Max Planck in Berlin mit einer Arbeit über die Interferenz-Erscheinungen an planparallelen Platten mit dem Prädikat „Magna cum laude“. Anschließend wechselt er an die Universität Göttingen.	Erster gesteuerter Motorflug von Wilbur (1867–1912) und Orville (1871–1948) Wright in Kitty Hawk, USA. Oskar von Miller, deutscher Ingenieur (1855–1934), gründet das Deutsche Museum in München, das bis heute größte naturwissenschaftlich-technische Museum Europas. Bertrand Russell, englischer Mathematiker, Philosoph und Schriftsteller (1872–1970), veröffentlicht „Principles of Mathematics“.

Jahr	Politik und Gesellschaft	Kultur
1896	Das Bürgerliche Gesetzbuch (BGB) für das deutsche Reichsgebiet erscheint. Es tritt am 1. 1. 1900 in Kraft. In Athen finden die ersten olympischen Spiele der Neuzeit statt. Beginn der Gartenstadtbewegung in Deutschland.	Alfred Nobel, der schwedische Chemiker und Stifter des Nobel-Preises, geboren 1833, stirbt am 10. Dezember in San Remo. Der jüdische Schriftsteller Theodor Herzl (1860–1904) begründet durch seine Schrift „Der Judenstaat" den Zionismus. Der Roman „Quo Vadis?" des polnischen Schriftstellers Henryk Sienkiewicz (1846–1916) erscheint.
1897	Der erste Kongreß christlicher Bergarbeiter findet in Bochum statt. William Mc Kinley, geboren 1843, wird Präsident der USA. In Basel findet der erste Zionisten-Kongreß statt.	Jacob Burckhardt, Schweizer Kunst- und Kulturhistoriker, geboren 1818, stirbt. Johannes Brahms, deutscher Komponist, geboren 1833, stirbt.
1898	Fürst Otto von Bismarck, geboren 1815, stirbt in Friedrichsruh. Gründung der sozialistischen Partei in Rußland. TschouEn-lai wird als Sohn eines Mandarins in Huajan geboren.	Der deutsche Pädagoge Hermann Lietz (1868–1919) gründet das erste Landerziehungsheim. Conrad Ferdinand Meyer, Schweizer Dichter, geboren 1825, stirbt. Bertolt Brecht, deutscher sozialkritischer Dramatiker, wird geboren. Federico García Lorca, spanischer Dichter, wird geboren (1936 ermordet).
1899	Erste „Haager Friedenskonferenz". Ausbruch des Burenkrieges (bis 1902). Kuba wird selbständige Republik, ab 1901 Schutzstaat der USA.	Houston Stewart Chamberlain, Schriftsteller, Wahldeutscher britischer Abkunft (1855–1927), beendet sein Werk „Die Grundlagen des 19. Jahrhunderts". Karl Kraus, österreichischer Schriftsteller (1874–1936), gründet die Wiener kulturkritische Zeitschrift „Die Fackel".
1900	Wilhelm Liebknecht, sozialdemokratischer Politiker, geboren 1826, stirbt in Berlin-Charlottenburg. Ausbruch der Boxeraufstände in China. Novellierung der deutschen Gewerbeordnung.	Jean Sibelius, finnischer Komponist (1865–1957), komponiert die symphonische Skizze „Finlandia". Die „Preußische Akademie der Wissenschaften" beginnt mit der Herausgabe einer kritischen Ausgabe der Werke Immanuel Kants.
1901	Victoria, Königin von Großbritannien seit 1837, geboren 1819, stirbt in Osborne. Eduard VII., geboren 1841, wird ihr Nachfolger. Theodore Roosevelt (1858–1919) wird Präsident der USA. Nihilistische Terrorwelle im zaristischen Rußland.	Von Thomas Mann, deutschem Schriftsteller (1875–1955), erscheint der Roman „Buddenbrooks". Karl Fischer (1881–1941) gründet die Jugendbewegung „Wandervogel". Marino Marini, italienischer Graphiker und Bildhauer, wird geboren.
1902	Jean Jaurès, französischer Politiker, geboren 1859, ermordet 1914, gründet in Paris die Zeitung „L'Humanité". Das zweite bis vierte Haager Abkommen regelt das Privatrecht für Eheschließung und Scheidung auf internationaler Ebene. Italien erneuert das Dreibund-Abkommen.	Max Slevogt, deutscher Maler und Graphiker (1868–1932), malt das impressionistische Gemälde „Der Sänger F. d'Antrade als Don Giovanni". Die „Regelung für die deutsche Rechtschreibung" tritt in Kraft. Aby Warburg (1866–1929) gründet in Hamburg die „Kulturwissenschaftliche Bibliothek Warburg".
1903	Der deutsche Reichstag erläßt das Kinderarbeitsgesetz, wonach die Arbeit von Kindern unter 13 Jahren verboten wird. Die USA erhalten vom neugegründeten Freistaat Panama die Hoheitsrechte für die Kanalzone. Auf dem zweiten Parteitag in Brüssel und London erfolgt die Spaltung der russischen Sozialisten in Bolschewiki und Menschewiki.	Pablo Picasso (1881–1973) malt das Bild „Die Büglerin". Theodor Mommsen, deutscher Historiker (1817–1903), erhält den Nobelpreis für Literatur von 1902. Das Schiller-Nationalmuseum wird in Marbach gegründet.

	Zu Einstein Hahn Laue Meitner	Naturwissenschaft und Technik
1904	Einsteins erster Sohn Hans Albert wird geboren. Hahn arbeitet am University College in London bei Sir William Ramsey (bis 1905). Laue legt das Staatsexamen in Mathematik und Physik in Göttingen ab.	Arthur Korn, deutscher Physiker (1870–1945), entwickelt die Bildtelegraphie. Ernst Haeckel (1834–1919) publiziert seine „Thesen zur Organisation des Monismus“.
1905	Einstein erhält den Doktortitel. Einstein veröffentlicht in den „Annalen der Physik“ seine spezielle Relativitätstheorie. Hahn entdeckt das Radiothorium (in England). Hahn geht an die McGill University in Montreal zu Lord Ernest Rutherford. Laue wird Assistent bei Max Planck (bis 1909).	Robert Koch (1843–1910) erhält den Nobelpreis für Medizin. Philipp Lenard (1862–1947) erhält den Nobelpreis für Physik. Paul Ehrlich, deutscher Serologe (1854–1915), legt seine „Gesammelten Arbeiten zur Immunitätsforschung“ vor.
1906	Einstein stellt das Gesetz der Gleichwertigkeit von Masse und Energie auf. Hahn entdeckt das Mesothorium. Laue veröffentlicht die Arbeit „Zur Thermodynamik der Interferenz-Erscheinungen“. Er erhält die Lehrbefugnis für theoretische Physik. Meitner promoviert als zweite Frau mit dem Hauptfach Physik an der Universität Wien.	Pierre Curie, geboren am 15. Mai 1859, erleidet am 19. April einen tödlichen Verkehrsunfall in Paris. Max Planck (1858–1947) bekennt sich als erster konsequent zum Einsteinschen Relativitätsprinzip. Joseph John Thomson (1856–1940) erhält den Nobelpreis für Physik.
1907	Einstein legt weitere Ergebnisse zur Quanten- und Relativitätstheorie vor. Er begründet die Formel $E=mc^2$. Hahn habilitiert sich bei Emil Fischer in Berlin. Hahn entdeckt die radioaktiven Elemente Radiothor, Radioactinum, Mesothor I und II (seit 1904). Meitner kommt nach dem Freitod ihres Lehrers Ludwig Boltzmann (1844–1906) nach Berlin, erste Begegnung mit Hahn. Meitner beginnt ihre Arbeit am Institut von Emil Fischer in Berlin.	Arnold Sommerfeld (1868–1951) entkräftet Einwände gegen die Einstein'sche Relativitätstheorie. Der Amerikaner Albert Abraham Michelson (1852–1931) erhält den Nobelpreis für Physik. Ernst von Bergmann, Begründer der Asepsis, geboren 1836, stirbt am 25. März in Wiesbaden.
1908	Einstein beginnt mit Arbeiten zum Ausbau und zur Fortbildung der Relativitätstheorie. Meitner und Hahn entdecken das radioaktive Zerfallsprodukt Actinium C.	Hermann Minkowski, deutscher Mathematiker (1864–1909), hält auf der Naturforscherversammlung in Köln den berühmten Vortrag über Raum und Zeit. Henri Becquerel, Entdecker der Radioaktivität, geboren 1852, stirbt am 25. August in Le Croisic.
1909	Einstein wird als Professor an die Universität Zürich berufen. Einstein formuliert die These von der Dualität des Lichtes. Hahn nimmt am Internationalen Kongreß der „British Association“ in Winnipeg (Canada) teil. Beginn der Freundschaft mit Laue. Hahn und Meitner entdecken den radioaktiven Rückstoß. Laue geht als Privatdozent nach München zu Arnold Sommerfeld. Meitner berichtet vor der „Deutschen Physikalischen Gesellschaft“ über ihre gemeinsame Arbeit mit Hahn. Meitner darf alle Einrichtungen am Emil-Fischer-Institut benutzen.	Der Deutsche Karl Ferdinand Braun und der Italiener Guglielmo Marconi erhalten gemeinsam den Nobelpreis für Physik. Paul Ehrlich (1854–1915) erfindet Salvarsan, vor allem als Heilmittel gegen Syphillis. Fritz Haber, deutschem Chemiker (1868–1934), wird das „Ammoniak-Synthese-Hochdruck-Patent“ erteilt.
1910	Geburt von Einsteins zweitem Sohn Eduard. Hahn wird als außerordentlicher Professor an die Berliner Universität berufen. Erstes Beta-Spektrometer von Hahn und Otto von Bayer. Laue heiratet die Tochter eines Offiziers.	Robert Koch, deutscher Mediziner, geboren 1843, stirbt. Die „Deutsche Chemische Gesellschaft“ beginnt mit der Herausgabe eines Literaturregisters der organischen Chemie.

Politik und Gesellschaft	Kultur	
Gründung der „Entente Cordiale“ durch Großbritannien und Frankreich. Beginn des russisch-japanischen Krieges. Der „Weltbund für Frauenstimmrecht“ wird in London gegründet.	Louise Dumont, deutsche Schauspielerin und Theaterleiterin (1862–1932), gründet das von ihr auch geleitete Düsseldorfer Schauspielhaus. Franz von Lenbach, deutscher Maler, geboren 1836, stirbt am 6. Mai in München. Leo Frobenius, deutscher Ethnologe (1873–1938), beginnt seine Forschungsreise nach Innerafrika.	1904
Bertha von Suttner, österreichische Pazifistin (1843–1914), erhält den Friedensnobelpreis. Mit einer Rekordzahl von fünfzehn Millionen gestreikter Arbeitstage fordern 280 000 deutsche Bergleute den gesetzlichen Bergarbeiterschutz. Sieg Japans im Krieg gegen Rußland.	Maxim Gorkij, russischer Schriftsteller (1868–1936), beendet seinen naturalistischen Roman „Die Mutter“. Von Heinrich Mann, deutschem Schriftsteller (1871–1950), erscheint der kritische Roman „Professor Unrat“. Georg Dehio, deutscher Kunsthistoriker (1850–1932), veröffentlicht sein „Handbuch der deutschen Kunstdenkmäler“. (In fünf Bänden, letzter Band 1912).	1905
Carl Schurz, deutsch-amerikanischer Staatsmann, geboren 1829, stirbt in New York. Beilegung der ersten Marokko-Krise. Die 1900 gegründete britische Arbeiterpartei gibt sich den Namen Labour-Party.	Peter Behrens (1868–1940) baut in Berlin die AEG-Turbinenfabrik. Wilhelm von Bode (1845–1929), Kunsthistoriker, wird Generaldirektor der Museen in Berlin. Henrik Ibsen, norwegischer Dichter, geboren 1828, stirbt am 23. Mai in Oslo.	1906
Auf der zweiten Haager Konferenz wird die Allgemeine Landkriegsordnung verabschiedet. Sun Yat-sen, Theoretiker der chinesischen Revolution (1866–1925), proklamiert die Chinesisch-demokratische Republik. Gustav Stresemann, deutscher Politiker (1878–1929), wird als nationalliberaler Kandidat Reichstagsmitglied.	Der Deutsche Werkbund wird in München gegründet. Maria Montessori, italienische Ärztin und Pädagogin (1870–1952), eröffnet ihr erstes Kinderhaus. Paula Modersohn-Becker, deutsche expressionistische Künstlerin, stirbt am 20. November in Worpswede.	1907
Zionistische Siedler gründen Tel Aviv. Der deutsche Reichstag tadelt Kaiser Wilhelm II. wegen mangelnder Zurückhaltung in außenpolitischen Fragen. Das „Reichsvereinsgesetz“ hebt die Beschränkung für politische Gruppierungen auf. Friedrich Althoff, geboren 1839, Ministerialdirektor im Preußischen Kultusministerium, der große Wissenschaftsorganisator, stirbt. Sein Nachfolger wird Friedrich Schmidt-Ott.	Friedrich Meinecke (1862–1954), Herausgeber der „Historischen Zeitschrift“, veröffentlicht „Weltbürgertum und Nationalstaat“. Von Helene Lange, deutscher Frauenrechtlerin (1848–1930), erscheint „Die Frauenbewegung in ihren modernen Problemen“.	1908
In Deutschland treten Gesetze über „den Verkehr mit Kraftfahrzeugen“ und „gegen den unlauteren Wettbewerb“ in Kraft. William Howard Taft (1857–1930) wird Präsident der Vereinigten Staaten von Amerika. Von J. Stammhammer erscheint die „Bibliographie des Sozialismus und Kommunismus“.	Von Else Lasker-Schüler, deutsch-jüdischer Dichterin (1869–1945), erscheint das Schauspiel „Die Wupper“. Der Lehrer Richard Schirrmann (1874–1961) ruft zum Schulwandern und der Gründung von Jugendherbergen auf. Ludwig Thoma, deutscher Schriftsteller (1867–1921), kritisiert das Spießbürgertum mit seiner Komödie „Moral“.	1909
Friedrich Naumann, deutscher Politiker (1860–1919), gründet die „Fortschrittliche Volkspartei“. Gustav Radbruch, deutscher Rechtslehrer und Politiker (1878–1949), gibt seine „Einführung in die Rechtswissenschaft“ heraus. Dem Internationalen Friedensbüro in Bern wird der Friedensnobelpreis verliehen.	Eduard Arnhold (1849–1925) stiftet als Studienstätte für junge Künstler die Villa Massimo. Gertrud Bäumer (1873–1954) wird Vorsitzende des Bundes deutscher Frauenvereine. Von dem deutschen Kunsthistoriker Wilhelm Pinder (1878–1947) erscheint „Deutsche Dome des Mittelalters“.	1910

	Zu Einstein Hahn Laue Meitner	Naturwissenschaft und Technik
1911	Einstein wird an die deutsche Universität in Prag berufen. Einstein nimmt am Solvay-Kongreß teil. Einstein veröffentlicht „Über den Einfluß der Schwerkraft auf die Ausbreitung des Lichts". Laues Buch „Die Relativitätstheorie" erscheint.	Der erste Solvay-Kongreß beginnt am 30. Oktober in Brüssel. Teilnehmer sind unter anderem: Madame Curie, Einstein, Rutherford, Lorentz, Planck, Sommerfeld und Wien. Wilhelm Wien (1864–1928) erhält den Nobelpreis für Physik. Nach der Einhundertjahr-Feier der Universität Berlin wird die „Kaiser-Wilhelm-Gesellschaft zur Förderung der Wissenschaften" gegründet.
1912	Einstein wird nach Zürich an die Eidgenössische Technische Hochschule berufen. Einstein stellt sein photochemisches Äquivalenzgesetz auf. Laue wird als außerordentlicher Professor für theoretische Physik an die Züricher Universität berufen. Laue entdeckt die Röntgenstrahleninterferenzen. Meitner und Hahn werden Mitglieder des Kaiser-Wilhelm- (später Max-Planck-) Instituts für Chemie in Berlin. Meitner wird Assistentin bei Max Planck (bis 1915).	Fritz Hofmann, deutschem Chemiker (1866–1956), gelingt die Herstellung von synthetischem Kautschuk. Charles Thomson Wilson, englischer Physiker (1869–1959), macht die Bahnen atomarer geladener Teilchen mit Hilfe der von ihm entwickelten Nebelkammer sichtbar. Peter Debye (1884–1966) berechnet mit Hilfe der Quantentheorie die spezifische Wärme fester Körper.
1913	Einstein wird ordentliches hauptamtliches Mitglied der Preußischen Akademie der Wissenschaften und Direktor des Kaiser-Wilhelm-Instituts für Physik. Einstein und Marcel Grossmann (1878–1936) veröffentlichen den Entwurf einer verallgemeinerten „Relativitätstheorie und einer Theorie der Gravitation". Hahn heiratet Edith Junghans.	Das Montageband wird bei Ford eingeführt. Niels Bohr (1885–1962) veröffentlicht seine Arbeit „On the Constitution of Atoms and Molecules". Johannes Stark, deutscher Physiker (1874–1957), entdeckt die „Aufspaltung der Spektrallinien im elektrischen Feld".
1914	Einstein nimmt den ergangenen Ruf an und übersiedelt nach Berlin. Zugleich Trennung von seiner ersten Frau. Hahn wird in den ersten Kriegstagen eingezogen. Laue erhält den Nobelpreis für Physik. Laue wird ordentlicher Professor in Frankfurt. Meitner erhält die Leitung der Abteilung für Radioaktivität am Kaiser-Wilhelm-Institut für Chemie in Berlin.	Von Franz Maria Feldhaus, deutschem Historiker der Technik (1874–1957), erscheint „Die Technik der Vorzeit, der geschichtlichen Zeit und der Naturvölker". James Franck (1882–1964) und Gustav Hertz (1887–1975) beweisen die diskontinuierlichen Energiestufen der Atome. England entwickelt Panzerkraftwagen, die unter dem Namen „tanks" bekannt werden.
1915	Einstein publiziert mit seinem Freund G. Nicolai das „Pazifistische Manifest". Einstein und Johannes Wander da Haas (1878–1960) entdecken die Umkehrung des Barnett-Effektes. Einstein teilt Arnold Sommerfeld (1868–1951) erstmalig die richtigen Formeln der Allgemeinen Relativitätstheorie mit. Meitner beginnt ihre Tätigkeit als Röntgenologin in Frontspitälern und dient ihrem Vaterland Österreich.	Hugo Junkers, deutscher Flugzeugkonstrukteur (1859–1935), konstruiert das erste Ganzmetallflugzeug. Max Planck wird in den Orden „Pour le mérite" gewählt. Von Karl von Frisch, österreichischem Zoologen, geboren 1886, wird „Der Farbensinn und der Formsinn der Bienen" veröffentlicht.
1916	Einstein wird zum Vorsitzenden der „Deutschen Physikalischen Gesellschaft" gewählt. Einstein veröffentlicht seine Allgemeine Relativitätstheorie.	Von Ferdinand Sauerbruch, deutschem Arzt (1875–1951), erscheint „Die willkürlich bewegliche Hand, eine Anleitung für Chirurgen und Techniker". Arnold Sommerfeld (1868–1951) erweitert die Atomtheorie von Bohr. William Ramsay, englischer Chemiker, geboren 1852, stirbt.
1917	Einstein wird Direktor des (nur de iure existierenden) Kaiser-Wilhelm-Instituts für Physik; er wird in das Kuratorium der Physikalisch-Technischen Reichsanstalt berufen. Einstein leitet aus statistischen Betrachtungen die Planck'sche Strahlungsformel ab. Einstein begründet durch Einführung einer kosmologischen Konstanten in die Feldvergleichungen der allgemeinen Relativitätstheorie das erste relativistische Weltmodell. Hahn und Meitner entdecken das seltene Element Protactinium.	Emil von Behring, Begründer der Blutserum-Therapie, geboren 1854, stirbt. Wilhelm Ostwald (1853–1932) veröffentlicht seine „Beiträge zur Farbenlehre". Fritz Haber (1868–1934) stiftet aus seinem Privatvermögen RM 50.000 zur Pflege der physikalischen Chemie an der TH Karlsruhe.

1911

Durch Entsendung des deutschen Kanonenbootes „Panther“ wird die zweite Marokko-Krise ausgelöst.
Winston Churchill (1874–1965) wird erster Lord der Admiralität.
Der deutsche Reichstag beschließt die staatliche Angestelltenversicherung, die am 1. Januar 1913 in Kraft tritt.

In München findet eine Ausstellung der Künstlergruppe „Der blaue Reiter“ (Franz Marc, Paul Klee, Wassily Kandinsky und andere) statt.
Walter Gropius, deutscher Architekt und Begründer des Bauhauses (1883–1969), baut in Alfeld die „Fagus-Fabrik“.
Friedrich Gundolf, deutscher Schriftsteller und Literaturhistoriker (1880–1931), veröffentlicht sein Werk „Shakespeare und der deutsche Geist“.

1912

Erneuerung des Dreibundes zwischen Deutschland, Österreich und Italien.
Der „Internationale Sozialistenkongreß“ gibt in Basel ein Manifest gegen den Krieg heraus.
Yoshihito, geboren 1879, wird japanischer Kaiser.

Gerhart Hauptmann, deutscher Schriftsteller (1862–1946), erhält den Nobelpreis für Literatur.
Rudolf Steiner (1861–1925), Goetheforscher und Schriftsteller, gründet die anthroposophische Gesellschaft.
Waldemar Bonsels, deutscher Schriftsteller (1881–1952), beendet seine Erzählung „Die Biene Maja und ihre Abenteuer“.

1913

Annahme der Militärvorlage durch den deutschen Reichstag; Vermehrung des Heeres auf 661 000 Mann.
Von Alfred von Schlieffen, preußischem Generalfeldmarschall (1833–1913), erscheinen seine „Gesammelten Werke“, darunter die Studie „Cannae“ als Vorbild für den sogenannten Schlieffen-Plan.
August Bebel, Mitbegründer der deutschen Sozialdemokratie, stirbt am 13. August in Passugg, Schweiz.

Die Uraufführung von Igor Strawinskys (1882–1971) Ballett „Le Sacre du Printemps“ löst in Paris einen Skandal aus.
Franz Marc, deutscher Maler und Graphiker (1880–1916), malt das Bild „Der Turm der blauen Pferde“.
Magnus Hirschfeld, deutscher Arzt und Sexualforscher (1868–1935), veröffentlicht sein Werk „Die Homosexualität des Mannes und des Weibes“.

1914

Der Mord am österreichisch-ungarischen Thronfolger Erzherzog Franz Ferdinand und seiner Gemahlin in Sarajevo löst den ersten Weltkrieg aus.
Einstimmige Annahme der deutschen Kriegskredite im Reichstag.
Arbeiterschutz wird in den kriegführenden Staaten weitgehend aufgehoben.

Heinrich Mann, deutscher Schriftsteller, beendet seinen Roman „Der Untertan“ (als Buch 1916 erschienen).
Von André Gide (1869–1951), französischem Schriftsteller, erscheint „Les caves du vatican“.

1915

Italien löst sich aus dem Dreibund und erklärt am 24. Mai Österreich-Ungarn den Krieg.
Walther Rathenau (1867–1922), Leiter der Kriegsrohstoffabteilung im Preußischen Kriegsministerium, wird Präsident der AEG.
Deutschland erklärt am 4. Februar den uneingeschränkten U-Boot Krieg.

Romain Rolland (1866–1944), französischer Schriftsteller, erhält den Literaturnobelpreis.
Von Georg Trakl, österreichischem Dichter (geboren 1887, an einer Überdosis von Drogen 1914 gestorben), wird posthum der Gedichtband „Sebastian im Traum“ veröffentlicht.
Von Ricarda Huch, deutscher Schriftstellerin (1864–1947), erscheint die Charakterstudie „Wallenstein“.

1916

Im Februar beginnt die Schlacht bei Verdun.
Franz Joseph I., Kaiser von Österreich und König von Ungarn, geboren 1830, stirbt am 21. November in Wien.
In Deutschland tritt am 15. Dezember das Gesetz über den „Vaterländischen Hilfsdienst“ in Kraft.

Annette Kolb, deutsche Schriftstellerin französischer Herkunft (1870–1967), gibt ihre „Briefe einer Deutsch-Französin“ als pazifistischen Appell heraus.
Von Henri Barbusse (1873–1935) erscheint der französische Antikriegsroman „Le feu“.

1917

Der „Spartakus-Bund“ wird unter Führung von Rosa Luxemburg (geboren 1870) und Karl Liebknecht (geboren 1871) gegründet. Beide werden am 15. 1. 1919 in Berlin ermordet.
Der Generalquartiermeister Erich von Ludendorff (1865–1937) veranlaßt die Gründung der Universum Film AG (UFA) zur Propagierung deutscher Kriegsziele.
Die Vereinigten Staaten von Nordamerika treten in den Krieg ein.
In der russischen Oktoberrevolution gelangen die Bolschewiken unter Führung Lenins an die Macht.

George Grosz, deutsch-amerikanischer Maler und Graphiker (1893–1959), greift in satirischen Zeichnungen Krieg und Spießbürgertum an.
Von Carl Gustav Jung, Schweizer Psychiater und Kulturpsychologen (1875–1961), erscheint „Die Psychologie der unbewußten Prozesse“ (1926 mit dem Titel „Das Unbewußte im normalen und kranken Seelenleben
Von Ludwig Klages, deutschem Philisophen und Psychologen (1872–1956), erscheint „Handschrift und Charakter“.

1918

Meitner wird Leiterin der Abteilung für Physik am Kaiser-Wilhelm-**Institut.**

Max Planck (1858–1947), erhält den Nobelpreis für Physik.
Karl Ferdinand Braun, geboren 1850, stirbt am 20. April in New York.
Fritz Haber (1868–1934) erhält den Nobelpreis für Chemie.

1919

Einstein heiratet seine zweite Frau Elsa.
Einstein versucht die Kernkraft als Gravitationskraft zu interpretieren.
Hahn und Meitner werden für ihre gemeinsamen Arbeiten auf dem Gebiet der Radiumchemie mit der „Emil-Fischer-Gedenkmünze" geehrt.
Laue wird Direktor des Instituts für theoretische Physik der Universität Berlin.
Meitner erhält vom Preußischen Ministerium für Wissenschaft, Kunst und Volksbildung den Titel eines Professors.

Johannes Stark (1874–1957), Deutschland, erhält den Nobelpreis für Physik.
Emil Fischer, deutscher Chemiker, geboren 1852, stirbt.
Von Arnold Sommerfeld (1868–1951) erscheint das Standardwerk „Atombau und Spektrallinien".

1920

Einstein setzt sich für den Zionismus ein.
Laue leitet die Gravitations-Rotverschiebung der Spektrallinie theoretisch aus den Maxwell'schen Gleichungen ab.
Laue wird Mitglied der „Preußischen Akademie der Wissenschaften".
Laue unterstützt Einstein, als dieser in einer Hetzversammlung in der Berliner Philharmonie angegriffen wird.

Gründung der „Notgemeinschaft der deutschen Wissenschaft".
Philipp Lenard (1862–1947) greift die Einstein'sche Relativitätstheorie an.

1921

Einstein sagt in einem Vortrag: „Insofern sich die Sätze der Mathematik auf die Wirklichkeit beziehen, sind sie nicht sicher, und insofern sie sicher sind, beziehen sie sich nicht auf die Wirklichkeit".
Hahn findet als Folgeprodukt des Uran 238 ein radioaktives Protaktinium-Isotop UZ.

Friedrich Bergius, deutschem Chemiker (1884–1949), gelingt die Herstellung von synthetischem Benzin aus Kohle.
Die 1911 gegründete Carl-Schurz-Austauschprofessur wird erneuert.
Der theoretische Physiker Arnold Sommerfeld (1868–1951) lehrt 1922/23 in den USA; daraufhin folgen ihm viele amerikanische Physiker zum Studium nach München.

1922

Einstein erhält den Nobelpreis (rückwirkend für 1921) für Physik.
Einstein veröffentlicht den Aufsatz „Conditions in Germany" in der Zeitschrift New Republic.
Hahn wird die „Emil-Fischer-Medaille" von der „Gesellschaft Deutscher Chemiker" verliehen. Geburt von Hahns Sohn Hanno.
Meitner untersucht den Zusammenhang von Alpha- und Beta-Strahlung.
Meitner erwirbt die venia legendi an der Universität Berlin.

Niels Bohr (1885–1962), Dänemark, erhält den Nobelpreis für Physik.
Sven Hedin, schwedischer Asienforscher (1865–1952), legt einen Forschungsbericht über Süd-Tibet vor.
Engl, Massolle und Vogt stellen ihr Tonfilmverfahren vor.

1923

Wilhelm Conrad Röntgen, deutscher Physiker, geboren 1845, stirbt am 10. Februar in München.
Von Hermann Oberth, deutschem Physiker, geboren 1894, erscheint „Die Rakete zu den Planetenräumen".
Gründung der Carl-Duisberg-Gesellschaft.

1924

In der „Leipziger Jüdischen Zeitung" erscheint ein Aufruf Einsteins „An die Polnische Judenheit".
Laue wird stellvertretender Direktor am Kaiser-Wilhelm-Institut für Physik in Berlin.
Meitner erhält die „Leibniz-Medaille" von der „Preußischen Akademie der Wissenschaften".

Von Guido Holzknecht, österreichischem Röntgenarzt (1872–1931), erscheint als Standardwerk für die Heilbehandlung mit Röntgenstrahlen „Röntgentherapie".

1918

Der amerikanische Präsident Woodrow Wilson (1856–1924) legt sein Vierzehn-Punkte-Programm für den Weltfrieden vor.
Kaiser Wilhelm II. (1859–1941) verzichtet als Deutscher Kaiser und König von Preußen auf den Thron.
Der Sozialdemokrat Philipp Scheidemann (1865–1939) ruft die deutsche Republik aus.

Von Thomas Mann (1875–1955) erscheinen „Betrachtungen eines Unpolitischen“.
Der katholische Religionsphilosoph Romano Guardini (1885–1968) veröffentlicht „Vom Geist der Liturgie“.
Von Karl Schmidt-Rottluff, deutschem Maler und Graphiker (geboren 1884), erscheint eine „Christus-Mappe“ mit 9 expressionistischen Holzschnitten.

1919

Unter dem Vorsitz Frankreichs tritt in Versailles die Friedenskonferenz unter Teilnahme von 27 Staaten zusammen, Deutschland bleibt ausgeschlossen.
Friedrich Naumann, deutscher Politiker, geboren 1860, stirbt am 24. August in Travemünde.
Die Nationalversammlung in Weimar nimmt die Verfassung des deutschen Reiches an.

In Weimar begründet Walter Gropius (1883–1969) das staatliche „Bauhaus“.
Max Liebermann, deutscher Maler (1847–1935), malt das impressionistische Bild „Samson und Delila“.
Von Karl Kraus, österreichischem Schriftsteller (1874–1936), erscheint das satirische Drama „Die letzten Tage der Menschheit“.

1920

Einführung der Prohibition in den USA.
Hans von Seeckt, deutscher Generaloberst (1866–1936), organisiert die Reichswehr.

Von Ernst Jünger, deutschem Schriftsteller, geboren 1895, erscheint das Kriegstagebuch „In Stahlgewittern“.
Der deutsche expressionistische Film „Das Kabinett des Dr. Caligari“ wird aufgeführt.
Fritz von Unruh, deutscher Schriftsteller (1885–1970), erhält den Schillerpreis.

1921

Matthias Erzberger (1875–1921), deutscher Reichsfinanzminister, wird ermordet.
Konrad Adenauer (1876–1967), späterer Bundeskanzler, wird Präsident des Preußischen Staatsrates (1920–1933).
Erstes Auftreten nationalsozialistischer „Sturmabteilungen“ (SA).

In London wird der PEN-Club, eine internationale Schriftstellervereinigung, gegründet.
Adolf von Hildebrand, deutscher Bildhauer, geboren 1847, stirbt am 18. Januar in München.
Von Ludwig Wittgenstein (1889–1951) erscheint „Logisch-philosophische Abhandlung“ („Tractatus logico-philosophicus“).

1922

Walther Rathenau, deutscher Reichsaußenminister, geboren 1867, wird am 24. Juni in Berlin ermordet.
Benito Mussolini (1883–1945) wird nach seinem Marsch auf Rom italienischer Ministerpräsident.
Mahatma Gandhi, indischer Volksführer (1869–1948), veröffentlicht „Junges Indien“, politische Aufsätze, und wird zu sechs Jahren Gefängnis verurteilt.

Der Engländer Howard Carter (1873–1939) findet das Grab Tut-ench-Amuns.
Thomas Mann (1875–1955) hält in Berlin seine Rede „Von deutscher Republik“.
Von Hermann Hesse, deutschem Dichter (1877–1962), erscheint der Roman „Siddhartha“.

1923

Besetzung des Ruhrgebietes durch Frankreich.
Kommunistische Aufstände in Hamburg.
Der Hitlerputsch am 9. November in München wird niedergeschlagen.

Arnold Schönberg, österreichischer Komponist (1874–1951), beginnt, die Zwölftontechnik systematisch anzuwenden.
Carl Hofer, deutscher Maler (1878–1955), malt sein expressionistisches Bild „Loths Töchter“.
Adolf Oberländer, deutscher Karikaturist, geboren 1845, stirbt in München.

1924

Lenin, Wladimir Iljitsch Uljanow, geboren 1870, stirbt im Alter von 54 Jahren am 21. Januar in Moskau.
Woodrow Wilson, amerikanischer Präsident, geboren 1856, stirbt am 3. Februar in Washington.
Adolf Hitler (1889–1945) wird vorzeitig aus der Festung Landsberg entlassen, wo er mit Hilfe von Rudolf Heß (geboren 1894 in Alexandria) „Mein Kampf“ schrieb.

George Bernard Shaws (1856–1950) „Saint Joan“ erscheint.
Der Begründer der Zeitungswissenschaft, Karl Maria d'Ester (1881–1960), wird ihr erster Ordinarius in München.
Franz Kafka, österreichischer Schriftsteller, geboren 1883, stirbt am 3. Juni in Wien. Ein Teil des Werkes wird von Max Brod (1884–1968) herausgegeben.

1925

Einstein formuliert das Dualitätsprinzip für die Materie und weist auf die Bedeutung der Ideen des jungen Louis de Broglie hin.
Laue wird Berater der „Physikalisch-Technischen Reichsanstalt".
Meitner erhält den „Lieben-Preis" von der Wiener Akademie der Wissenschaften.

James Franck (1882–1964) und Gustav Ludwig Hertz (1887–1975), beide Deutschland, erhalten gemeinsam den Nobelpreis für Physik.
Wolfgang Pauli (1900–1958) legt eine Arbeit über ein von ihm festgestelltes „Prinzip im Aufbau des Atoms" vor.
Werner Heisenberg (1901–1976), Max Born (1882–1970) und Pascual Jordan, geboren 1902, entwickeln die Quantenmechanik für Atome.
Der „Einstein-Turm" der Sternwarte Potsdam wird seiner Bestimmung übergeben.

1926

Meitner wird „nichtbeamteter, außerordentlicher Professor" an der Berliner Universität. Sie liest über Atomphysik und Radiumforschung.

Jean Baptiste Perrin (1870–1942), Frankreich, erhält den Nobelpreis für Physik.
Werner Heisenberg (1901–1976) legt eine Arbeit „über die Quantenzustände des Helium-Atoms" vor.
Roald Amundsen (1872–1928) und Umberto Nobile, geboren 1885, überfliegen mit dem Luftschiff „Norge" den Nordpol.

1927

Arthur Holly Compton (1892–1962), USA, Charles Thomson Rees Wilson (1869–1959), England, erhalten gemeinsam den Nobelpreis für Physik.
Charles A. Lindbergh, amerikanischer Flugpionier (1902–1975), überquert im Alleinflug den Atlantik von New York nach Paris.

1928

Hahn wird zum Direktor des Kaiser-Wilhelm-Instituts für Chemie in Berlin ernannt (bis 1945).
Meitner erhält, zusammen mit Ramart Lucas, den „Ellen-Richards-Preis".

Georg Gamow, amerikanischer Physiker russischer Herkunft (geboren 1904), schlägt das sogenannte „Tröpfchenmodell" des Atomkerns vor.
Max Valier (1895–1930) und Fritz von Opel (1899–1971) bauen den ersten Raketenantrieb für Automobile.
Alexander Fleming, englischer Bakteriologe (1881–1955), entdeckt das Heilgift Penicillin.

1929

Einstein wird die „Max-Planck-Medaille" verliehen.
Einstein wird zum Ehrenbürger der Stadt Berlin ernannt.
Lise Meitner führt genaue Messungen über die Eigenschaften des radioaktiven β-Zerfalls durch.

Louis Victor de Broglie (geboren 1892), Frankreich, erhält den Nobelpreis für Physik.
Zum goldenen Doktorjubiläum von Max Planck wird am 28. Juni die goldene „Max-Planck-Medaille" gestiftet.
Werner Forßmann, deutscher Chirurg, geboren 1904, entwickelt im Selbstversuch die Herzkatheterisierung.
Das Luftschiff Graf Zeppelin legt auf einer Weltreise 49 000 km zurück.

1930

Einstein veröffentlicht in der „New York Times" einen Aufsatz zum Thema „Religion und Wissenschaft".

Niels Bohr, dänischem Physiker (1885–1962), wird die „Max-Planck-Medaille" verliehen.
Das Deutsche Hygienemuseum in Dresden wird eröffnet.
Ernest Lawrence, amerikanischer Physiker (geboren 1901), entwickelt das erste Zyklotron.
Wolfgang Pauli, österreichischer Physiker (1900–1958), erklärt mit der Hypothese des Neutrinos den bisher rätselhaften β-Zerfall.

1931

Einstein unterstützt die Internationale der Kriegsdienstverweigerer.

Meitner und Kurt Philipp widerlegen die Gamow'sche Theorie der Feinstruktur der Alpha-Strahlen beim Thorium C.
Thomas Alva Edison, geboren 1847, nordamerikanischer Erfinder, stirbt in West-Orange (New York).
Von P. W. Bridgman, amerikanischem Physiker (1882–1961), erscheint „Die Physik hoher Drucke".

1925

Friedrich Ebert, deutscher Reichspräsident, geboren 1871, stirbt am 28. Februar in Berlin.
Sun Yat-sen, chinesischer Republikaner, geboren 1866, stirbt.

Franz Kafkas (1883–1924) „Der Prozeß" erscheint posthum, 2 Jahre später folgt der Roman „Amerika".
Von Carl Zuckmayer, deutschem Schriftsteller (1896–1976), wird „Der fröhliche Weinberg" aufgeführt.
Rudolf Steiner, Begründer der Anthroposophie, geboren 1861, stirbt.

1926

Hirohito, geboren 1901, wird Kaiser von Japan.
Frankreich wirft den Aufstand der Riffkabylen nieder.
Rücktritt von Seeckts als Chef der deutschen Heeresleitung.

Der Film „Panzerkreuzer Potemkin" des sowjetischen Filmregisseurs Sergej Eisenstein (1898–1948) wird uraufgeführt.
Siegfried Jacobsohn, deutscher Publizist (1881–1926), Begründer der „Weltbühne", stirbt.
Von Wladimir Majakovski, russischem Dichter (1893–1930), erscheint die Erzählung „Wie ich Amerika entdeckte".

1927

Durch Gesetz wird in Deutschland die Erwerbslosenfürsorge zur Arbeitslosenversicherung umgestaltet.
Erster Fünfjahresplan und Kollektivierung der Landwirtschaft in der Sowjetunion.
Sacco und Vanzetti, Anarchisten italienischer Herkunft, werden zu Unrecht hingerichtet, später rehabilitiert.

Von Hermann Hesse (1877–1962) erscheint der Roman „Der Steppenwolf", der fast 40 Jahre später in der amerikanischen Hippie-Bewegung seine Renaissance erlebt.
Die Stadt Frankfurt stiftet den Goethe-Preis,
erster Preisträger wird Stefan George (1868–1933).
Von dem amerikanischen Schriftsteller Thornton Wilder (1897–1975) erscheint „The Bridge of San Luis Rey".

1928

Der vom amerikanischen Außenminister Frank Kellogg (1856–1937) angeregte und nach ihm benannte Pakt wird von insgesamt 54 Staaten (bis Ende 1929) unterzeichnet. Er sieht die Ächtung des Krieges als Mittel internationaler Politik vor.
In Deutschland wird der Polizeibildfunk nach dem System Korn eingeführt.
Pan-amerikanischer Kongress in Havanna.

Von Ernst Glaeser, deutschem Schriftsteller (1902–1963), erscheint der Roman „Jahrgang 1902".
Otto Dix, deutscher Maler (1891–1969), malt das Bild „Großstadt".
Die „Dreigroschenoper" von Weill und Brecht wird uraufgeführt.

1929

Gustav Stresemann, deutscher Außenminister, geboren 1878, stirbt am 3. Oktober in Berlin.
Herbert Hoover (1874–1964) wird Präsident der USA.
Heinrich Himmler (1900–1945) wird Reichsführer der SS.

Von Erich Maria Remarque, nach den USA emigriertem deutschem Schriftsteller (1898–1970), erscheint der Kriegsroman „Im Westen nichts Neues". Er wird im selben Jahr Bestseller Nr. 1 in den USA.
Von Vicki Baum, österreichischer Schriftstellerin (1888–1960), erscheint der Unterhaltungsroman „Menschen im Hotel".
Von Alfred Döblin, deutschem Schriftsteller (1878–1957), erscheint der realistische Roman „Berlin Alexanderplatz".

1930

Der Zentrumspolitiker Heinrich Brüning (1885–1970) wird deutscher Reichskanzler.
Miguel Primo de Rivera, spanischer Politiker, geboren 1870, stirbt in Paris.
Von Trotzkij, Leib Bronstein (1879–1940), erscheint die Autobiographie „Mein Leben".

Von Gertrud von Le Fort, deutscher Schriftstellerin (1876–1971), erscheint die Novelle „Der Papst aus dem Ghetto".
Von Joseph Roth, österreichischem Schriftsteller (1894–1939), erscheint der Roman „Hiob".
Unter Regie Joseph von Sternbergs und Mitwirkung von Marlene Dietrich und Emil Jannings wird der Roman „Professor Unrat" von Heinrich Mann unter dem Titel „Der blaue Engel" verfilmt.

1931

Gründung der „Harzburger Front" durch Hitler, Hugenberg und Seldte.
Gründung einer Gegenbewegung unter der Bezeichnung „Eiserne Front" durch die SPD, Reichsbanner Schwarz-Rot-Gold und Gewerkschaftsbund.
Pierre Laval (1883–1945) wird französischer Ministerpräsident.

Georg Wilhelm Pabst, österreichischer Filmregisseur (1885–1967), verfilmt die „Dreigroschenoper" von Bert Brecht (1898–1956) und Kurt Weill (1900–1950).
Von Antoine de Saint-Exupéry, französischem Schriftsteller (1900–1944), erscheint der Roman „Vol de nuit".
Kurt Tucholsky, deutscher Satiriker und Zeitkritiker (1890–1935), beendet seine ironische Liebesgeschichte „Schloß Gripsholm".

	Zu Einstein Hahn Laue Meitner	Naturwissenschaft und Technik
1932	Einsteins Abreise in die Vereinigten Staaten von Amerika. Laue wird zum Vorsitzenden der „Deutschen Physikalischen Gesellschaft“ gewählt.	Werner Heisenberg (geboren 1901), Deutschland, erhält den Nobelpreis für Physik. Entdeckung des Positrons durch Carl David Anderson, des Neutrons durch James Chadwick und des schweren Wasserstoffes durch H. C. Urey, F. G. Brickwedde und G. M. Murphy. Von Rudolf Carnap, deutsch-amerikanischem Philosoph (1891–1970), erscheint: „Die physikalische Sprache als Universalsprache der Wissenschaft“.
1933	Einstein verzichtet aus Protest gegen den Nationalsozialismus auf seine akademischen Ämter und arbeitet bis zu seinem Lebensende in Princeton, USA, am Institute für Advanced Study. Hahn tritt aus Protest gegen das NS-Regime aus der Universität Berlin aus. Er weigert sich, der NSDAP beizutreten. Hahn wird als Gastprofessor an die Cornell-Universität Ithaca geladen. Laue hat wiederholte Konfrontationen mit dem nationalsozialistischen Physiker Johannes Stark. In einer Stellungnahme unterstützt er erneut Einstein. Laue hält die Festrede bei der Physikertagung in Würzburg. Meitner wird aus dem Lehrkörper der Universität Berlin entlassen, da sie nicht „rein arischer“ Abstammung ist.	Durch die politischen Ereignisse wird die Entwicklung der Wissenschaften in Deutschland gravierend behindert. Erwin Schrödinger (1887–1961), Deutschland, Paul Adrien Maurice Dirac (geboren 1902), England, erhalten gemeinsam den Nobelpreis für Physik.
1934	Einsteins Artikel „Europas Gefahr – Europas Hoffnung“ erscheint in der Zeitschrift „Friends of Europe“. Hahn nimmt am Mendelejew-Kongreß in Moskau und Leningrad teil. Er beginnt seine Untersuchungen über die Vorgänge bei der Bestrahlung des Urans mit Neutronen. Laue verhindert die Wahl von Johannes Stark in die Preußische Akademie der Wissenschaften. Meitner und Hahn arbeiten zusammen an der Isolierung von Trans-Uranen.	Adolf Butenandt, deutschem Biochemiker, geboren 1903, gelingt die Reindarstellung des Gelbkörperhormons. Irène Curie-Joliot und Frédéric Joliot entdecken die künstliche Radioaktivität. Fritz Haber, deutscher Chemiker, geboren 1868, stirbt in der Emigration.
1935	Hahn hält am 29. Januar bei der von Ministerium und Partei verbotenen Fritz-Haber-Gedenkfeier in Berlin eine Gedächtnisrede.	Sir James Chadwick (geboren 1891), England, erhält den Nobelpreis für Physik. Iwan Mitschurin, russischer Biologe, geboren 1855, stirbt. Frankreich stellt den turbo-elektrisch angetriebenen Ozeandampfer „Normandie“ in Dienst.
1936	Einsteins zweite Frau Elsa stirbt. Hahn arbeitet über die Trans-Urane. Veröffentlichung über „Applied Radiochemistry“ in Amerika, England und der Sowjetunion.	Victor Franz Hess (1883–1964), Österreich, Carl David Anderson (geboren 1905), USA, erhalten gemeinsam den Nobelpreis für Physik. In Deutschland gelingt die Herstellung von künstlichem Kautschuk (Buna). Der russische Physiologe Iwan Pawlow, geboren 1849, stirbt.
1937	Hahn wird Mitglied der Bayerischen Akademie der Wissenschaften in München. Hahn stellt die chemischen Eigenschaften und Halbwertzeiten der drei „Transuran-Reihen“ auf.	Clinton Joseph Davisson (1881–1958), USA, Sir George Paget Thomson (geboren 1892), England, erhalten gemeinsam den Nobelpreis für Physik. Ernest Rutherford (Lord Rutherford of Nelson) stirbt am 19. Oktober in Cambridge. An der Universität München wird Werner Heisenberg (1901–1976) als Nachfolger Arnold Sommerfelds (1868–1951) als „spintisierender Theoretiker vom Geiste Einsteins“ abgelehnt.

Politik und Gesellschaft	Kultur	
Hitler erhält die deutsche Staatsangehörigkeit durch Ernennung zum Regierungsrat in Braunschweig. Aristide Briand, französischer Staatsmann, geboren 1862, stirbt in Paris. Die Sowjetunion schließt Nichtangriffspakte mit Frankreich, Finnland, Estland, Lettland und Polen.	Gründung des ersten Goetheinstituts in München. „Die Kirchliche Dogmatik" des protestantischen Theologen Karl Barth (1886–1968) beginnt zu erscheinen. Oskar Schlemmer, deutscher Maler, Bildhauer und Bühnenbildner (1888–1943), malt das Gemälde „Bauhaustreppe". Egon Friedell, österreichischer Schriftsteller (1878–1938), vollendet die „Kulturgeschichte der Neuzeit" (erschienen 1927–1932).	1932
Hitler wird von Reichspräsident von Hindenburg (1847–1934) am 30. Januar zum Reichskanzler berufen. Hitler löst am 1. Februar den Reichstag auf und schreibt Neuwahlen aus. Brand des deutschen Reichstages am 27. Februar. Das sogenannte Ermächtigungsgesetz wird am 23. März gegen die Stimmen der SPD angenommen. Franklin Delano Roosevelt (1882–1945) wird zum 32. Präsidenten der USA gewählt. (Wiederwahl in den Jahren 1936, 1940, 1944).	Beginn der Emigration deutscher Wissenschaftler, Künstler und Intellektueller in die Vereinigten Staaten. Der deutsche Kardinal Faulhaber (1869–1952) gibt seine antinationalsozialistischen Adventspredigten „Judentum, Christentum, Germanentum" heraus. Sigmund Freud in einem Brief an Albert Einstein: „Alles, was die Kulturentwicklung fördert, arbeitet auch gegen den Krieg".	1933
Nach dem Tod des Reichspräsidenten Hindenburg übernimmt Hitler auch dieses Amt. Der Stabschef der SA, Ernst Röhm, geboren 1887, und weitere hohe SA-Führer werden auf Befehl Hitlers erschossen. Umgebracht werden ferner General Schleicher und Frau, Gregor Strasser, Dr. Klausener und eine Vielzahl weiterer Gegner des Dritten Reiches (Röhm-Putsch).	Von Henry Miller, amerikanischem Schriftsteller (geboren 1891), erscheint „Tropic of Cancer". Erich Mühsam, deutscher Dichter und Politiker, geboren 1878, stirbt im KZ. Von Paul Hindemith, deutschem Komponisten (1895–1963), erscheint die Symphonie „Mathis der Maler".	1934
Verkündigung der antisemitischen „Nürnberger Gesetze". Joseph Pilsudski, polnischer Marschall und Staatsmann, geboren 1867, stirbt. Beginn der Schauprozesse in Moskau gegen die „Alte Garde" durch Stalin. Persien nimmt den amtlichen Namen Iran an.	Die Oper „Porgy und Bess" des amerikanischen Komponisten George Gershwin (1898–1937) wird uraufgeführt. Der französische Maler Paul Signac, geboren 1863, stirbt.	1935
Olympische Spiele in Berlin. Kündigung des Locarno-Paktes: deutsche Truppen besetzen das Rheinland. Georg V., König von Großbritannien, geboren 1865, stirbt. Sein Nachfolger Eduard VIII. dankt ab und Georg VI. wird König von England.	Charlie Chaplins Film „Modern Times" wird uraufgeführt. Verbot des „Deutschen Künstlerbundes"; Ausstellung „Entartete Kunst", eine nationalsozialistische Diffamierung moderner, vor allem abstrakter Kunstwerke und -strömungen.	1936
Das deutsche Luftschiff LZ 129 „Hindenburg" verbrennt am 6. Mai beim Landeflug in Lake Hurst/USA. Beginn des Japanisch-Chinesischen Krieges.	Das im nationalsozialistischen Deutschland verbotene Bauhaus wird in Chicago unter der Leitung von Lászlo Moholy-Nagy (1895–1946) als „New Bauhaus" weitergeführt. Carl Orff, deutscher Komponist (geboren 1895) komponiert „Carmina Burana", szenische Kantate nach mittelalterlichen Gedichten. Pablo Picasso, spanischer Maler (1881–1973), malt das Bild „Guernica".	1937

	Zu Einstein Hahn Laue Meitner	Naturwissenschaft und Technik
1938	In „Collier's Weekly“ erscheint Einsteins Aufsatz „Why do they hate the Jews?“ Einstein und Leopold Infeld (1898–1968) geben das Werk „Die Entwicklung der Physik“ heraus. Hahn und Fritz Strassmann, geboren 1902, entdecken die Atomspaltung. Hahn erhält den „Canizzaro-Preis“ der Königlichen Akademie der Wissenschaften in Rom. Meitner emigriert nach Holland, später nach Schweden. Sie erhält eine Professur in Stockholm.	Enrico Fermi (1901–1954), Italien, erhält den Nobelpreis für Physik. Die Transsibirische Eisenbahn, Baubeginn 1891, wird vollendet.
1939	Einstein und Leo Szilard (1898–1964) verfassen gemeinsam einen Brief an Präsident Roosevelt, der Anstoß zum Bau der amerikanischen Atombombe gibt. Hahn und Straßmann entdecken die Uranspaltung. Meitner findet zusammen mit O. R. Frisch eine Erklärung für die von Hahn und Straßmann entdeckte Kernspaltung.	Ernest Orlando Lawrence (1901–1958), USA, erhält den Nobelpreis für Physik. Gerhard Domagk (1895–1964) erhält für die Entdeckung des Prontosils den Nobelpreis für Medizin. Das erste serienmäßig hergestellte Elektronenmikroskop der Welt wird von der Siemens AG und der Hoechst AG ausgeliefert. Mit einem ME 109-Flugzeug wird eine Stundengeschwindigkeit von 755 km erreicht.
1940	Einstein erwirbt die amerikanische Staatsbürgerschaft. Hahn untersucht die zahlreichen künstlichen Atomarten, die bei Spaltreaktionen auftreten (bis 1944).	Carl Bosch, deutscher Chemiker und Industrieller, geboren 1874, stirbt. Walter Minder entdeckt eine weitere Verzweigung in der Uran-Radium-Reihe. Den Vertretern der „deutschen Physik“ (Lenard, Stark und anderen) mißlingt beim sogenannten „Münchner Religionsgespräch“ des NS-Dozentenbundes die Ächtung der Theoretischen Physik, insbesondere der Quanten- und Relativitätstheorie.
1941	Hahn wird Ehrenmitglied der „Rumänischen Physikalischen Gesellschaft“. Hahn wird der Kopernikuspreis der Universität Könisberg verliehen. Laues Buch über „Röntgenstrahlinterferenzen“ erscheint.	Walther Nernst, geboren 1864, stirbt. Konrad Zuse, geboren 1910, entwickelt den ersten bedeutenden Rechenautomaten, den Relaisrechner Z 3. W. Kerst gelingt erstmals die Beschleunigung von Elektronen im (später von ihm so genannten) Betatron-Apparat.
1942		Am 2. Dezember macht Enrico Fermi (1901–1954) die fortlaufende Erzeugung von Atomenergie durch Kettenreaktion der Uranspaltung möglich: Beginn des Atomzeitalters. Firmen Junkers und Bayerische Motoren-Werke entwickeln den Strahlenantrieb für Flugzeuge. H. R. Griffith und C. E. Johnson führen als erste das Curare als Adjuvans bei der Narkose ein und erreichen damit eine vollständige Muskelerschlaffung schon mit kleinen Mengen eines Narkotikums.
1943	Hahn hält Vorträge in Budapest, Rom und Stockholm. Hahn wird die Comenius-Medaille verliehen. Laue wird als ordentlicher Professor der Berliner Universität emeritiert.	Otto Stern (geboren 1888), USA, erhält den Nobelpreis für Physik. Das Kaiser-Wilhelm-Institut für Physik wird von Berlin nach Hechingen in Württemberg-Hohenzollern verlegt. Henry Kaiser (1882–1967) baut in den Vereinigten Staaten von Amerika die sogenannten „Liberty“-Schiffe in Serie. Arne W. K. Tiselius (1902–1971) entdeckt mit Hilfe des Elektronenmikroskops den Virus der Kinderlähmung.

1938

Einmarsch der deutschen Wehrmacht in Österreich, das an das Deutsche Reich angeschlossen wird. Auf der Münchner Konferenz, zu der sich die Vertreter Deutschlands, Italiens, Frankreichs und Englands treffen, wird die Abtretung des Sudetenlandes geregelt.
Am 9. November: Beginn der offenen Judenverfolgung in Deutschland (sogenannte „Reichskristallnacht").
Joachim von Ribbentrop (1893–1946) wird Deutscher Reichsaußenminister.
Francisco Franco (1892–1975) gewinnt mit deutscher und italienischer Hilfe den spanischen Bürgerkrieg.

Ernst Barlach, deutscher expressionistischer Grafiker und Dichter, geboren 1870, stirbt.
Gabriele d'Annunzio, italienischer Dichter und Freund Mussolinis, geboren 1863, stirbt.
Die Szenenfolge „Furcht und Elend des dritten Reiches" des deutschen Schriftstellers Bert Brecht (1898–1856) wird in Paris stark gekürzt mit dem Tittel „99%" uraufgeführt.

1939

Einmarsch deutscher Truppen in Böhmen und Mähren.
Am 1. September: Deutsche Truppen dringen in Polen ein.
England und Frankreich erklären am 3. September den Krieg.
Militärbündnis zwischen Deutschland und Italien.

Von Thomas Mann (1875–1955) erscheint „Lotte in Weimar".
Frank Buchman, amerikanischer lutherischer Theologe (1878–1961), gründet in den USA die „Bewegung moralischer Aufrüstung", die nach 1945 in Deutschland zu großer Bedeutung gelangt.
Eugenio Maria Giuseppe Pacelli (1876–1958) wird zum Papst gewählt und nimmt den Namen Puis XII. an.
Anna Seghers, deutsche Schriftstellerin (geboren 1900), schließt im Exil den KZ-Roman „Das siebte Kreuz" ab (erschienen 1942 in Mexico).

1940

Deutschland besetzt Norwegen und Dänemark, Belgien und Holland.
Angriff auf Frankreich. Italien tritt auf der Seite Deutschlands in den Krieg ein.
Winston Churchill (1874–1965) wird am 10. Mai Premierminister von Großbritannien.
Franklin Delano Roosevelt (1882–1945) wird erneut Präsident der USA.

Von und mit Charlie Chaplin (1889–1977) wird die Hitler-Persiflage „Der große Diktator" aufgeführt.
Von Arthur Koestler, englischem Schriftsteller jüdisch-österreichischer Herkunft, geboren 1905, erscheint als Kritik der bolschewistischen Schauprozesse das Werk „Darkness at Noon".
Der deutsche Architekt Peter Behrens, geboren 1868, stirbt.
Der deutsche Spielfilm „Friedrich Schiller" mit Horst Caspar, Eugen Klöpfer und Heinrich George in den Hauptrollen wird uraufgeführt.

1941

Roosevelt und Churchill verkünden die „Atlantic-Charta": Meinungs- und Religionsfreiheit, Freiheit von Not und Furcht, Selbstbestimmung aller Völker, gleicher Zugang zu den Rohstoffquellen und dauernder Friede werden als Kriegsziele definiert.
Die Japaner greifen Pearl Harbor am 7. Dezember an und vernichten amerikanische Kriegsschiffe. Die USA erklären Japan den Krieg, daraufhin erfolgt am 11. Dezember die Kriegserklärung von Deutschland und Italien an die USA.
Deutsche Truppen fallen am 22. Juni in Rußland ein.

Bert Brechts (1898–1956) „Chronik aus dem Dreißigjährigen Krieg" „Mutter Courage und ihre Kinder" wird in Zürich uraufgeführt.
James Joyce, englischer Dichter irischer Herkunft, geboren 1882, stirbt.
Der indische Dichter Rabindranath Tagore, geboren 1861, stirbt.
Die oratorische Oper „Columbus" des deutschen Komponisten Werner Egk, geboren 1901, wird uraufgeführt.

1942

Die im Krieg gegen Deutschland befindlichen Staaten betrachten sich als United Nations (UN). Grundlage der Zusammenarbeit ist die 1941 vereinbarte Atlantic-Charta.
Der Reichsprotektor in Böhmen und Mähren, Reinhard Heydrich, geboren 1904, wird ermordet und als Vergeltung das Dorf Lidice dem Erdboden gleichgemacht.
Beginn der sogenannten „Endlösung" durch Verschleppung der europäischen Juden.

Stefan Zweig, österreichischer Dichter, geboren 1881, stirbt durch Freitod in Brasilien.
Rudolf Carnap, deutscher Philosoph (1891–1970), gibt sein Werk „Einführung in die Semantik" heraus.

1943

Durch die Niederlage in der Schlacht um Stalingrad am 31. Januar gerät die deutsche Ostfront in Bedrängnis. Sie weicht vor der russischen Gegenoffensive immer weiter nach Westen zurück. In Teheran beschließen Roosevelt, Stalin und Churchill die Errichtung einer neuen Front in Frankreich.
Die Geschwister Sophie (geboren 1921) und Hans (geboren 1918) Scholl, sowie Professor Kurt Huber (geboren 1893) werden als Gründer des Widerstands-Kreises „Weiße Rose" hingerichtet.

Antoine de Saint-Exupérys (1900–1944) „Le petit Prince" erscheint.
Von Hermann Hesse (1877–1962) erscheint der pädagogische Roman „Das Glasperlenspiel".
Der deutsch-österreichische Regisseur Max Reinhardt, geboren 1873, stirbt.
Brechts „Leben des Galilei" in Zürich uraufgeführt.

	Zu Einstein Hahn Laue Meitner	Naturwissenschaft und Technik
1944	Hahn setzt nach der Zerbombung des Kaiser-Wilhelm-Instituts für Chemie seine Arbeiten in Tailfingen (Württemberg) fort. Hahn wird die „Goethe-Medaille" der Stadt Frankfurt am Main verliehen. Laues Buch über „Materiewellen und ihre Interferenzen" erscheint. Laue verläßt Berlin und lebt bis Kriegsende in Hechingen, Südwestdeutschland.	Isaac Isidor Rabi (geboren 1898), USA, erhält den Nobelpreis für Physik. Von Erwin Schrödinger (1887-1961) erscheint als Erörterung biologischer Probleme vom physikalischen Standpunkt aus das Werk „Was ist Leben?" Der amerikanische Mikrobiologe Selman A. Waksman (1888-1973) entdeckt das antibiotische Heilmittel Streptomycin.
1945	Hahn, Laue und acht deutsche Kernphysiker werden für acht Monate interniert, zuletzt in Farmhall (England). Hahn erhält den Nobelpreis der Chemie für das Jahr 1944.	Wolfgang Pauli (1900-1958), USA, erhält den Nobelpreis für Physik. Anfang März letzter Versuch, den deutschen Kernreaktor Haigerloch/Württemberg in Gang zu bringen. DDT wird erstmals zur Bekämpfung der Malariamücke eingesetzt.
1946	Einstein publiziert in den „Annalen der Mathematik" über einheitliche Feldtheorie. Hahn kehrt nach Deutschland zurück. Hahn wird als Nachfolger Plancks Präsident der Kaiser-Wilhelm-Gesellschaft (bis 1960). Hahn wird am 10. Dezember der Nobelpreis in Stockholm übergeben. Laue nimmt als einziger Deutscher am Kristallographen-Kongreß in London teil. Laue beteiligt sich am Wiederaufbau der deutschen Wissenschaft in Göttingen, er fördert die Neugründung der „Physikalischen Gesellschaft in der Britischen Zone" (ehemalige „Kaiser-Wilhelm-Gesellschaft"). Laue wird an die Göttinger Universität berufen. Meitner verbringt als Gastprofessorin ein halbes Jahr an der Catholic University in Washington. Meitner wird Leiterin der Abteilung für Kernphysik an der technischen Hochschule Stockholm.	Felix Bloch, geboren 1905, und Edward M. Pucell, geboren 1912, messen die magnetischen Eigenschaften der Atomkerne. Beginn der Verwendung radioaktiver Präparate für Heilzwecke und Forschung. Die Serienproduktion des Volkswagens wird aufgenommen. Percy William Bridgman (1882-1961), USA, erhält den Nobelpreis für Physik.
1947	Einstein schreibt den Artikel „Atomkrieg oder Frieden?" Hahn richtet einen Appell an die Alliierten mit den Themen: Unterernährung der deutschen Bevölkerung, Vertreibung Deutscher aus den Ostgebieten. Laue veröffentlicht das Buch „Geschichte der Physik". Meitner verläßt das Nobel-Institut. Die Schwedische Atomenergiekommission ermöglicht ihr die Einrichtung eines Labors am Königlichen Institut für Technologie. Meitner erhält den „Preis der Stadt Wien für Naturwissenschaften".	Die „Annalen der Physik" erscheinen wieder. Philipp Lenard, deutscher Physiker, geboren 1862, stirbt. Max Planck, geboren am 23. April 1858, stirbt am 4. Oktober in Göttingen.
1948	In der Monatsschrift UNESCO erscheint Einsteins Aufsatz „Epoche des Friedens?" Hahn wird erster Präsident der Max-Planck-Gesellschaft zur Förderung der Wissenschaften, der Nachfolgerin der alten Kaiser-Wilhelm-Gesellschaft. Er amtiert bis 1960. Hahn wird Ehrenmitglied der „Deutschen Bunsengesellschaft für Physikalische Chemie".	Am 25. Februar wird die Max-Planck-Gesellschaft zur Förderung der Wissenschaften als Nachfolgeinstitution der Kaiser-Wilhelm-Gesellschaft gegründet. Max Born, deutschem Physiker (1882-1970), wird die „Max-Planck-Medaille" verliehen. Norbert Wiener, amerikanischer Mathematiker (1894-1964), prägt den Begriff „Kybernetik"

1944

Am 6. Juni: Nach planmäßiger Konzentration von Material und Truppen beginnen die Alliierten die Invasion in der Normandie.
Am 20. Juli mißlingt ein Bombenattentat deutscher Offiziere auf Hitler.

Der französische Dichter Romain Rolland, ein Freund Einsteins, geboren 1866, stirbt.
Wassily Kandinsky, russischer Maler, geboren 1866, stirbt.

1945

Am 30. 4. endet Hitler in Berlin durch Selbstmord. Bei Torgau an der Elbe treffen sich die vorgeschobenen Armeespitzen der Russen und Amerikaner.
Generaloberst Alfred Jodl unterzeichnet die bedingungslose Kapitulation am 7. Mai in Reims.
Beginn der Nürnberger Kriegsverbrecherprozesse gegen 21 ehemals hohe Regierungsbeamte des Naziregimes und Generäle der Wehrmacht.
Abwurf einer Atombombe am 6. August über Hiroshima und am 9. August über Nagasaki.

Von Benjamin Britten, britischem Komponisten, wird die Oper „Peter Grimes" uraufgeführt.
Die „Frankfurter Rundschau" wird als erste große deutsche Nachkriegszeitung lizensiert.

1946

Konrad Adenauer (1876–1967) wird Vorsitzender der Christlich-Demokratischen-Union (CDU).
Kurt Schumacher (1895–1952) reorganisiert die Sozialdemokratische Partei Deutschlands (SPD) und wird ihr Vorsitzender.
Durch Zwangsvereinigung von KPD und SPD wird im Gebiet der heutigen DDR die Sozialistische Einheitspartei Deutschlands (SED) gegründet.
Der erste Nürnberger Kriegsverbrecherprozeß endet mit Todesurteilen und Freiheitsstrafen.

Von Carl Zuckmayer, deutschem Dramatiker (1896–1976), erscheint das Drama „Des Teufels General", das von der Problematik des Widerstandes im Krieg handelt.
Von Jean Paul Sartre, geboren 1905, erscheint „La putain respectueuse".
Der deutsche Philosoph Hermann Graf Keyserlingk, geboren 1880, stirbt.
Von Albrecht Haushofer (geboren 1903, ermordet 1945), erscheinen die in Gestopa-Haft geschriebenen „Moabiter Sonette".
Von Eugen Kogon, deutschem Publizisten und Politologen, geboren 1903, erscheint „Der SS-Staat".
Ernst Kreuder (1903–1972) veröffentlicht seinen Roman „Die Gesellschaft vom Dachboden", der erste deutsche Nachkriegsroman, der in andere Sprachen übersetzt wird.

1947

Der amerikanische Außenminister Marshall legt den nach ihm benannten Plan einer Wirtschaftshilfe für Europa vor, die Sowjetunion lehnt ihn ab.
Der Friedensnobelpreis wird an die „Gesellschaft der Freunde" (Quäker), USA, verliehen.
Ergebnisloses Treffen ost- und westdeutscher Ministerpräsidenten in München.
Teilung Palästinas in einen jüdischen und einen arabischen Teil durch die Vereinten Nationen.

Thomas Mann (1875–1955) veröffentlicht „Dr. Faustus".
Wolfgang Borcherts (1921–1947) „Draußen vor der Tür" erscheint.
Von Albert Camus, französischem Schriftsteller und Philosophen (1913–1960), erscheint „La peste".
Bert Brecht inszeniert in Los Angeles eine Neufassung von „Leben des Galilei" mit Charles Laughton (1899–1962) in der Hauptrolle.
Im September Gründung der literarisch bedeutsamen „Gruppe 47".

1948

Der Marshall-Plan (eigentlich „European Recovery Program") wird von dem amerikanischen Kongreß verabschiedet.
In Bonn tritt der parlamentarische Rat mit der Aufgabe zusammen, eine Verfassung auszuarbeiten.
Beendigung der Berliner Blockade und Spaltung Berlins.

In München eröffnet die „American Library".
Der deutsche Schauspieler Paul Wegener, geboren 1874, stirbt.
Roberto Rossellini, italienischer Regisseur (1906–1978), inszeniert den italienischen Film „Deutschland im Jahre Null".
Alfred Ch. Kinsey (1894–1956) veröffentlicht „Sexual Behaviour in the Human Male".

1949

Hahn nimmt an Transuran-Tagungen in Oxford und London teil. Er wird Mitglied der Königlich Spanischen Akademie in Madrid.
Meitner und Hahn erhalten die „Max-Planck-Medaille".
Meitner erhält die schwedische Staatsbürgerschaft.

Hideki Yukawa (geboren 1907), Japan, erhält den Nobelpreis für Physik.
Gründung der „Deutschen Gesellschaft für Elektronen-Mikroskopie" am 16. Februar.
Friedrich Bergius, deutscher Chemiker und Industrieller, geboren 1884, stirbt.

1950

Einstein veröffentlicht seine Allgemeine Feldtheorie.
Hahn veröffentlicht „Die Nutzbarmachung der Energie der Atomkerne"; Reisen nach Frankreich, Spanien und Schweden.
Meitner wird als erste Frau Dr. h. c. und korrespondierendes Mitglied der Österreichischen Akademie der Wissenschaften.

Cecil Frank Powell (1903–1969), England, erhält den Nobelpreis für Physik.
Werner Heisenberg, deutscher Physiker (1901–1976), schlägt einheitliche Wellentheorie der Elementarteilchen vor.
Der deutsche Atomphysiker Klaus Fuchs, geboren 1911, wird in Großbritannien wegen Spionage für die Sowjetunion verhaftet.

1951

Hahn wird bei einem Attentat eines Geistesgestörten in Göttingen leicht verletzt. Reisen nach Istanbul, Ankara, Athen, Rom und Bern.
Laue übersiedelt nach Berlin (West) und übernimmt die Leitung des Instituts für physikalische Chemie und Elektrochemie (später Max-Planck-Institut).

Sir John Douglas Cockcroft (geboren 1897), England, und Ernest Thomas Sinton Walton (geboren 1903), Irland, erhalten gemeinsam den Nobelpreis für Physik.
Arnold Sommerfeld, deutscher Physiker, geboren 1868, stirbt.
Ferdinand Sauerbruch, deutscher Chirurg, geboren 1875, stirbt.
Erste der dann jährlich stattfindenden Nobelpreisträger-Tagungen in Lindau am Bodensee.

1952

Hahn wird Ehrenmitglied der „Gesellschaft Deutscher Chemiker", der „Physical Society" in London und der Finnischen Akademie der Wissenschaften in Helsinki.
Hahn und Laue werden in den Orden „Pour le mérite" gewählt.

Erster britischer Atombombenversuch auf den Montebello-Inseln.
Zündung der ersten Wasserstoffbombe durch die USA am 1. November auf dem Eniwetok-Atoll.
Donald Arthur Glaser (geboren 1926), amerikanischer Physiker, entwickelt die Blasenkammer zum Nachweis hochenergiereicher atomarer Teilchen.

1953

Hahn erhält von der „Schweizerischen Chemischen Gesellschaft" die „Paracelsus-Medaille". Er hält Vorträge in Österreich, Spanien, Finnland, Schweden, Italien und der Schweiz.

Der Bau des Atomkraftwerks in Calder Hall in England (Inbetriebnahme 1956) beginnt.
Gründung der Europäischen Atomenergieforschungsgemeinschaft (CERN) mit Sitz in Genf.
Robert Andrews Millikan, nordamerikanischer Physiker, geboren 1868, stirbt.

1954

Hahn erhält den „Großen Verdienstorden". In Zürich hält er einen Vortrag über friedliche Anwendung der Atomenergie.
Meitner erhält den „Otto-Hahn-Preis".
Laue veröffentlicht seine Arbeit „Relativitätstheorie, Doppler- und andere spektrale Verschiebungseffekte".

Enrico Fermi, italienischer Physiker, geboren 1901, stirbt.
Amerikanische Kernphysiker entdecken die Elemente 99 (Einsteinium) und 100 (Fermium).
Mit dem Tod des deutschen Luftschiffkapitäns Hugo Eckener, geboren 1868, geht die Ära des „Zeppelins" zu Ende.

1955

Einstein stirbt am 18. April in Princeton, New Jersey, USA.
Hahn geht auf Einladung der „Ford-Foundation" auf Amerikareise.
Hahn regt die „Mainauer Kundgebung" gegen den Mißbrauch der Kernenergie an, die zunächst von 16, später von 52 Nobelpreisträgern unterzeichnet wird.
Meitner wird der erste „Otto-Hahn-Preis für Chemie und Physik" verliehen.

Stiftung des Otto-Hahn-Preises für Chemie und Physik.
Die Nobelpreisträger verfassen die „Mainauer Kundgebung". Hahn ist daran maßgeblich beteiligt.

Jahr	Politik und Gesellschaft	Kultur
1949	Nach den ersten freien Wahlen zum Bonner Bundestag wird Konrad Adenauer (1876–1967) erster Bundeskanzler. Als ersten völkerrechtlichen Akt schließt die Bundesrepublik Deutschland einen Vertrag mit den USA über den Beitritt zum Marshall-Plan ab. Theodor Heuss (1884–1963) wird erster Bundespräsident der Bundesrepublik Deutschland.	In Frankfurt am Main findet die erste Nachkriegsbuchmesse statt. „Der dritte Mann“ wird nach dem englischen Roman von Graham Greene, geboren 1904, durch den britischen Regisseur C. Reed verfilmt. Von George Orwell, englischem Schriftsteller (1903–1950), erscheint der englische Roman „Nineteen-Eighty-Four“.
1950	Präsident Harry S. Truman (1884–1972) erteilt den Auftrag zum Bau der Wasserstoffbombe. Aufhebung der Lebensmittelrationierung in der Bundesrepublik Deutschland. Bundeswirtschaftsminister Ludwig Erhard (1897–1977) leitet die soziale Marktwirtschaft ein. Léon Blum, französischer Sozialist und zeitweiliger Ministerpräsident, geboren 1872, stirbt.	George Bernard Shaw, anglo-irischer Schriftsteller, geboren 1856, stirbt. Die im Nachkriegs-Berlin spielende englische Komödie von Peter Alexander Ustinov, geboren 1921, „The Love of Four Colonells“ wird uraufgeführt. Der deutsche Schauspieler Emil Jannings, geboren 1884, stirbt.
1951	Erste Staatsbesuche Konrad Adenauers als Bundeskanzler und Außenminister in Paris, Rom und London. Aufnahme der Bundesrepublik Deutschland in den Europarat und in die Europäische Gemeinschaft für Kohle und Stahl.	Albert Schweitzer, Theologe, Tropenarzt und Kulturphilosoph (1875–1965), erhält den Friedenspreis des Deutschen Buchhandels. Von Theodor W. Adorno, deutschem Soziologen, geboren 1903, erscheint die kulturhistorische Betrachtung „Minima moralia“. Der in Emigration lebende deutsche Dirigent Fritz Busch, geboren 1890, stirbt.
1952	Die Westmächte schließen mit der Bundesrepublik Deutschland den Generalvertrag ab: er sieht die Integration Westdeutschlands als gleichberechtigten Partner in die Europäische Gemeinschaft vor. Die Deutsche Atom-Kommission konstituiert sich. Abkommen zwischen der Bundesrepublik Deutschland und Israel über die Wiedergutmachung des vom Dritten Reich begangenen Unrechts.	Wiederbegründung des Goethe-Instituts. Von Ernest Hemingway, amerikanischem Schriftsteller (1899–1961), erscheint „The Old Man and the Sea“. Der norwegische Dichter Knut Hamsun, geboren 1859, stirbt. Der deutsche Musikforscher und -kritiker Alfred Einstein, ein Vetter Albert Einsteins, seit 1933 ebenfalls in den USA lebend, geboren 1880, stirbt.
1953	Der Korea-Krieg endet durch Verhandlungsfrieden. In Ostberlin und in der DDR werden Aufstände durch Einsatz sowjetischer Panzer am 17. Juni niedergeschlagen. Ernst Reuter, sozialdemokratischer Politiker und regierender Bürgermeister von Berlin (West), geboren 1889, stirbt.	Von Arnold Toynbee, britischem Historiker (1889–1975), erscheint „A Study of History“. Die „Alexander-von-Humboldt-Stiftung“ wird neu gegründet. Von Alfred Kinsey (1894–1956) erscheint „Sexual Behaviour in the Human Female“.
1954	Hermann Ehlers, Präsident des deutschen Bundestages, geboren 1904, stirbt. Alcide De Gasperi, italienischer Staatsmann, geboren 1881, stirbt. Mit dem Fall von Dien Bien Phu geht für Frankreich der Indochina-Krieg zu Ende.	Von Françoise Sagan, französischer Schriftstellerin, geboren 1935, erscheint „Bonjour Tristesse“. Die deutsche Schriftstellerin und Frauenrechtlerin Gertrud Bäumer, geboren 1873, stirbt. Wilhelm Furtwängler, deutscher Dirigent, geboren 1886, stirbt.
1955	Die Bundesrepublik Deutschland tritt der NATO bei. Die Westmächte stimmen einer Wiederbewaffnung Westdeutschlands zu. Gipfelkonferenz zwischen Eisenhower, Bulganin, Eden und Faure in Genf führt zu internationaler Entspannung. Der Staatsbesuch von Bundeskanzler Konrad Adenauer in Moskau führt zur Aufnahme diplomatischer Beziehungen mit der Sowjetunion und zur Entlassung der restlichen Kriegsgefangenen. Die „Vereinten Nationen“ beginnen am 18. August in Genf eine Konferenz über die friedliche Nutzung der Atomenergie.	Willi Baumeister, deutscher abstrakter Maler, geboren 1889, stirbt. Mit einem Vorwort von Albert Einstein erscheint von Jules Moch, französischem Politiker, geboren 1893, „Abrüstung oder Untergang“. Hermann Hesse (1877–1962) erhält den Friedenspreis des deutschen Buchhandels.

	Zu Einstein Hahn Laue Meitner	Naturwissenschaft und Technik
1956	Hahn erhält von der „British Chemical Society" die Faraday-Medaille. Lise Meitner und Erwin Schrödinger werden in den Orden „Pour le mérite" gewählt.	Irène Joliot-Curie, geboren 1897, stirbt am 16. März. Das amerikanische Raketenversuchsflugzeug Bell X-2 erreicht eine Geschwindigkeit von 3000 Stundenkilometern.
1957	Hahn wird Mitglied der „Royal Society" in London. Hahn, Laue, Heisenberg, Weizsäcker und Gerlach unterzeichnen das „Manifest der Göttinger 18".	Chen Ning Yang (geboren 1922), USA, Tsung Dao Lee (geboren 1926), USA, erhalten gemeinsam den Nobelpreis für Physik. Von Wernher von Braun (1912–1977) erscheint „Die Erforschung des Mars".
1958	Hahn's Bittschrift an die Vereinten Nationen „betreffend dringenden sofortigen Abschlusses eines internationalen Abkommens zur Einstellung der Kernbombenversuche" wird publiziert. Hahn spricht auf der Versammlung der Naturforscher in Wiesbaden und begegnet Karl Jaspers (1883–1969). Hahn erhält die „Grotius-Medaille für besondere Verdienste um die Verbreitung des Völkerrechts". Laues letzte Arbeit „Röntgenwellenfelder in Kristallen" erscheint.	Werner Heisenberg (1901–1976) stellt erstmals seine „Weltformel" vor. Frédéric Joliot (geboren 1900), stirbt am 14. August in Paris.
1959	Hahn wird Ehrenbürger der Stadt Frankfurt am Main und der Stadt Göttingen. Hahn wird durch General Charles de Gaulle (1890–1970) die Würde eines „Officiers de la Légion d'Honneur" verliehen. Hahn erhält das „Großkreuz des Verdienstordens der Bundesrepublik Deutschland" durch Bundespräsident Theodor Heuss (1884–1963). Hahn wird die „Harnack-Medaille" der Max-Planck-Gesellschaft und die „Helmholtz-Medaille" der Akademie der Wissenschaften der DDR verliehen. Laue erhält die „Helmholtz-Medaille".	Emilio Gino Segrè (geboren 1905), USA, Owen Chamberlain (geboren 1920), USA, erhalten gemeinsam den Nobelpreis für Physik. In Berlin (West) wird das „Hahn-Meitner-Institut für Kernforschung" seiner Bestimmung übergeben.
1960	Hahn nimmt an der CERN-Tagung in Genf teil und trifft Niels Bohr (1885–1962) und J. Robert Oppenheimer (1904–1967). Hahn wird zusammen mit Lise Meitner zum Ehrenmitglied der „American Academy of Arts und Science" in Boston [zusammen mit Pablo Picasso – (1881–1973) – und Pablo Casals – (1876–1973)]. Hahn gibt die Leitung der „Max-Planck-Gesellschaft" ab. Max von Laue stirbt am 24. April in Berlin im Alter von 80 Jahren an den Folgen eines Verkehrsunfalles. Meitner übersiedelt zu Verwandten nach Cambridge, England.	Adolf Butenandt (geboren 1903) wird Nachfolger von Otto Hahn als Präsident der Max-Planck-Gesellschaft. Durch R. V. Pound und G. A. Rebka wird das von Einstein in der „Speziellen Relativitätstheorie" angesprochene „Uhrenparadoxon" mit Hilfe des Mößbauer-Effekts nachgewiesen.

1956

Dwight David Eisenhower wird am 6. November erneut zum Präsidenten der Vereinigten Staaten von Amerika gewählt.
Der ägyptische Präsident Nasser (1918–1970) nationalisiert den Suez-Kanal, Großbritannien und Frankreich, später auch Israel greifen Ägypten an. Eine UN-Polizeitruppe kontrolliert den Abzug der fremden Truppen und übernimmt die Kontrolle am Suez-Kanal.
Am 24. Juli wird das „Gesetz über die Erzeugung und Nutzung von Atomenergie und den Schutz gegen Gefahren" durch das Bundeskabinett verabschiedet.

Von Karlheinz Stockhausen, deutschem Komponisten(geboren 1928), wird der „Gesang der Jünglinge im Feuerofen" uraufgeführt.
Der Förderer jüdisch-christlicher Verständigung, Leo Baeck, geboren 1873, jüdischer Religionsphilosoph und Rabbiner in Berlin (West), stirbt in London.
Emil Nolde, eigentlich Hansen, deutscher Maler und Graphiker, geboren 1867, stirbt.

1957

Das Saargebiet kehrt aufgrund deutsch-französischer Vereinbarungen zur Bundesrepublik Deutschland zurück.
Die Mitgliedsstaaten der Montanunion (Bundesrepublik Deutschland, Frankreich, Italien und die Benelux-Länder) gründen in Rom die Europäische Wirtschaftsgemeinschaft (EWG) mit Sitz in Brüssel.
Der Deutsche Bundestag verabschiedet am 3. Mai den Gesetzesentwurf über die Gleichberechtigung von Mann und Frau einstimmig.
Am 12. April fordern 18 deutsche Atomforscher in der „Göttinger Erklärung" den Verzicht der Bundesrepublik Deutschland auf Atomwaffen.

Erich Kästner, deutscher Schriftsteller (1899–1974) erhält den Georg-Büchner-Preis.
Erich von Stroheim, Schauspieler und Regisseur, geboren 1885, stirbt.
Josef Hegenbarth (1884–1962) illustriert fünf Shakespeare-Dramen.

1958

Charles de Gaulle (1890–1970) wird am 21. Dezember mit nahezu 80% aller Stimmen zum Präsidenten der V. Französischen Republik gewählt.
Das Europäische Parlament wird am 19. März in Straßburg gegründet. Robert Schuman (1886–1963) wird erster Präsident.
Papst Pius XII., geboren 1876, stirbt. Johannes XXIII., (1881–1963), wird sein Nachfolger.
Die „Europäische Gemeinschaft für Atomenergie" (Euratom) beginnt am 1. Januar ihre Tätigkeit.

Karl Jaspers (1883–1969), deutscher Philosoph, erhält den Friedenspreis des deutschen Buchhandels.
Von Golo Mann, deutschem Historiker und Sohn Thomas Manns, geboren 1909, erscheint „Deutsche Geschichte im 19. und 20. Jahrhundert".
Von Otto Bartning, deutschem Architekten (1883–1959), erscheint „Vom Raum der Kirche", eine Theorie des modernen evangelischen Kirchenbaus.

1959

Adenauer, Eisenhower, Macmillan und de Gaulle treffen sich in Paris.
Auf dem XXI. Parteitag der KPdSU verkündet Nikita Sergejewitsch Chruschtschow (1894–1971) die mögliche Koexistenz zwischen Kapitalismus und Kommunismus.
George Catlett Marshall, amerikanischer General und Staatsmann (Marshallplan), geboren 1880, stirbt.

Von Günter Grass, deutschem Schriftsteller, geboren 1927, erscheint „Die Blechtrommel".
Documenta II in Kassel; im Zentrum der Ausstellung stehen die Werke der neuen amerikanischen Malerei.
Frank Lloyd Wright, amerikanischer Architekt (1869–1959), baut das Guggenheim-Museum in New York.

1960

Bundeskanzler Konrad Adenauer (1876–1967) besucht die Vereinigten Staaten von Nordamerika.
Der ehemalige SS-Obersturmbannführer Adolf Eichmann (1906–1962) wird durch Israelis in Argentinien festgenommen und nach Israel gebracht.
Die Zwangskollektivierung der DDR-Landwirtschaft wird als abgeschlossen betrachtet.
Die erste französische Atombombe wird in der Sahara gezündet.

Von Alfred Hitchcock, britischem Filmregisseur (geboren 1899), wird der Film „Psycho" uraufgeführt.

	Zu Einstein Hahn Laue Meitner	Naturwissenschaft und Technik
1961	Hahn unterzeichnet den „Pauling-Appell“ gegen neue Atommächte. Hahn spricht auf der Nobelpreisträger-Tagung in Lindau über „Die falschen Transurane - Zur Geschichte eines wissenschaftlichen Irrtums“. Hahn hält aus Anlaß seines 60jährigen Doktor-Jubiläums einen Vortrag an der Universität in Marburg.	Mit dem sowjetischen Astronauten Jurij Aleksejewitsch Gagarin (1934–1968) beginnt am 12. April der bemannte Raumflug. Das erste deutsche Kernkraftwerk beginnt in Kahl am Main am 17. Juni mit der Lieferung elektrischer Energie.
1962	Hahn veröffentlicht die erste (wissenschaftliche) Selbstbiographie „Vom Radiothor zur Uranspaltung“. Meitner erhält die „Schlozer Medaille“ von der Universität Göttingen. Tagung „Fünfzig Jahre Röntgeninterferenzen“ in München (25.–27. Juli) zum Gedenken an Laue und seine Entdeckung.	John Herschel Glenn (geboren 1921) umrundet am 20. Februar als Astronaut dreimal die Erde. Der erste mit Plutonium betriebene Kernreaktor wird am 27. November in Idaho Falls/USA in Betrieb genommen. Manfred Eigen (geboren 1927) wird der „Otto-Hahn-Preis für Chemie und Physik“ verliehen. Niels Bohr, geboren 1885, stirbt am 18. November in Kopenhagen.
1963	Hahn wird Ehrenmitglied der Österreichischen Akademie der Wissenschaften in Wien. Begegnung mit Präsident John F. Kennedy in Frankfurt. Meitner hält in Wien an der „Urania Volksbildungsanstalt“ einen Vortrag über „50 Jahre Physik“.	Friedrich Dessauer, Begründer der Quantenbiologie (geboren 1881), stirbt am 16. Februar im Alter von 82 Jahren. Die „Deutsche Physikalische Gesellschaft“ wird neu gegründet.
1964	Hahn hält an der Technischen Universität in Berlin (West) einen Vortrag über friedliche Nutzung der Atomenergie. Otto Hahn nimmt in Kiel am Stapellauf des ersten europäischen Handelsschiffes mit Nuklearantrieb teil, der „Otto Hahn“.	Murray Gell-Mann, geboren 1929, ein amerikanischer Physiker, führt die sogenannten „Quarks“ als hypothetische Teilchen ein. Der Kernreaktor Dragon in Großbritannien wird am 23. August als erster Hochtemperaturreaktor kritisch. Die Volksrepublik China zündet als 5. Nation am 16. Oktober die erste eigene Atombombe.
1965	Hahn wird Ehrenpräsident der „Gesellschaft zur Förderung der Kernenergie in Schiffbau und Schiffahrt“ in Hamburg.	Am Deutschen Elektronensynchrotron (DESY) in Hamburg wird erstmals die Erzeugung von Proton-Antiproton-Paaren nachgewiesen. Am Max-Planck-Institut in Garching bei München wird erstmals Wasserstoffplasma stabil eingeschlossen. Die Amerikaner Bormann und Lovell starten am 14. Dezember zu einer vierzehntägigen Erdumkreisung. Am 15. Dezember erstes Rendezvous bemannter Raumkapseln (Schirra und Stafford).

Jahr	Politik und Gesellschaft	Kultur
1961	John F. Kennedy (1917-1963) tritt am 20. Januar sein Amt als 35. Präsident der Vereinigten Staaten von Amerika an. Höhepunkt der seit 1958 andauernden Berlinkrise. Am 13. August Bau der Berliner Mauer. Dag Hammarskjöld, aus Schweden stammend, Generalsekretär der Vereinten Nationen, geboren 1905, stirbt durch Flugzeugabsturz. Jakob Kaiser, deutscher Gewerkschaftler und Mitbegründer der CSU, geboren 1888, stirbt. Hinrich Wilhelm Kopf, deutscher sozialdemokratischer Politiker, geboren 1893, stirbt.	Von Ingeborg Bachmann, österreichischer Schriftstellerin (1926–1973), erscheinen die Erzählungen „Das dreißigste Jahr". Der Schweizer Tiefenpsychologe C. G. Jung, geboren 1875, stirbt. Von Max Frisch, Schweizer Schriftsteller, geboren 1911, wird das Bühnenstück „Andorra" aufgeführt. Walter Höllerer, deutscher Schriftsteller, geboren 1922, beginnt mit der Herausgabe der Zeitschrift „Sprache im Technischen Zeitalter". Das von Jacob Grimm (1785–1863) und seinem Bruder Wilhelm (1786–1859) 1854 begonnene „Deutsche Wörterbuch" wird mit 32 Bänden abgeschlossen.
1962	Lucius D. Clay, amerikanischer General (1897–1978), erhält für seine Verdienste um Berlin (West) die Ehrenbürgerwürde. Die USA erzwingen durch Blockade Cubas den Abbau sowjetischer Raketenstützpunkte auf der Insel. Beginn der gemeinsamen Agrarpolitik im Bereich der Europäischen Wirtschaftsgemeinschaft (EWG). U Thant (1909–1974) wird einstimmig zum Generalsekretär der Vereinten Nationen gewählt. Die Europäische Atomgemeinschaft verabschiedet am 20. Juni ein zweites Fünfjahresprogramm.	Von Th. W. Adorno, dem deutschen Soziologen, geboren 1903, erscheint die „Einleitung in die Musiksoziologie". Der deutsche Theologe Paul Tillich (1886–1965), seit 1933 in den USA lebend, erhält den Friedenspreis des deutschen Buchhandels. Von Wolfgang Fortner, deutschem Komponisten, geboren 1907, wird die deutsche Oper „In seinem Garten liebt Don Perlimplin Belisa" uraufgeführt.
1963	Konrad Adenauer tritt am 15. Oktober zurück. Ludwig Erhard (1897–1977) wird am 16. Oktober neuer Bundeskanzler. Papst Johannes XXIII., geboren 1881, stirbt im 82. Lebensjahr am 3. Juni. John Fitzgerald Kennedy, geboren 1917, wird am 22. November ermordet.	Die als Gedenk-Ruine des Zweiten Weltkrieges erhalten gebliebene Kaiser-Wilhelm-Gedächtnis-Kirche in Berlin (West), durch Egon Eiermann (1904–1970) ab 1961 ergänzt und restauriert, wird ihrer Bestimmung übergeben. Georges Braque, französischer Mitbegründer des Kubismus, geboren 1882, stirbt. Der deutsche Philosoph und Pädagoge Eduard Spranger, geboren 1882, stirbt.
1964	Dschawaharlal Nehru, indischer Staatsmann, geboren 1889, stirbt am 27. Mai. Nikita Sergejewitsch Chruschtschow (1894–1971) wird am 15. Oktober durch Leonid Iljitsch Breschnew, geboren 1906, und Alexej Nikolajewitsch Kossygin, geboren 1904, als ZK-Sekretär und Ministerpräsident der Sowjet-Union abgelöst. L. B. Johnson (1908–1973) wird am 3. November zum Präsidenten der Vereinigten Staaten von Amerika gewählt.	Dem Architekten Hans Bernhard Scharoun (1893–1972) wird der neugeschaffene „Große Preis für hervorragende Leistungen" vom Bund Deutscher Architekten (BDA) für den Bau der Philharmonie in Berlin (West) zugesprochen. Bei den Internationalen Filmfestspielen in Prag erhält der deutsche Schriftsteller und Arzt Heinar Kipphardt, geboren 1922, den Kritiker-Preis für den szenischen Bericht „In der Sache J. Robert Oppenheimer".
1965	Winston Churchill, englischer Staatsmann, geboren 1874, stirbt am 24. Januar im Alter von 91 Jahren. Wiederaufnahme diplomatischer Beziehungen zwischen Israel und der Bundesrepublik Deutschland am 12. Mai. Ludwig Erhard (1867–1977) wird am 20. Oktober erneut zum Bundeskanzler gewählt. Der Friedens-Nobelpreis wird an den Kinderhilfsfond der Vereinten Nationen (Unicef) vergeben.	Der deutsche Komponist Carl Orff, geboren 1895, erhält die Goethe-Plakette der Stadt Frankfurt. Der aus Deutschland nach Stockholm emigrierten jüdischen Schriftstellerin Nelly Sachs (1891–1970) wird der Friedenspreis des Deutschen Buchhandels verliehen.

	Zu Einstein Hahn Laue Meitner	Naturwissenschaft und Technik
1966	Hahn, Meitner und Strassmann erhalten den „Enrico-Fermi-Preis" der amerikanischen Atomenergie-Kommission.	In Bonn findet am ersten Februar die konstituierende Sitzung des „Kabinettausschusses für wissenschaftliche Forschung, Bildung und Ausbildungsförderung" statt. Am 2. September wird die Erdölpipeline von Genua nach Ingolstadt mit einer Gesamtlänge von rund 650 Kilometern in Betrieb genommen. Carl Friedrich von Weizsäcker, deutscher Physiker und Philosoph, geboren 1912, stellt auf der deutschen Physikertagung in vier Thesen die Bedeutung der Physik heraus.
1967	Hahn wird zum „Honorary Fellow" des University College in London ernannt.	J. Robert Oppenheimer, amerikanischer Physiker (geboren 1904), stirbt am 18. Februar im Alter von 63 Jahren in Princeton/USA. In China wird am 17. Juni die erste Wasserstoffbombe gezündet. Die USA starten in Kap Kennedy am 9. November erstmals eine Saturn-5-Rakete.
1968	Hahn stirbt am 28. Juli in Göttingen an Herzversagen, wenige Wochen später folgt ihm seine Frau. Lise Meitner stirbt am 27. Oktober in Cambridge/England, wo sie in den letzten Jahren bei ihrem Neffen Otto Robert Frisch zurückgezogen gelebt hatte.	Bormann, Lovell und Anders starten am 21. Dezember zum ersten bemannten Flug um den Mond. Bei der 18. Tagung der Nobelpreisträger in Lindau am 1. Juli kündigt Kardinal König, geboren 1905, aus Wien die Wiederaufnahme des Prozesses gegen Galilei aus dem Jahre 1633 an. Luis W. Alvarez, geboren 1911, USA, erhält den Nobelpreis für Physik.

1966

Nach Rücktritt von Bundeskanzler Erhard (1867–1977) wird eine große Koalition zwischen CDU/CSU und SPD gebildet.
Kurt Georg Kiesinger, geboren 1904, wird Bundeskanzler, Willy Brandt, geboren 1913, Außenminister.
Nach Sicherung des deutschen Steinkohleabsatzes an die Elektrizitätswirtschaft wird am 30. Juni ein Bundesgesetz verabschiedet.

Jahrestagung der deutschen Schriftsteller-Vereinigung „Gruppe 47" in Princeton, USA.
In Hannover wird die nach dem Zeichner und Karikaturisten Heinrich Zille (1858–1929) benannte „Zille-Stiftung zur Förderung der kritischen Grafik" gegründet.
Das 1965 erschienene und uraufgeführte Auschwitz-Oratorium „Die Ermittlung" des deutschen Schriftstellers Peter Weiss, geboren 1916, wird in dreizehn Ländern gezeigt.
Der in den Vereinigten Staaten lebende Architekt Ludwig Mies van der Rohe (1886–1969) wird durch die höchste Auszeichnung der Stadt Berlin (West), die Verleihung der „Ernst-Reuter-Plakette", geehrt.

1967

Konrad Adenauer, geboren 1876, erster Präsident des Parlamentarischen Rates und langjähriger Bundeskanzler, stirbt am 19. April im Alter von 91 Jahren in Röhndorf bei Bonn.
Lyndon B. Johnson unterzeichnet als Präsident der Vereinigten Staaten am 17. Dezember die Gesetzesvorlage über Lieferung von Uran 235 an die Euratom-Mitgliedstaaten.
Am 1. Juni tritt der 1965 zwischen den Mitgliedstaaten der Europäischen Wirtschaftsgemeinschaft abgeschlossene Vertrag über die Einsetzung eines „Gemeinsamen Rats" und einer Komission der Europäischen Gemeinschaft (EURATOM, Montanunion und EWG) in Kraft.

Von Hans Werner Henze (geboren 1926) wird die Komposition „Los Caprichos" uraufgeführt.
In Berlin (West) wird das John-F.-Kennedy-Institut für Amerikastudien an der Freien Universität seiner Bestimmung übergeben.
Das Leningrader Kirow-Ballett tritt anläßlich der Wiesbadener Maifestspiele erstmals in der Bundesrepublik Deutschland auf.
Die aus Deutschland emigrierte Philosophin Hannah Arendt (1906–1975) erhält den Sigmund-Freud-Preis der Deutschen Akademie für Sprache und Dichtung.

1968

Beginn der Studentenunruhen in der Bundesrepublik Deutschland.
Am 11. Dezember beschließt die Vollversammlung der Vereinten Nationen ohne Gegenstimme eine Resolution zur internationalen Zusammenarbeit in Umweltfragen.

documenta IV in Kassel: Pop-Art und New Abstraction.
Unter anderem stellen Andy Warhol (geboren 1928) und Roy Lichtenstein (geboren 1923) aus.
Die schwedische Reichsbank stiftet aus Anlaß ihres 300jährigen Jubiläums einen „Preis in Wirtschaftswissenschaften zu Ehren von Alfred Nobel", der erstmals 1969 nach den Regeln der Nobel-Stiftung verliehen wird.
Der deutsche Schriftsteller Alfred Andersch, geboren 1914, erhält den Nelly-Sachs-Preis der Stadt Dortmund.
In Frankfurt am Main wird die Internationale Hugo-von-Hofmannsthal-Gesellschaft zur Förderung der Hofmannsthal-Forschung gegründet.

FOOD OUTLOOK.

CHEAPER IMPORTED MUTTON.

BREAD SUBSIDY TO REMAIN.

(By Our Parliamentary Correspondent.)

The recent rapid rise in the cost of living is engaging the anxious attention of the Food Controller and his staff. Little hope is held out in official circles, however, of any relief on balance before the end of the year.

The following may be accepted as an authoritative statement of the views of the Food Ministry. First, the Food Controller has decided to reduce the price of one article of food at once. Twopence a pound is to be knocked off the maximum price for New Zealand mutton on Monday. Mr. Roberts hopes to be in a position to reduce the price of bacon by 2d. in the pound by the end of the year. No other controlled articles of food are likely to come down in price for a considerable time.

On the other hand, there is no present intention to increase the price of any of them. The Government seem to have definitely come to the conclusion that the bread subsidy must be continued at least during the winter months, and the price of the quartern loaf will remain at 9½d. for some time longer. This is the only subsidy on food. It is claimed that there would have had to be a sugar subsidy if the price had not been recently increased by 1d. a pound. That has apparently stabilized the position, and the Ministry of Food is clearly of opinion that no further increase will be necessary.

BUTTER AND MEAT.

There is a proved scarcity of sugar, milk, and butter. The worst case of the three is that of butter. The home butter trade is virtually non-existent. There is no English butter in the London shops. If there were, a fair price for it, basing the calculation on the price of milk, would be from 7s. 6d. to 8s. a pound. The small ration is being supplied from such stocks of foreign butter as the Government have been able to buy. The last stock was bought in Denmark, and it cost 3s. a pound. The maximum price is being maintained at 2s. 6d. a pound, which represents the average price of the stocks the Government have bought over a considerable period. Again, notwithstanding the higher cost of the Danish consignment, it is hoped to get over the next few months without making a change in the controlled price.

The meat position is singular. Supplies of colonial mutton are coming along so well that the Food Controller can actually reduce the price at once. There is a positive glut of home-grown beef. This is attributable largely to the long drought in the summer. Beasts did not fatten until weeks after the usual period, and for a considerable time there was little but foreign beef in the shops. Now cattle are coming on with a rush, and the case of Market Harborough is typical. The market which serves that prosperous Midland district has asked the Food Ministry to take 20,000 beasts a week. The Food Controller has replied that he can take only 6,000. The Department put forward an economic case, based on world-prices. It has also to take into account the rival claims of cheaper colonial mutton. The fact remains that the supply of home-grown beef was never so plentiful.

THE REVOLUTION IN SCIENCE.

EINSTEIN v. NEWTON.

VIEWS OF EMINENT PHYSICISTS.

Wide interest in popular as well as in scientific circles has been created by the discussion which took place at the rooms of the Royal Society on Thursday afternoon on the results of the British expedition to Brazil to observe the eclipse of the sun on May 29. (These were referred to in an interview with Sir Frank Dyson, the Astronomer Royal, which appeared in *The Times* of September 9.) The subject was a lively topic of conversation in the House of Commons yesterday, and Sir Joseph Larmor, F.R.S., M.P. for Cambridge University, on arriving at a lecture before the Royal Astronomical Society last evening, said he had been besieged by inquiries as to whether Newton had been cast down and Cambridge "done in."

Mr. C. Davidson, of Greenwich Observatory, one of the astronomers who took the photographs of the sun's eclipse at Sobral, in Northern Brazil, last May, in conversation with a representative of *The Times* last night, said he agreed that the observations taken of Kappa^1 and Kappa^2, near the constellation of Hyades, at the moment of totality, were conclusive of the deflection of their rays by the gravitation of the sun. In reply to the suggestion made by Professor Newall, of Cambridge, that the deflection might be due to an unknown solar atmosphere further in its extent than had been supposed and with unknown properties, Mr. Davidson said:—"That does not seem possible, because to produce such a deflection there would have to be an atmosphere of a kind unknown to theory and observation. Moreover, comets have been known to pass within grazing distance of the sun without any apparent retardation in their motion."

Mr. Davidson was also prepared not to dissent from the view that the discovery of light possessing weight as well as mass might mark progress towards a conception of conditions outside three-dimensional space as we at present know it. "Professor Einstein's theory," he remarked, "demanded a good deal more of the dimensions existing in space than can be at present mathematically proved. It requires the curvature of space, variable time, and the displacement of the spectral lines towards the red. The latter has been very carefully tested by Dr. St. John at Mount Wilson in the United States, but so far without success. Nevertheless, there are some anomalies in the behaviour of the spectral lines which a good many scientific people believe may have compensations to explain them."

On the main discovery, however, Mr. Davidson fully endorsed the opinion that the Newtonian principle had been upset, and that Professor Einstein had been right in at least two of his three predictions. "His surmise with regard to the spectrum," Mr. Davidson said, "remains to be demonstrated. As to the phenomena of light, the Brazil observations have established that instead of a deflection of ·87 of a second of arc at the sun's limit which would have been expected by the application of Newton's law, it was 1·75, which accords with Professor Einstein's theory. Our observations also proved that the outstanding discrepancy in the perihelion of Mercury can now also be accounted for."

EMBARGO ON BUNKER COAL.

DECISION OF U.S. GOVERNMENT.

(FROM OUR OWN CORRESPONDENT.)

WASHINGTON, Nov. 7.

In response to demands for coal now coming from various places, especially in the West, the Government took last night an important decision—namely, to limit supplies of bunker coal in American ports to American vessels. It was explained that, though there are good reserves of coal, both for the railways and in the ports, the precaution has been necessitated by the current reduction of the daily output of soft coal to about one-third of the normal demands of the nation.

It was also announced that the railways would be given precedence over even American ships, and that it would be necessary to break arrangements made for sending coal to Europe. The situation thus becomes an excellent object lesson of economic interdependence under modern conditions, especially of the great producing and trading countries.

It is difficult to speak as yet of the effect upon our shipping of the embargo on bunkering coal. The first impression of the authorities here is that it will be less serious than might be anticipated. The New York harbour strike, which has been again reported over, has for weeks been making it impossible for our vessels to coal in New York harbour. Ships have to a great extent been going to Halifax instead. They will now go there even in greater numbers, and at the Canadian port the coal situation is said to be good, partly owing to its comparative proximity to the Nova Scotian mines, where unrest has not yet penetrated. There is nowhere in British shipping circles any disposition to criticize the American precaution, if only because it is precisely the precaution we adopted in similar circumstances.

The Government's action disposes of two delusions which were rather to the fore earlier in the week: First, that the strike is dwindling; second, that the strike is bound to be short. It is still hoped in Washington that something may happen to finish it in the immediate future, but it is recognized that it would be folly not to be prepared for the worst.

In the meantime, all eyes are turning to Indianapolis, where to-morrow the Government is expected to ask the Courts to instruct the strike leaders to order their men to return to work, as well as to render permanent the prohibition against their management of the men's side. The Labour leaders are preparing to fight the case for all they are worth. They profess, however, confidence that the strike will continue even if they lose. In their plea for the dissolution of the restraining order, they bitterly accuse the Government of interfering illegally between the owners and men.

Though the public continues warmly to uphold the Government's course, rumours are current that the Cabinet lacks unanimity as to the practical wisdom of the injunction proceedings. There is some talk of the possibility that legal proceedings may be stayed pending efforts of some sort for a settlement out of Court. Much coming and going is noted between certain members of the Cabinet and Labour leaders and others.

EFFECT IN CANADA.

(FROM OUR OWN CORRESPONDENT.)

TORONTO, Nov. 6.

Literatur

I. Albert Einstein (Auswahl)

1. Biographien

PHILIPP FRANK: Einstein. His Life and Times. London 1948 (dt. München 1949);

CARL SEELIG: Albert Einstein. Leben und Werk eines Genies unserer Zeit. Zürich 1960 (Aufl. von 1952 und 1954 unter anderem Titel; engl. London 1956);

RONALD W. CLARK: Einstein. The Life and Times. New York and Cleveland 1971 (dt. Esslingen 1974);

BANESH HOFFMANN: Albert Einstein. Creator and Rebel. New York 1972 (dt. Dietikon-Zürich 1976).

2. Briefeditionen

ALBERT EINSTEIN: Lettres à Maurice Solovine. Paris 1956;

ALBERT EINSTEIN/ARNOLD SOMMERFELD: Briefwechsel. Sechzig Briefe aus dem goldenen Zeitalter der modernen Physik. Basel und Stuttgart 1968;

ALBERT EINSTEIN/HEDWIG und MAX BORN: Briefwechsel 1916–1955, kommentiert von Max Born. München 1969 (engl. London 1971);

ALBERT EINSTEIN/MICHELE BESSO: Correspondance. Paris 1972.

3. Schriften

ALBERT EINSTEIN: Über die spezielle und die allgemeine Relativitätstheorie, gemeinverständlich. Braunschweig 1917;

ALBERT EINSTEIN: Vier Vorlesungen über Relativitätstheorie. Braunschweig 1922 (spätere Auflagen unter dem Titel „Grundzüge der Relativitätstheorie"; engl. London 1924);

ALBERT EINSTEIN: Mein Weltbild. Amsterdam 1934;

ALBERT EINSTEIN: Out of my Later Years. New York 1950 (dt. Stuttgart 1952);

Einstein on Peace. Ed. by OTTO NATHAN and HEINZ NORDEN. London 1953 (dt. Bern 1975).

4. Autobiographie

Eine wissenschaftliche Autobiographie (im deutschen Original und in englischer Übersetzung) findet sich in PAUL A. SCHILPP (Hrsg.): ALBERT EINSTEIN. Philosopher-Scientist. Evanston, Ill. 1949 (dt. Stuttgart 1955).

5. Bibliographien

Eine Zusammenstellung aller Veröffentlichungen Einsteins findet sich in einigen Biographien; als spezielle Bibliographien seien genannt

E. WEIL: Albert Einstein. A Bibliography of his Scientific Papers. 1901–1954. London 1960;

NELL BONI, Monique Russ and Dan H. Laurence: A Bibliographical Checklist and Index to the Published Writings of Albert Einstein. Paterson, N.J. 1960.

II. Max von Laue

1. Biographien

Eine eigenständige Biographie bereitet aus Anlaß des 100. Geburtstages Friedrich Herneck Berlin (Ost) vor.

FRIEDRICH HERNECK: Max von Laue. Die Entdeckung der Röntgenstrahl-Interferenzen. In: Ders.: Bahnbrecher des Atomzeitalters. Große Naturforscher von Maxwell bis Heisenberg. Buchverlag Der Morgen Berlin (Ost) 1965. Hier S. 231–275;

ARMIN HERMANN: Max von Laue (1879–1960). In: Peter Glotz und Ludwig Langenbucher (Hrsg.): Vorbilder für Deutsche. Korrektur einer Heldengalerie. Piper Verlag München 1974. Hier S. 122–138.

2. Schriften

Gesammelte Schriften und Vorträge. 3 Bde. Friedr. Vieweg & Sohn Braunschweig 1961.

III. Otto Hahn

1. Biographien

ERNST H. BERNINGER: Otto Hahn in Selbstzeugnissen und Bilddokumenten. Rowohlts Monographien Nr. 204. Reinbek 1974;

ERNST H. BERNINGER: Otto Hahn – Eine Bilddokumentation. Persönlichkeit – Wissenschaftliche Leistung – Öffentliches Wirken. Heinz Moos Verlag München o.J.;

KLAUS HOFFMANN: Otto Hahn – Stationen aus dem Leben eines Atomforschers. Verlag Neues Leben Berlin (Ost) 1978;

DIETRICH HAHN: Otto Hahn – Begründer des Atomzeitalters. Eine Biographie in Bildern und Dokumenten. List Verlag München 1979.

2. Schriften

Applied Radiochemistry. Cornell University Press Ithaca N.Y. 1936; Vom Radiothor zur Uranspaltung. Eine wissenschaftliche Selbstbiographie. Friedr. Vieweg & Sohn Braunschweig 1962;

Mein Leben. Bruckmann München 1968;

Erlebnisse und Erkenntnisse. Herausgegeben von DIETRICH HAHN. Düsseldorf 1975.

3. Bibliographien

Eine Zusammenstellung aller Veröffentlichungen Hahns findet sich in der Rowohlt-Bildmonographie von ERNST H. BERNINGER und in den „Erlebnissen und Erkenntnissen" von DIETRICH HAHN.

IV. Lise Meitner

1. Biographische Skizzen

OTTO ROBERT FRISCH: Lise Meitner. In: Biographical Memoirs of Fellows of the Royal Society. Bd. 16, 1970, S. 405–420;

WERNER HEISENBERG: Gedenkworte für Otto Hahn und Lise Meitner. In: Reden und Gedenkworte. Orden Pour le mérite. Bd. 9, 1968/69, S. 111–119;

FRIEDRICH HERNECK: Otto Hahn und Lise Meitner. Die Entdeckung der Uranspaltung und ihre Folgen. In: Bahnbrecher des Atomzeitalters. Buchverlag Der Morgen Berlin (Ost) 1965. Hier S. 356–400;

ELISABETH SCHIEMANN: Freundschaft mit Lise Meitner. In: Neue Evangelische Frauenzeitung. Jg. 3, H. 1, 1959, S. 1–3;

BERTA KARLIK: Gedenkworte für Lise Meitner. In: Akademische Gedenkfeier zu Ehren von Otto Hahn und Lise Meitner. Herausgegeben von der Max-Planck-Gesellschaft München 1969;

OTTO HAHN: Lise Meitner zum 80. Geburtstag. Vortrag im Nordd. Rundfunk (6. November 1958).

2. Autobiographische Skizzen:

Looking Back. In: Bulletin of the Atomic Scientists. Vol. 20. Nr. 11, 1965, S. 2–7;

Einige Erinnerungen an das Kaiser-Wilhelm-Institut für Chemie in Berlin-Dahlem. In: Die Naturwissenschaften. Jg. 41, 1954, S. 97–99.

3. Bibliographie

Eine Zusammenstellung aller Veröffentlichungen findet sich im Nachruf von OTTO R. FRISCH in den Biographical Memoirs of Fellows of the Royal Society.

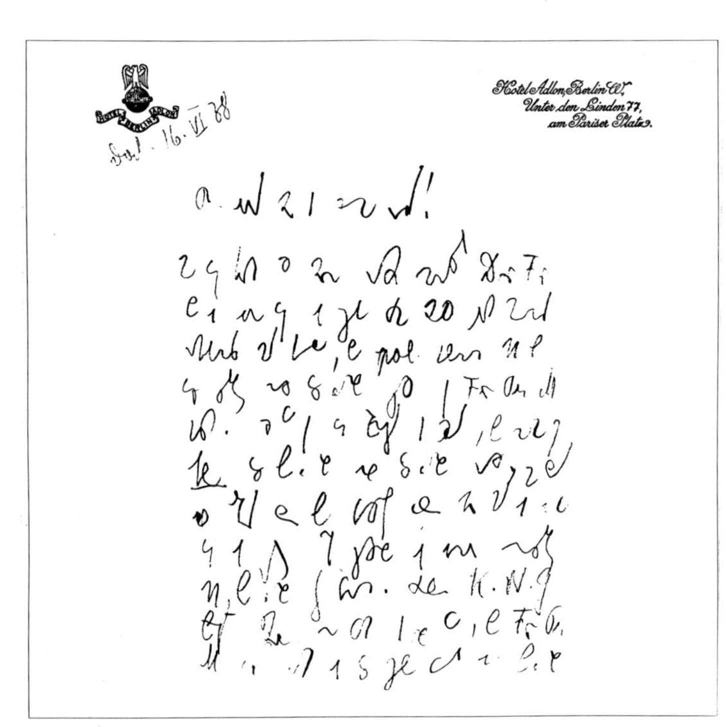

Hotel Adlon, Berlin W.
Unter den Linden 77,
am Pariser Platz.

Stenogramm von Lise Meitner (16. Juni 1938). Der Text eines Briefes aus dem Reichsinnenministerium an das Präsidium der Kaiser-Wilhelm-Gesellschaft wurde ihr von dort durchtelefoniert: „Im Auftrage des Herrn Reichsministers Dr. Frick darf ich Ihnen auf ihr Schreiben ergebenst mitteilen, daß politische Bedenken gegen die Ausstellung eines Auslandspasses für Frau Professor Meitner bestehen. Es wird für unerwünscht gehalten, daß namhafte Juden aus Deutschland in das Ausland reisen, um dort als Vertreter der deutschen Wissenschaft oder gar mit ihrem Namen und ihrer Erfahrung, entsprechend ihrer inneren Einstellung, gegen Deutschland zu wirken.
Von der Kaiser-Wilhelm-Gesellschaft dürfte sicherlich ein Weg gefunden werden, daß Frau Professor Meitner nach ihrem Ausscheiden weiter in Deutschland verbleibt . . . Diese Auffassung hat insbesondere der Reichsführer-SS und Chef der Deutschen Polizei im Reichsministerium des Innern vertreten“ (siehe Seite 91).

Personenregister

Kursiv gesetzte Ziffern beziehen sich auf Abbildungen

Bildnachweis

Verlag und Verfasser danken Dr. Otto Nathan, Estate of Albert Einstein, New York, für die Genehmigung zum Abdruck der in diesem Bande reproduzierten Einstein-Dokumente.

Archiv der Deutschen Physikalischen Gesellschaft, Berlin (West): Seite 22;
Archiv der Solvay-Stiftung, Brüssel: Seite 20, 68 unten;
Archiv des Verfassers: Seite 16 links, 23 links, 26 links, 30, 34, 35 rechts, 48, 51, 60 links und rechts, 69, 71, 105 links und rechts, 110, 111;
Archiv für Kunst und Geschichte, Berlin (West): Seite 50;
Archiv und Bibliothek der Max-Planck-Gesellschaft, Berlin (West): Seite 41, 43, 46 links, 66, 70, 114, 119 links und rechts, 135;
Dr. Ernst Berninger, München: Seite 113, 126;
Bettmann Archive, New York: Seite 9 links, 76, 79, 106, 122, 123;
Bibliothek Eidgenössische Technische Hochschule, Zürich: Seite 32;
Bildarchiv Max von Laue: Seite 10;
Bildarchiv Preußischer Kulturbesitz, Berlin (West): Seite 4, 17 rechts, 31, 46 rechts, 56, 120, 133;
Brown Brothers, New York: Seite 9 rechts, 73 unten;
Esther Bubley, New York: Seite 6, 77 oben, 125, 136;
Deutsche Forschungsgemeinschaft, Bonn-Bad Godesberg: Seite 68 oben links;
Deutsches Museum, München: Seite 12 rechts, 16 rechts, 24, 26 rechts, 28, 29 links, 36, 45, 57, 58, 77 unten, 81, 84, 85, 98, 99 oben und unten, 100, 101;
Deutsche Presse-Agentur, Hamburg: Seite 92;
Einstein-Archiv, Princeton, New Jersey: Seite 12 links, 25;
Siegfried Gragnato, Stuttgart: Seite 104 oben;
Grastorf-Pressebild, Berlin (West): Seite 115;
Dietrich Hahn, München: Seite 2;
Prof. Dr. Friedrich Herneck, Berlin (West): Seite 128;
Hans Reinke, Berlin (West): Seite 82;
Stadtarchiv Ulm: Seite 14 unten rechts, 19 rechts;
Dr. E. Telschow, Göttingen: Seite 121, 129 oben;
Time Life (Alfred Eisenstaedt), New York: Seite 116;
Ullstein-Bilderdienst, Berlin (West): Seite 55 unten, 64 unten, 130 oben;
Ullstein-Bilderdienst (E. Salomon), Berlin (West): Seite 55 oben;
Verlagsarchiv: Seite 12 links, 22 rechts, 29 rechts, 35 links, 38, 40, 44, 47, 62, 64 oben, 65, 67 oben links und oben rechts, 72, 73 oben, 74, 87, 103, 104, 107, 108, 109, 118, 129 unten, 130 unten, 131, 132.